ぜんぶ絵でわかる 9

すごい骨の動物図鑑

盛口 満

X-Knowledge

はじめに

一度、こうした本を書いてみたいと思っていました。どんな本かというと、絵本と読み物があわさったような本です。とにかく描きたいだけ絵を描いて、そこに、あれこれ解説を書いて……。

この本は、表題にもあるように、「骨」の本です。といっても、ヒトの骨はほとんどでてきません。医学の本ではなくて、生物学の本です。でも、骨についての専門書というわけでもありません。

僕は大学を卒業後、中高一貫の私立学校の理科教員になりました。中高生を相手に、理科の授業を進めていく中で、「もっと生徒達におもしろがってもらえる教材ってないかな？」と考えるうちに出会ったのが「骨」でした。見よう見まねどころか、いきあたりばったり、試行錯誤で骨を取りはじめるうちに、興味をもった生徒も手伝ってくれるようになり……。そうして、気づくと僕は骨にはまっていました。僕が大学で専攻したのは、植物生態学という分野です。なので、ヒトはおろか、動物の骨もきちんと勉強をしたことがありません。なので、骨に関する専門書を書くには、あまりにも知識不足だと思っています。

それでも、骨とは長いこと、つきあってきました。今、僕は大学で小学校の教員を志望している学生に、理科の授業の教え方について指導をしています。理科実験室の一角には、あちこちで拾い集めてきたり、自分で作ったりした骨が教材として収まっています。授業のたびに、棚の中におさまっているその骨たちをひっぱりだして教室に向かいます。時々、小学校や図書館にも呼ばれて、子どもたちに話をするときもあります。こうした機会を、僕は「骨の学校」と名付けています。そんな骨たちを、紙上で紹介しよう……というのが、今回の本の内容です。なので、この本は「骨の教科書」とでも呼べるものかもしれません。

ただ、本の作成にあたって、編集部から、「ぜんぶ絵でわかる」という表題にしたいと打診がありました。「えーっ」です。だって、専門的に骨を勉強してきたわけでも、骨の研究をしてきたわけでもありませんから。理科実験室には、さすがにライオンやゾウの骨はありません。そこで、知り合いのつてをたどり、動物園や博物館で、所蔵の標本をみせてもらい、スケッチをさせてもらいました。骨に関する本も、あれこれ引っ張り出して勉強をしてみました。もちろん、それでも骨のすべてを紹介しきる本を書くことはできません。骨は奥が深いのです。でも、そんな奥の深さを、少しでも伝えることが出来たら、この本の役割は果たせたと言えるかもしれないと思っています。僕なりの「全部」を出し切った骨の本を見ていただけたら幸いです。

盛口 満

もくじ

序章 骨を楽しむための骨のキホン —— 08

第1章 魚類

第2章

両生類

爬虫類

第3章

鳥類

第4章
哺乳類

Column

STAFF

序章監修 —— 中島保寿

編集 —— 佐藤 暁（サトウ編集室）

デザイン —— 廣田 萌（文京図案室）

イラストレーション
カバー・本文 —— 盛口 満
序章・キャラクター・魚の食べ方（p.36-37） —— 長手彩夏
動物の絵の着彩（一部を除く） —— miltata

編集担当 —— 森 哲也（エクスナレッジ）

印刷 —— シナノ書籍印刷

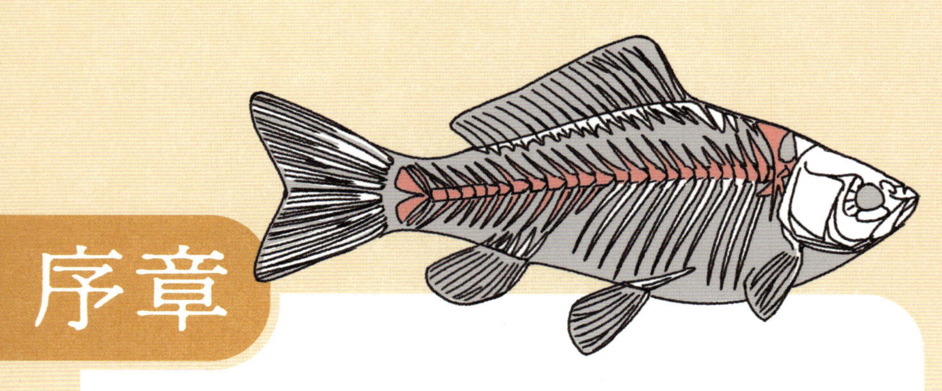

序章

骨を楽しむための骨のキホン

この本は、背骨をもつ動物・脊椎(せきつい)動物の骨格の多様性をテーマにしています。
それぞれの動物の骨の解説に入る前に、
はじめに知っておくとよい「脊椎動物の骨格のキホン」をまとめました。

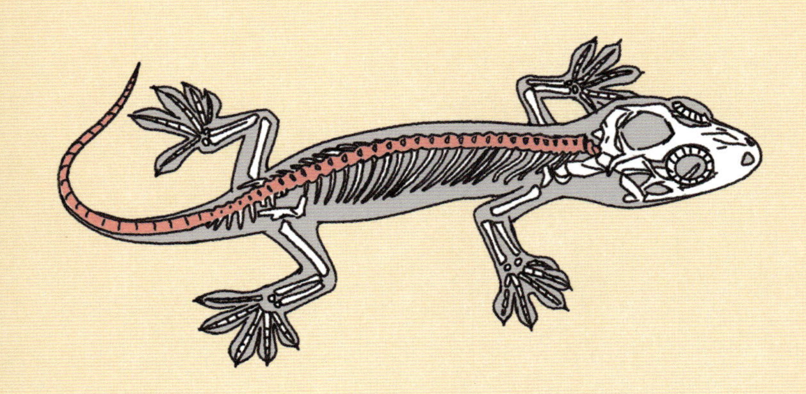

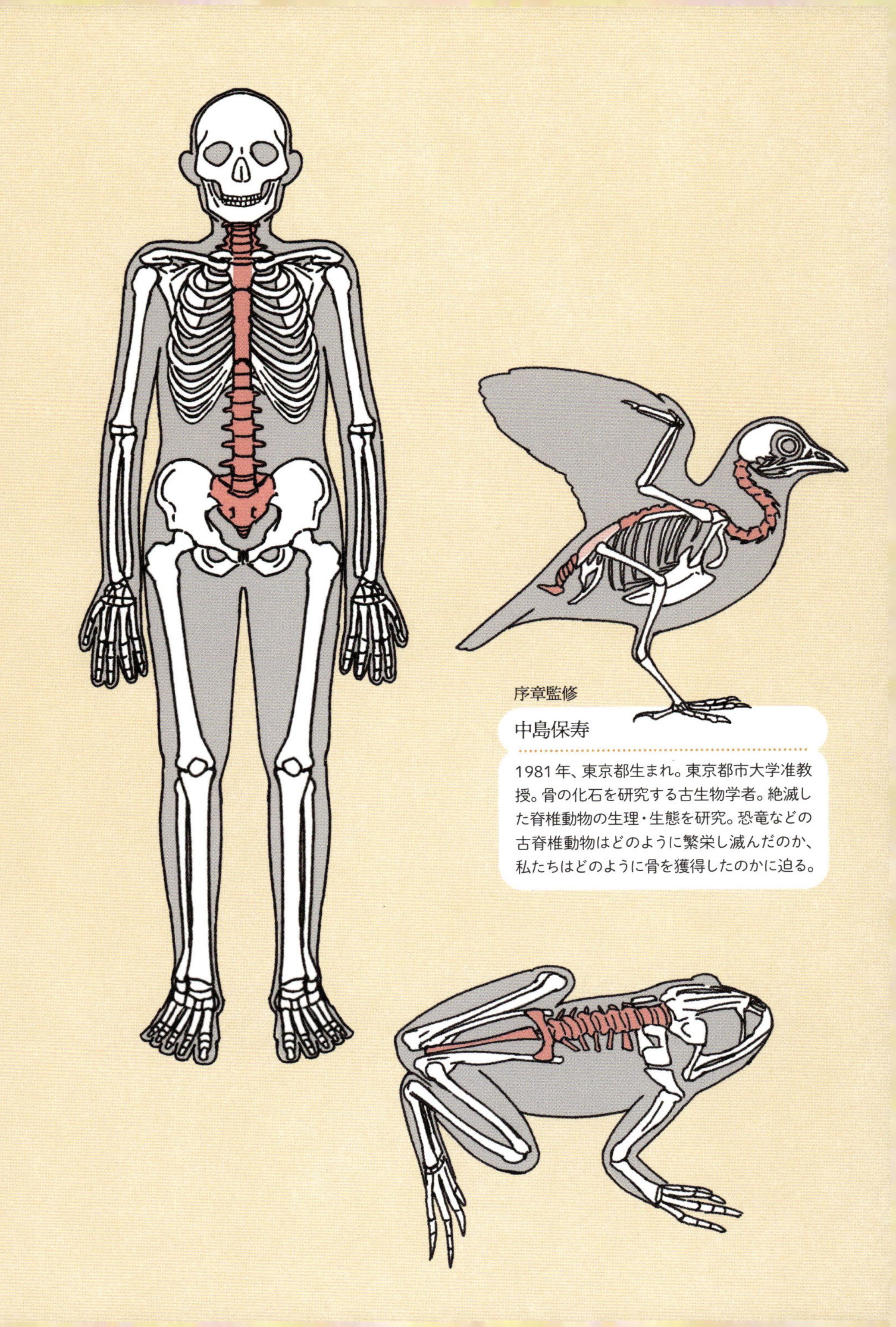

序章監修

中島保寿

1981年、東京都生まれ。東京都市大学准教授。骨の化石を研究する古生物学者。絶滅した脊椎動物の生理・生態を研究。恐竜などの古脊椎動物はどのように繁栄し滅んだのか、私たちはどのように骨を獲得したのかに迫る。

脊椎動物が現れるまで

地球が誕生したのは、今からおよそ46億年前である。生まれたての地球は度重なる小惑星の衝突でマグマの海におおわれていたが、衝突が終息し地球がしだいに冷えてくると今度は激しい雨が降りつづき、やがて海が誕生する。その海のどこかで、約40億年前には最初の生命が誕生していたというのが有力な説のひとつだ。初期の生命は、肉眼では見えないほど小さく、たった一つの細胞でできた単細胞生物だった。そこから40億年後の現在、動物は体を支える構造である「骨格」をもっている。動物には、骨格として背骨をもつものともたないものがいて、私たちのように背骨をもつ動物を脊椎動物という。脊椎動物が登場するまでの変遷を見てみよう。

先カンブリア時代（約46億年前～5億3800万年前）

約6億年前～5億年前

チャルニア

柔らかい体をしていて、骨格のように硬い部分はまだない。

約5億4800万年～5億3500万年前

クラウディナ

石灰質の殻をもち、岩のような硬い場所にくっついて生活

柔らかい体の原始的な動物の登場

先カンブリア時代末になると、初めは1mmにも満たない微生物だったところからようやく肉眼で見られる大きさの多細胞生物にまで生き物は進化した。それらはうすいシート状のものが多く、体は柔らかかった。現生のどの生物に近いものなのかもまだわかっていない奇妙な生き物が、先カンブリア時代の海にくらしていた。

殻（外骨格）をもつ動物が登場

それまでの、柔らかい体の生きものしかいなかった平和な世界に、硬い殻をもつ生きものが登場した。この殻は、炭酸カルシウム、リン酸カルシウム、ケイ酸カルシウムなど、多様な無機物を主成分とする鉱物をふくんでいた。最初は、体を支えるためのものだったと考えられるが、同時に身を守る「鎧」としても重要だっただろう。

Column

脊椎（背骨）をもつ動物
脊椎動物の種数

現在の地球には140万種の動物が生息し、その大半を占めるのが背骨をもたない節足動物である。次に多いのがこれまた背骨をもたない軟体動物で、脊椎動物の種数は全体の４％ほどに当たる約6万2000種である。節足動物が体の外側をおおう硬い殻（外骨格）で体を支えているのに対して、脊椎動物は体の内側にある骨格（内骨格）で体を支えている。私たち人間も、脊椎動物の一員である。

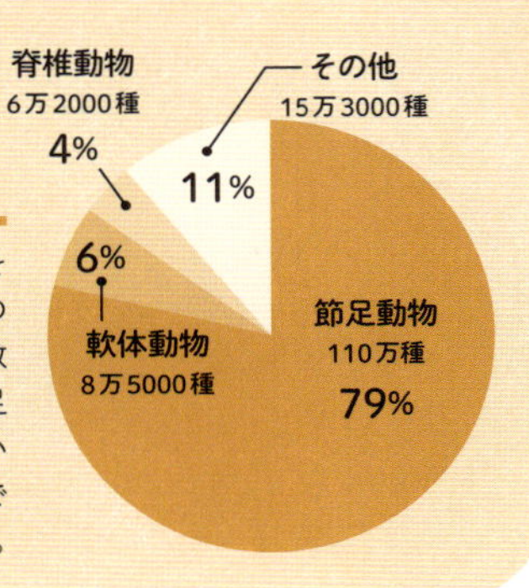
脊椎動物
6万2000種
4%
その他
15万3000種
11%
6%
軟体動物
8万5000種
節足動物
110万種
79%

カンブリア紀（約5億3800万年〜約4億8500万年前）

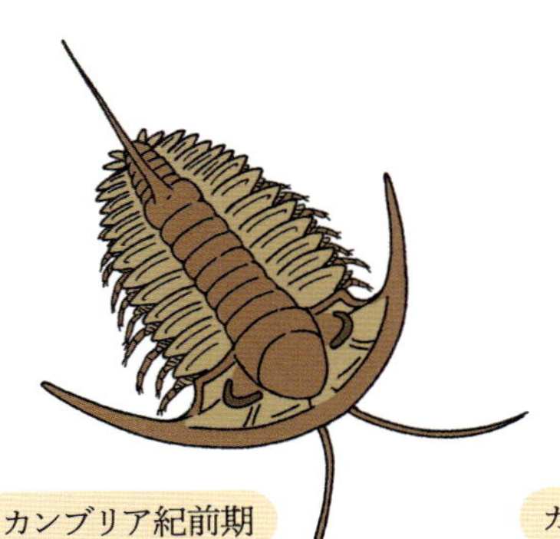

カンブリア紀前期

エオレドリキア

鉱物化した硬い骨格をもつ節足動物で、最古の三葉虫として知られる

硬い殻と目をもつ動物の多様化

体の外側が硬い殻でおおわれ、内側に筋肉をつけることで、より大きくより複雑な形へと進化することが可能になった。また、速く泳いだり、獲物を捕らえたり、さまざまな動きが可能になった。目の誕生で、他の生物を認識できるようになったことで、捕食・被食の関係が生まれ、殻は身を守るために重要なものになった。

カンブリア紀中期

ピカイア

体を支える原始的な支持器官を体内にもつ、初期の脊索動物

脊索動物の登場

外骨格をもたず、脊索という棒状の支持器官が軸となり体を支え、脊索のまわりに筋肉が発達する。現在のナメクジウオやホヤの幼生と同じ状態のもの。

カンブリア紀中期

ハイコウイクチス

最古の脊椎動物として知られる原始的な魚類

脊椎動物の登場

脊索のまわりに、節に分かれた硬い組織である脊椎骨がつくられ、原始的な脊椎動物である魚類が誕生した。魚類から、両生類、爬虫類、哺乳類、鳥類が進化し分かれていった。初期の脊椎動物には顎がなく、現在のヤツメウナギなどと同様である。

背骨をもつ仲間たち

脊椎動物は、現在およそ6万2000種が知られ、魚類、両生類、爬虫類、鳥類、哺乳類の5グループに分類される。最初に脊椎をもったのは魚類で、そこから両生類、爬虫類、鳥類、哺乳類が進化した。体内の骨が体の形を保持し、運動を支えている。現在の脊椎動物の約半数が水中を生息域とする魚類で、その魚類から進化した両生類が、約3億8000万年前に最初に地上に進出した脊椎動物である。この本では、これら脊椎動物の骨格について解説する。

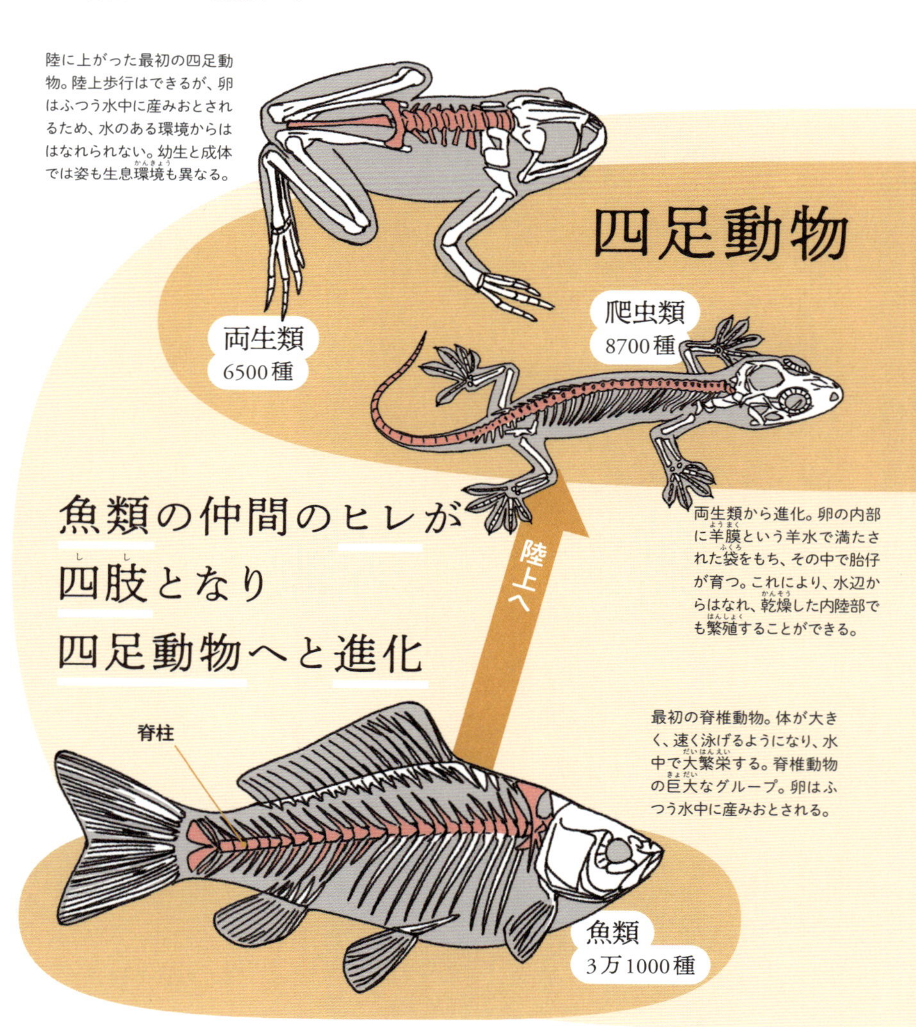

陸に上がった最初の四足動物。陸上歩行はできるが、卵はふつう水中に産みおとされるため、水のある環境からははなれられない。幼生と成体では姿も生息環境も異なる。
四足動物
両生類
6500種
爬虫類
8700種
両生類から進化。卵の内部に羊膜という羊水で満たされた袋をもち、その中で胎仔が育つ。これにより、水辺からはなれ、乾燥した内陸部でも繁殖することができる。
魚類の仲間のヒレが
四肢となり
四足動物へと進化
陸上へ
最初の脊椎動物。体が大きく、速く泳げるようになり、水中で大繁栄する。脊椎動物の巨大なグループ。卵はふつう水中に産みおとされる。
脊柱
魚類
3万1000種

Column

脊椎動物の共通点

すべての脊椎動物の共通点は、背骨をもつことであるが、各グループで、体のつくりや生活の仕方にもちがいがある。△はその項目の少数派を表している。

特徴	魚類	両生類	爬虫類	鳥類	哺乳類
背骨がある	○	○	○	○	○
鰓で呼吸	○	○			
肺で呼吸	△	○	○	○	○
水中に産卵	○	○			
陸上に産卵			○	○	△
胎生	△	△	△		○
羽毛や体毛				○	○

肺魚など、原始的魚類の多くは肺をもっている（肺の起源は古い）。そして、サメなどの魚類や両生類、爬虫類の一部にも胎生（卵胎生）のものがいる。また、カモノハシなどの単孔類は哺乳類だが、陸上で半膜卵を産む。

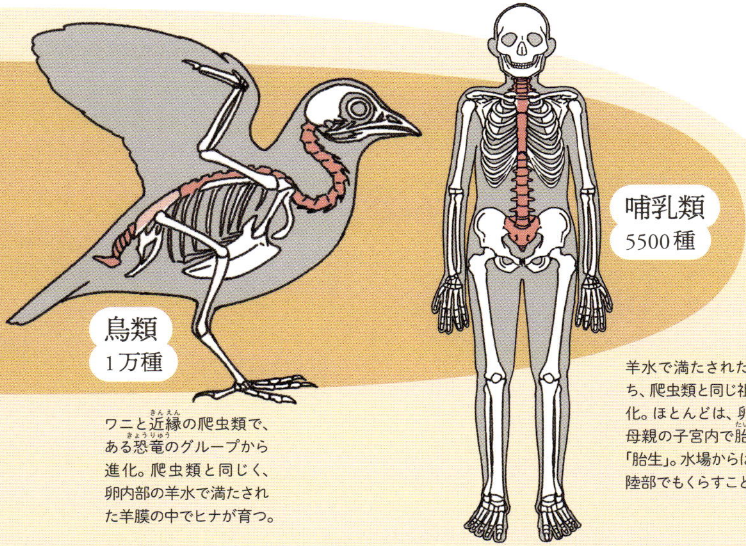

鳥類
1万種

ワニと近縁の爬虫類で、ある恐竜のグループから進化。爬虫類と同じく、卵内部の羊水で満たされた羊膜の中でヒナが育つ。

哺乳類
5500種

羊水で満たされた羊膜をもち、爬虫類と同じ祖先から進化。ほとんどは、卵ではなく母親の子宮内で胎児が育つ「胎生」。水場からはなれた内陸部でもくらすことができる。

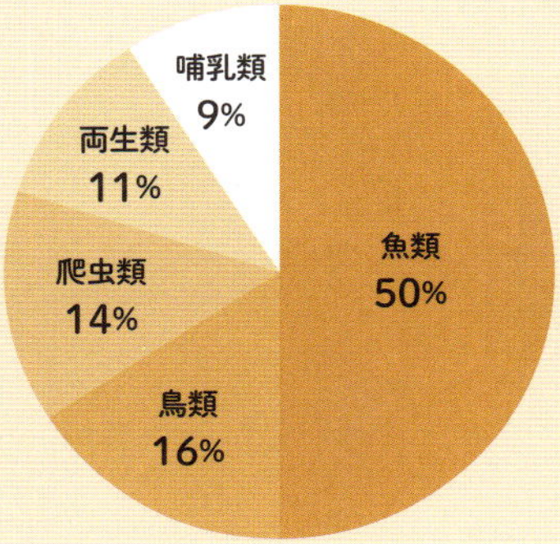

哺乳類 9%
両生類 11%
爬虫類 14%
鳥類 16%
魚類 50%

およそ6万2000種 脊椎動物

骨は生きている

骨全体の3分の2は、しなやかさをもたせて折れにくくするコラーゲンと、じょうぶにする働きのあるリン酸カルシウムでできた非常に硬い組織。残りのおよそ3分の1は水分で構成されている。骨芽細胞や血球系細胞などをふくむ血液や骨髄(こつずい)などの水分が骨の内部で重要な働きをしている。これら細胞の働きで絶えず骨はつくり変えられている。

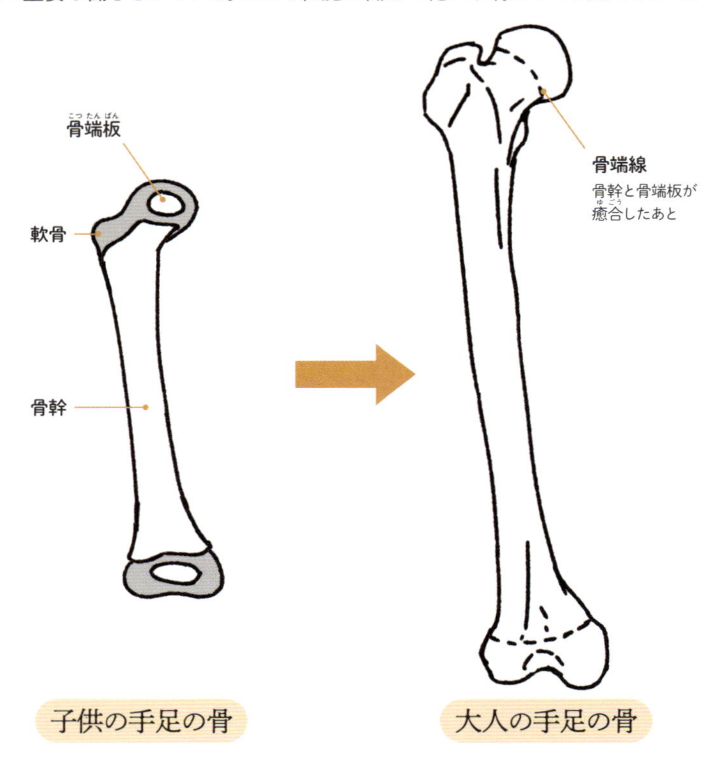

骨端板
軟骨
骨幹
骨端線
骨幹と骨端板が
癒合したあと

子供の手足の骨

大人の手足の骨

骨は成長する

骨は幼体から成体へと成長する過程で、軟骨が硬い骨組織に置きかわる(骨化)。ヒトの場合、新生児の手足は主に軟骨でできていて、幼児期にミネラルが沈着(ちんちゃく)して硬くなり、骨化する。老人になるとミネラルが減り、骨がもろくなる傾向にある。成人の骨の数は206個といわれているが、わずかな個体差はあるという。

骨は治る

古い骨が破壊(はかい)・吸収される一方で、新しい骨がつくられ、骨は絶えずつくり変えられている。骨膜の中で骨芽細胞が増殖(ぞうしょく)して骨になるのだ。成人の場合、約5年で新しい骨に置きかわる。ヒビが入ったり、折れたりしても、治るのはこの働きのためだ。

カルシウムを貯める

生きるのに欠かせないカルシウムは骨として体内に貯蔵されている。血中のカルシウム濃度(のうど)が高くなると、余り分が骨芽細胞のはたらきにより骨としてたくわえられる。一方、カルシウムが不足すると、破骨細胞のはたらきによって骨からカルシウムがとかし出され、体の各組織へと運ばれる。

血液をつくる

骨の表面は強い膜状の組織「骨膜」でおおわれ、その下は強くてじょうぶな骨質「緻密質」があり、その内側には「海綿質」と呼ばれるスポンジ状の軽い骨がつまっている。骨内部の空洞には骨髄が入っている。骨髄はゼリー状で、ここで血液（赤血球・白血球・血小板）がつくられる。

骨の断面

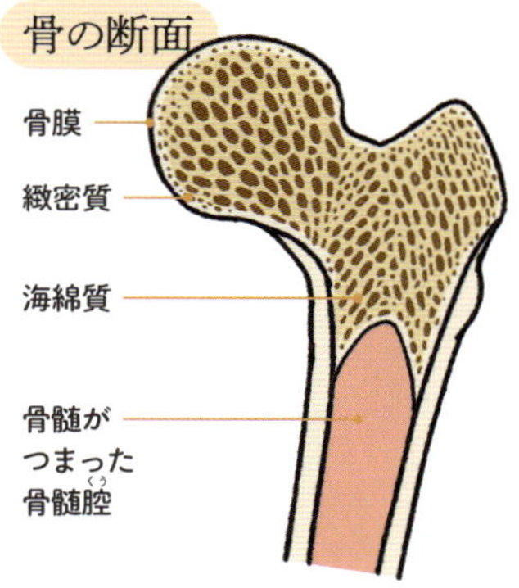
骨膜
緻密質
海綿質
骨髄がつまった骨髄腔

赤血球

酸素や二酸化炭素を運ぶ

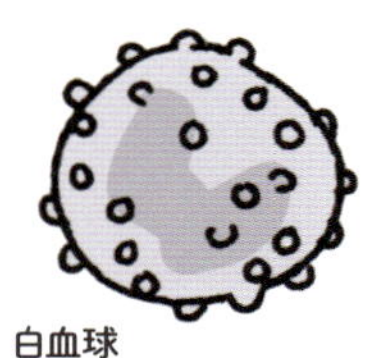

白血球

細菌やウイルスとたたかう

血小板

出血を止める

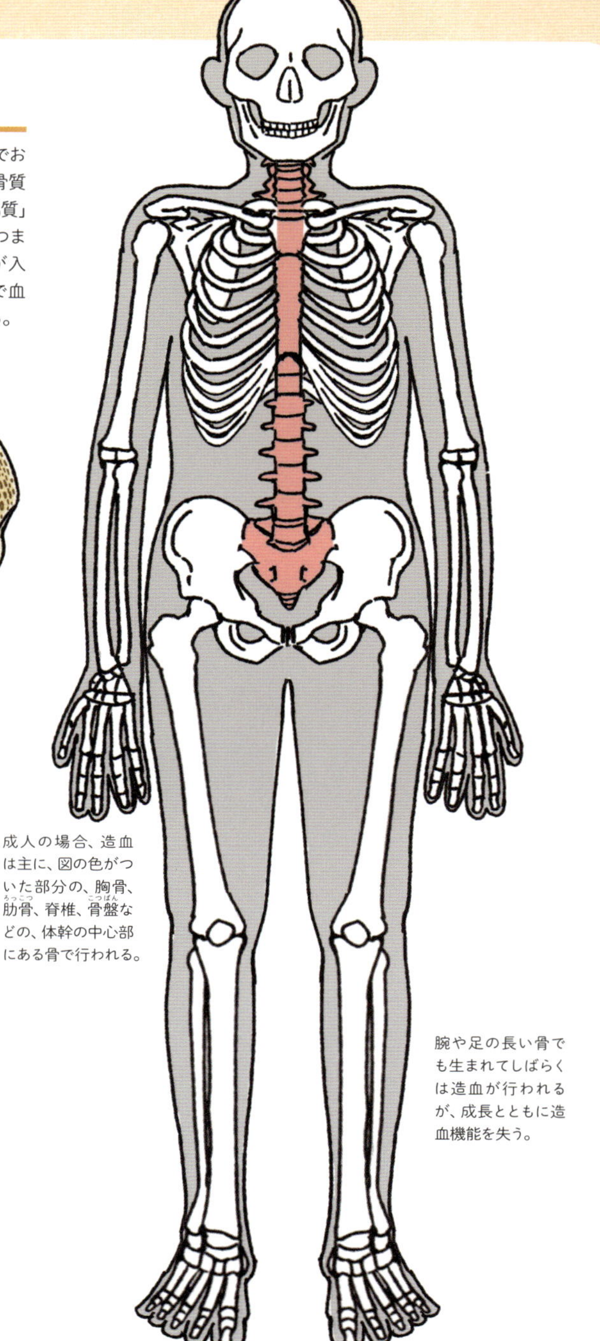

成人の場合、造血は主に、図の色がついた部分の、胸骨、肋骨、脊椎、骨盤などの、体幹の中心部にある骨で行われる。

腕や足の長い骨でも生まれてしばらくは造血が行われるが、成長とともに造血機能を失う。

キホンの骨格

脊椎動物は外見が大きくちがっても、みな共通の祖先をもつため、骨格構造の原則には共通点がある。ここでは「ヒト」の骨格を例にしているが、脊椎動物の骨格構造のキホンは、体の中心をつらぬく脊椎が体を支え、その先端に頭蓋骨（とうがいこつ）があり、脊椎のまわりに四肢（またはヒレや翼（つばさ））がのびる。この基本構造をもちながら、それぞれの生活環境に応じて、たくさんのちがいが生じる。何を食べているか、どのように移動しているかなどによって、骨の形状や構造はまちまちである。この本では、骨の形から生きものの情報を読み解いていく。

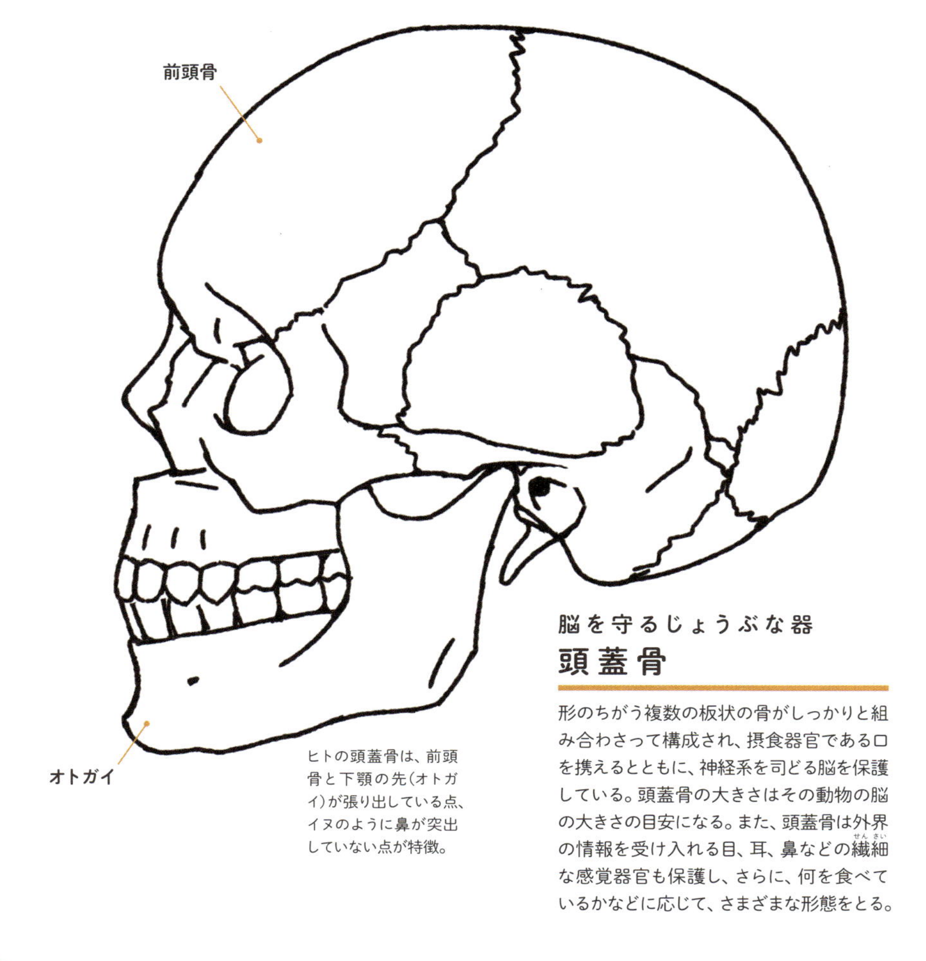
前頭骨
オトガイ

ヒトの頭蓋骨は、前頭骨と下顎の先（オトガイ）が張り出している点、イヌのように鼻が突出していない点が特徴。

脳を守るじょうぶな器

頭蓋骨

形のちがう複数の板状の骨がしっかりと組み合わさって構成され、摂食器官である口を携えるとともに、神経系を司どる脳を保護している。頭蓋骨の大きさはその動物の脳の大きさの目安になる。また、頭蓋骨は外界の情報を受け入れる目、耳、鼻などの繊細（せんさい）な感覚器官も保護し、さらに、何を食べているかなどに応じて、さまざまな形態をとる。

肺の伸縮を担う

肋骨

胸郭を変形させることで、肺の伸縮(呼吸)を担う重要な働きをもつ。さらに、カーブした骨でカゴのような骨組みを構成し、心臓や肺などの生命活動に重要な臓器を包み、鎧のように守っている。

ヒトの肋骨は左右12対で合計24本。11対目と12対目は胸骨につながっていない。

体を支える柱

脊椎

頭部の後ろから尾の先まで連なる脊椎が体の芯となって、胴体・頭部をつないでいる。脊椎がなければ、立つことも座ることもできない。さらに、脳から連続する中枢神経である脊髄を保護している。

横から見たヒトの脊椎は、重い頭を支えるために、S字に曲がり、重みを腹や背に分散している。

椎骨

脊椎をつくる骨。短い骨が数多くつながる構造によって、脊椎には柔軟性があり、曲げたり伸ばしたりすることができる。

運動する

四肢骨

歩いたり走ったり泳いだり、何かをつかんだり羽ばたいたり、四肢骨は肩や腰の骨とともに、筋肉と協力して運動の機能をもつ。大腿骨の長さとがんじょうさの度合いは、その動物の大きさや移動方法を知る手がかりとなる。

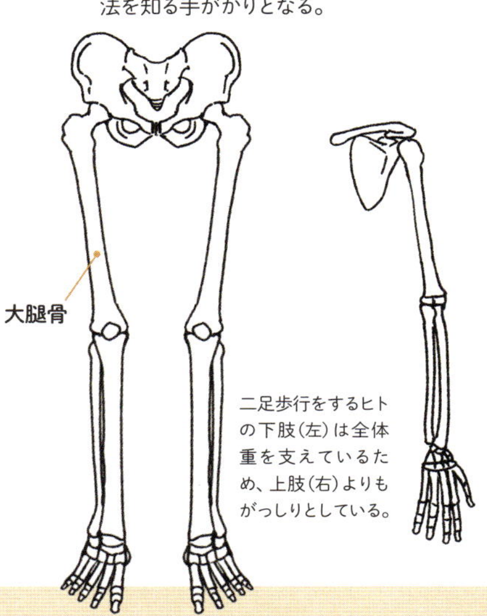
大腿骨

二足歩行をするヒトの下肢(左)は全体重を支えているため、上肢(右)よりもがっしりとしている。

脊椎動物の基本形

脊椎動物は、一般には、魚類、両生類、爬虫類、鳥類、哺乳類に分けられ、本書もその分類を基準に各章を構成しています。一方、生物の系統に基づく分類では、脊椎動物は、顎がない無顎類と顎がある顎口類に大きく分けられます。さらに顎口類は軟骨魚類、肉鰭類、条鰭類に分けられます。無顎類というのは、メクラウナギやヤツメウナギの仲間のことで、軟骨魚類はサメやエイの仲間、条鰭類というのは一般的な魚類のことです。残りの肉鰭類は、ハイギョやシーラカンスといった魚類に加え、この仲間が陸上に適応した両生類、爬虫類、鳥類、哺乳類(あわせて四肢動物)をふくんでいます。四肢動物はみな肉鰭類の子孫であることから、魚類の骨は脊椎動物の骨格の基本であるといえます。

頭蓋骨

多くの骨のパーツが組みあわさってできています。初期の魚類には、骨質の鎧のようなもの(皮甲)でおおわれた甲冑魚というグループの魚がいて、頭蓋骨はこの皮甲を受けつぐものです。

肉間骨

イワシなど、比較的原始的な魚類では、肋骨以外に上肋骨や上神経骨といった骨が筋肉中にみられます。肋骨、上肋骨、上神経骨などをあわせて肉間骨といいます。

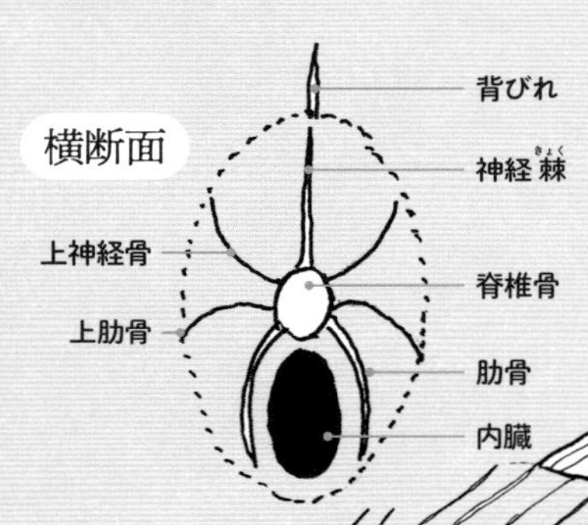
横断面
背びれ
神経棘
上神経骨
脊椎骨
上肋骨
肋骨
内臓

イセゴイ全身骨格

眼窩

眼が入る部分。この図では示されていませんが、魚類の眼の周りには、私たちにはない骨、強膜輪があります[▶P.30]。

鰓蓋骨

鰓をおおう骨。鰓は呼吸器官ですが、鰓の部分に咽頭歯と呼ばれる採餌のための器官が発達している魚類もいます[▶P.38]。

胸びれ

左右一対。体が左右にゆれないよう姿勢の安定に、また、ブレーキや方向転換などに働きます。種によっては遊泳にも働きます。付け根には、私たちで言えば、腕を支える肩甲骨や鎖骨のもとになった部分の骨があります[▶P.32]。

顎の骨

およそ4億2300万年前に顎をもつ魚、顎口類が現れました。鰓を支える骨が変化して顎の骨となりました。初期の顎口類の形態を今に残しているのが、サメやエイなど軟骨魚類の仲間です。現在は顎口類が主流で、私たち人間も、顎の骨を魚類から受けついでいます。

腹びれ

左右一対。姿勢の安定に働きます。

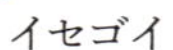

イセゴイ
Megalops cyprinoides

原始的な魚であるカライワシ目の魚です。アフリカ沿岸〜東南アジア、オーストラリア、南日本などの海にみられ、川などにも入りこみます。ウナギ類と同じように、透明で扁平な形をしたレプトケファルスと呼ばれる独特な幼生期をもつことから、カワライシ目はウナギ目と近縁であるとされています。スポーツフィッシングの対象として人気のある魚ですが、小骨(肉間骨)が多く食べにくいだけでなく、個人的に食べた感想を言えば味もよくありませんでした。

34cm

背びれ
主に、体が左右にゆれないよう姿勢の安定に働きます。形は種によっていろいろです。

背骨
頭蓋骨の後端部から尾端にいたる体の中央に一列に並ぶ多数の脊椎骨から構成されています。条鰭類の背骨はふつう硬く骨化していますが、深海魚などでは二次的に、すきまだらけのスカスカの骨になる場合もあります[▶P.44]。

尾びれ
推進力を生み出します。尾びれがふたまたに分かれた魚は遊泳力に優れ、尾びれが丸い魚は泳ぎがあまり得意ではありません。

肉間骨はいわゆる「小骨」といわれる骨で、食べるときにやっかいな骨のこと[▶P.36]。肉間骨をもつ魚には、イワシやサンマ、アジにニシンなどがいるけれど、ハモにはこれが無数にあるから、食べるときには「骨切り」をするんだよ。

尻びれ
姿勢の安定や方向転換に働きます。

骨のはじまり「軟骨と硬骨」

シュモクザメ

脊椎動物の骨は、甲冑魚の皮甲のように表皮に形成される皮骨と、体内に作られる骨とに大きく分けられます。また、体内に作られる骨は、もともと軟骨で作られ、やがて硬骨に置きかわる軟骨性骨と呼ばれるものです。頭蓋骨の大部分は皮骨ですが、背骨や肋骨、四肢の骨などは、みな軟骨性骨です。サメやエイなどの軟骨魚類は、生涯、背骨などが軟骨のままです。フカヒレスープなるものが食用とされるのも、鰭を支える骨が軟骨だからです。海辺のお土産屋さんにサメの顎がかざられていることがありますが、そのようなサメの骨格標本を作製する場合、硬骨魚や四肢動物と異なり、煮ると顎を形成している軟骨の形が保てなくなってしまうので、生のまま除肉して、薬品等で仕上げる必要があるのです。また、軟骨魚類のサメは、脊椎骨の形も、硬骨魚のそれと比べると、ずいぶん単純な形をしています。魚類で無顎類と軟骨魚類を除いたものを硬骨魚類と呼びます。

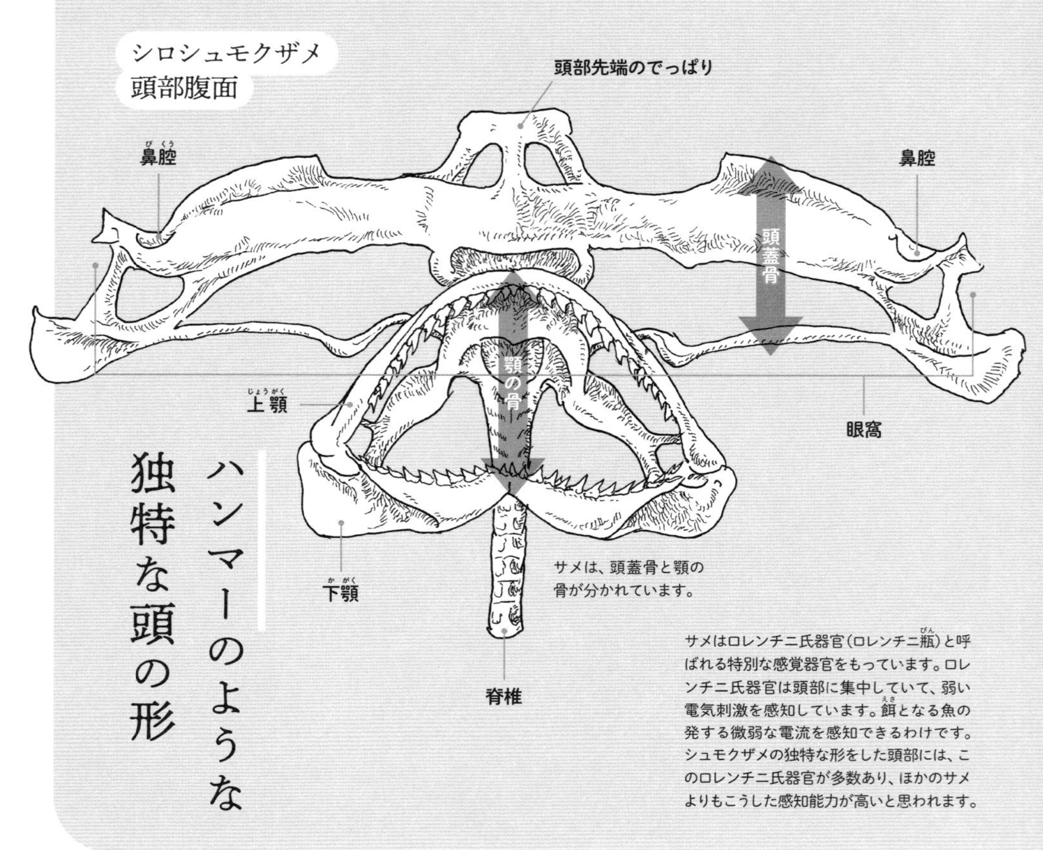
シロシュモクザメ
頭部腹面
頭部先端のでっぱり
鼻腔
鼻腔
頭蓋骨
顎の骨
上顎
眼窩
下顎
脊椎
サメは、頭蓋骨と顎の骨が分かれています。

ハンマーのような独特な頭の形

サメはロレンチニ氏器官（ロレンチニ瓶）と呼ばれる特別な感覚器官をもっています。ロレンチニ氏器官は頭部に集中していて、弱い電気刺激を感知しています。餌となる魚の発する微弱な電流を感知できるわけです。シュモクザメの独特な形をした頭部には、このロレンチニ氏器官が多数あり、ほかのサメよりもこうした感知能力が高いと思われます。

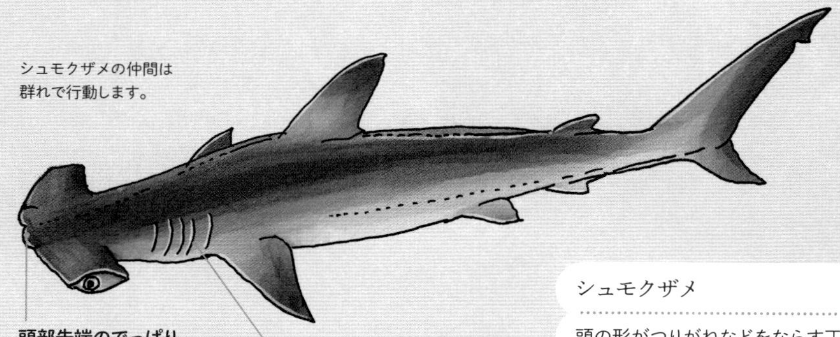
シュモクザメの仲間は
群れで行動します。

頭部先端のでっぱり

アカシュモクザメとシロシュモクザメの頭部先端はでっぱっていて、でっぱりの中央がくびれるのがアカシュモクザメ、くびれないのがシロシュモクザメ。

鰓孔（えらあな）

サメの頭の両側には、5〜7個の鰓孔があります。エイの鰓孔は、体の下側に開いています。

シュモクザメ

頭の形がつりがねなどをならす丁字形の撞木（しゅもく）という道具に似ていることからその名があります。英語ではハンマーヘッドシャークと呼ばれています。両眼がはなれたところにあるので、立体視にはすぐれた点があるものの、真正面は視野の死角になってしまいます。

アカシュモクザメ 頭部腹面

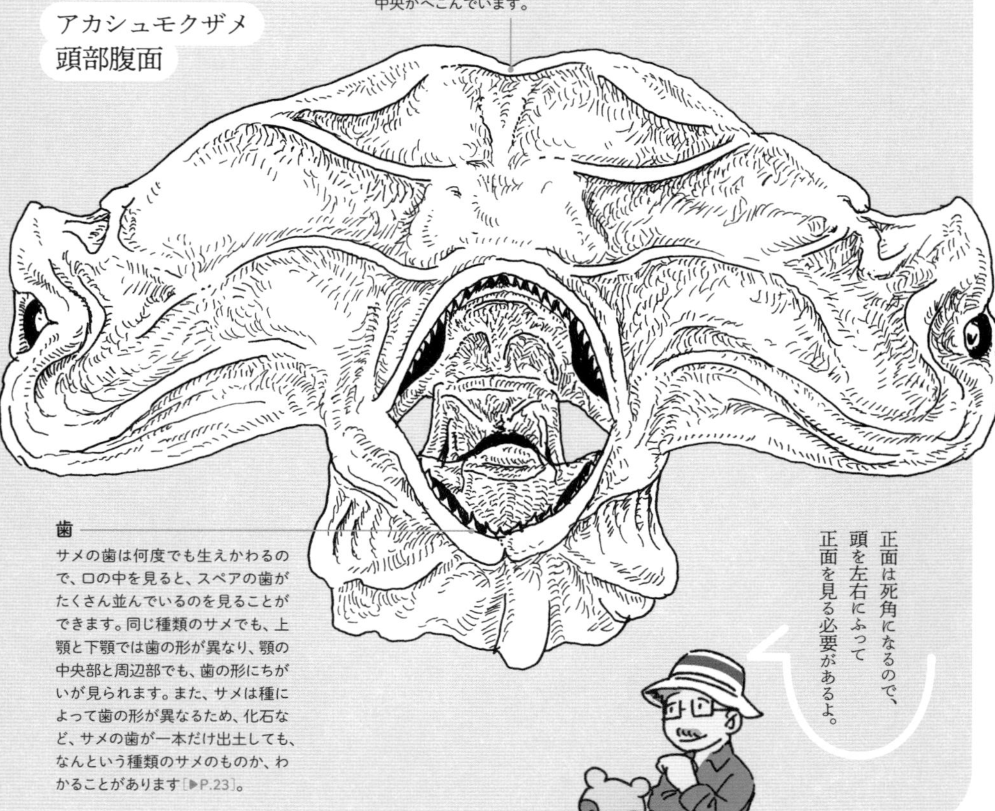
頭部先端のでっぱり部分は、
中央がへこんでいます。
正面は死角になるので、
頭を左右にふって
正面を見る必要があるよ。

歯

サメの歯は何度でも生えかわるので、口の中を見ると、スペアの歯がたくさん並んでいるのを見ることができます。同じ種類のサメでも、上顎と下顎では歯の形が異なり、顎の中央部と周辺部でも、歯の形にちがいが見られます。また、サメは種によって歯の形が異なるため、化石など、サメの歯が一本だけ出土しても、なんという種類のサメのものか、わかることがあります［▶P.23］。

軟骨魚といえばサメ

サメといえば歯

サメの骨格は軟骨からなっていますが、サメの歯は私たちの歯と同じく、エナメル質、象牙質、髄質からなっており、硬質です。そのため、サメの化石は主に歯だけが出土します。これはまた、サメの歯が何度も生えかわることも関係しているでしょう。飼育下でのレモンザメの場合、歯は7〜8日で生えかわるという報告があります。また、歯の形は食性と大きく関わりがあります。サメといっても、プランクトンを食べているジンベエザメの場合は、歯はとても小さく、ほとんど機能していません。

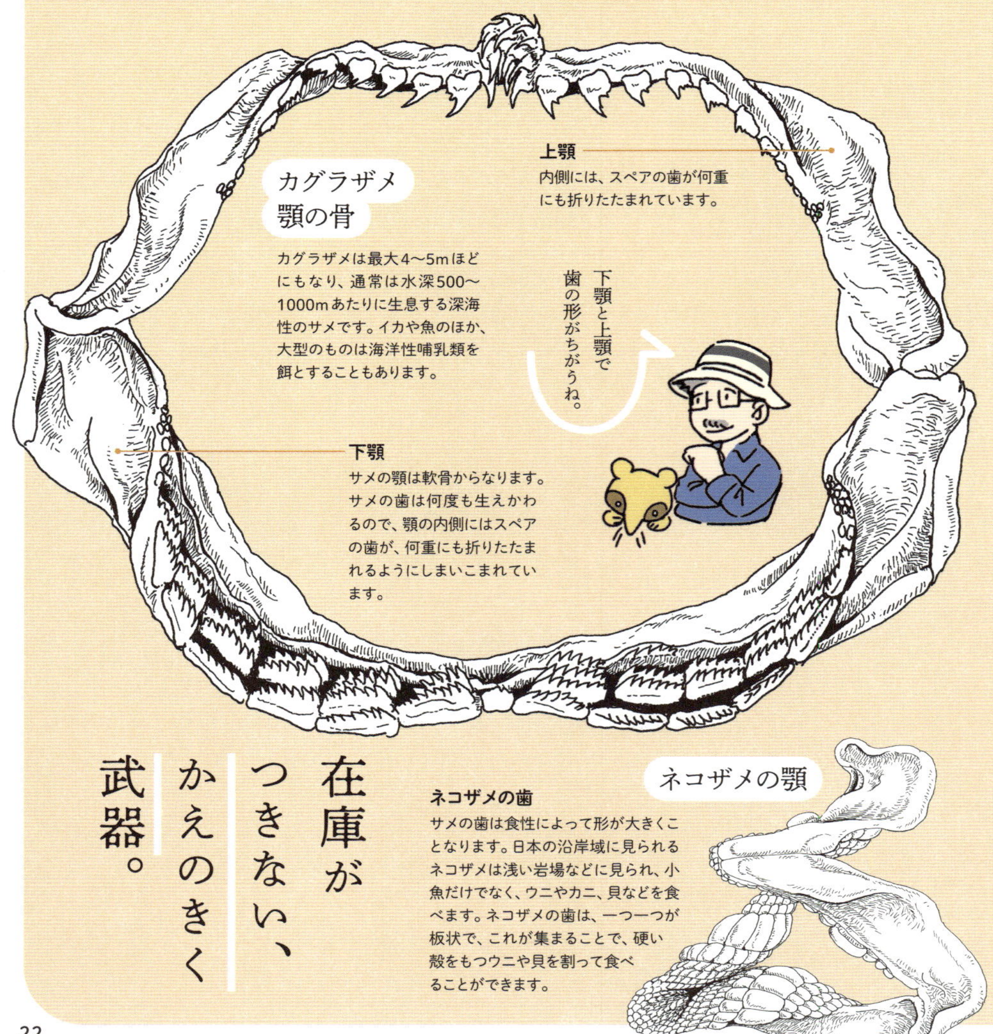

上顎
下顎
下顎と上顎で歯の形がちがうね。

カグラザメ顎の骨

カグラザメは最大4〜5mほどにもなり、通常は水深500〜1000mあたりに生息する深海性のサメです。イカや魚のほか、大型のものは海洋性哺乳類を餌とすることもあります。

上顎
内側には、スペアの歯が何重にも折りたたまれています。

下顎
サメの顎は軟骨からなります。サメの歯は何度も生えかわるので、顎の内側にはスペアの歯が、何重にも折りたたまれるようにしまいこまれています。

ネコザメの顎

ネコザメの歯
サメの歯は食性によって形が大きくことなります。日本の沿岸域に見られるネコザメは浅い岩場などに見られ、小魚だけでなく、ウニやカニ、貝などを食べます。ネコザメの歯は、一つ一つが板状で、これが集まることで、硬い殻をもつウニや貝を割って食べることができます。

在庫がつきない、かえのきく武器。

サメの歯の化石

ホホジロザメ

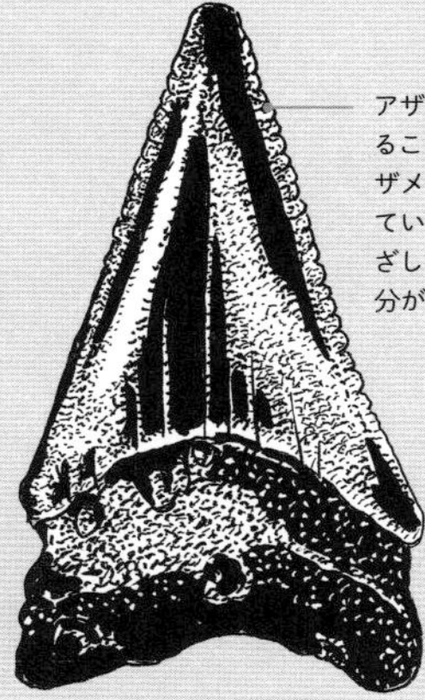

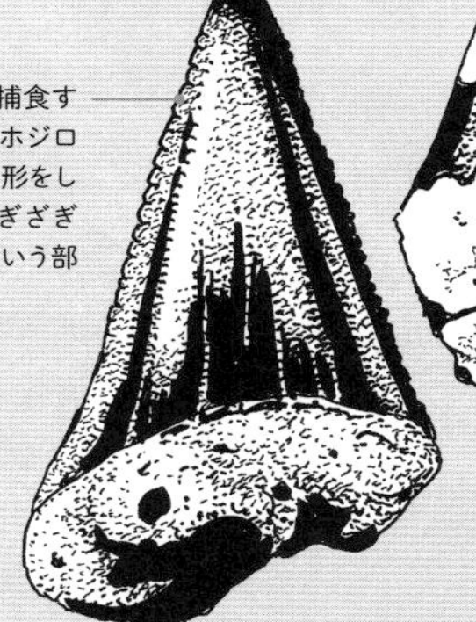

アザラシなども捕食することがあるホホジロザメの歯は三角形をしていて、ふちにぎざぎざした「鋸歯」という部分があります。

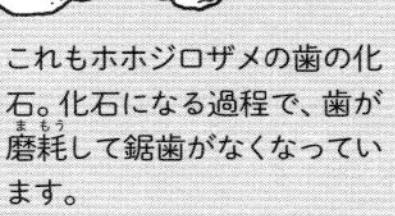

これもホホジロザメの歯の化石。化石になる過程で、歯が磨耗して鋸歯がなくなっています。

カグラザメ

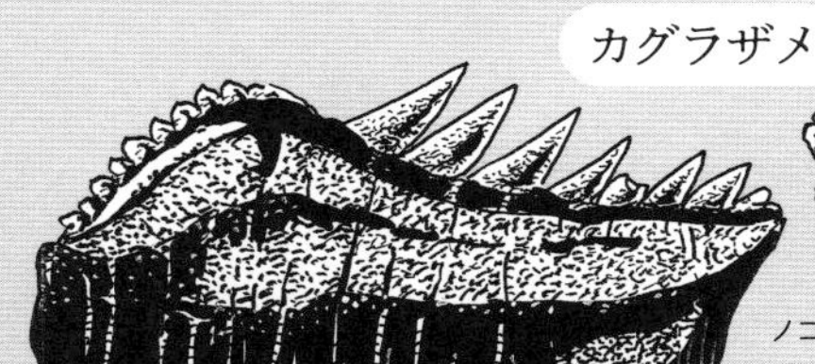

ノコギリの歯のような形をしているのが特徴です。

シロワニ

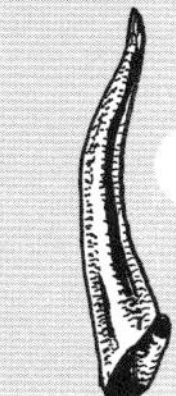

細長く鋭い歯です。

アオザメ

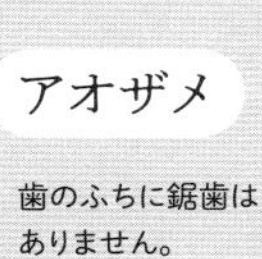

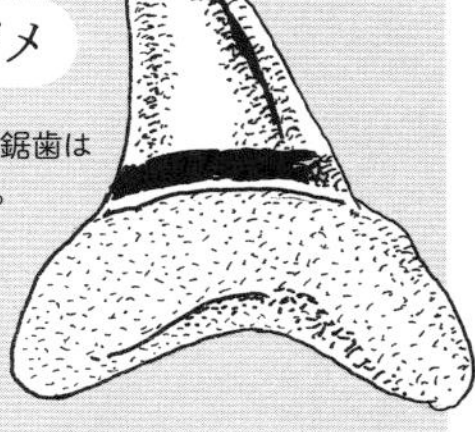

歯のふちに鋸歯はありません。

ネコザメ

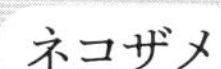

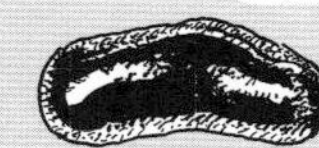

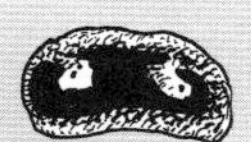

硬い殻をもつ貝も食べるネコザメの歯は、他のサメと異なり平たい板状となっています。

シュモクザメ

［▶P.20］

歯根の部分が大きいです。

10mm

イタチザメ

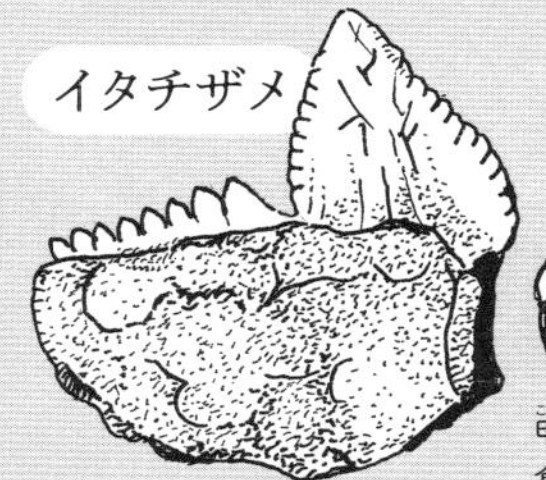

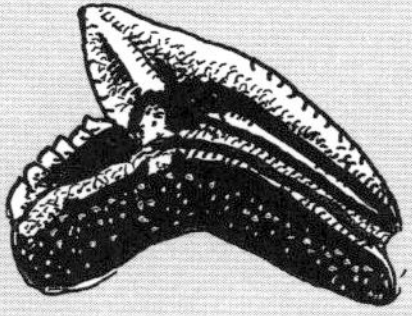

甲羅をもつウミガメさえ食べてしまうというイタチザメの歯は、ホホジロザメと同じく大きく、ふちに鋸歯があります。

メジロザメ

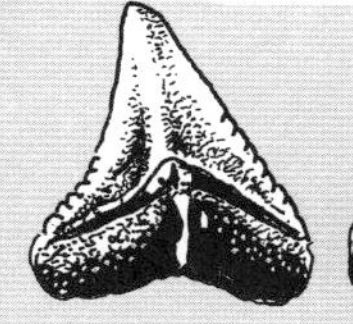

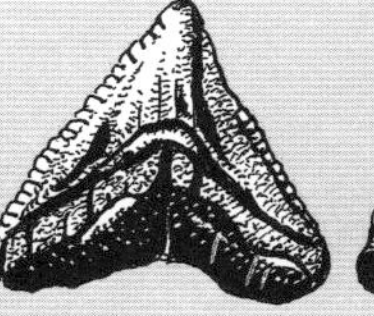

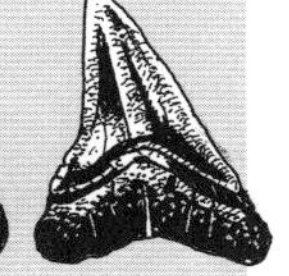

ホホジロザメなどに比べると小さな歯をしています。

深海にすむクッキーカッター

ダルマザメ

体長30〜50cmほどの、さほど大きくない体をしているダルマザメは、自分よりもずっと大きなクジラやマグロなどの魚をおそうことで知られています。といっても、丸ごと食べるわけではなく、獲物の表皮と肉を丸くえぐり取るようにして食べるのです。実際にダルマザメを解剖してみたところ、胃袋の中から出てきたのは、ひとにぎりほどの皮つきのマグロの肉でした。ダルマザメにかじられたクジラや大型魚類の体には、丸い穴状の傷痕が残ります。こうした特殊な食性と、それに見合う特殊な顎や歯をもつダルマザメは、英語ではクッキーカッターシャークと呼ばれています。ただし、大型の獲物をおそうばかりではなく、イカなども餌にしています。

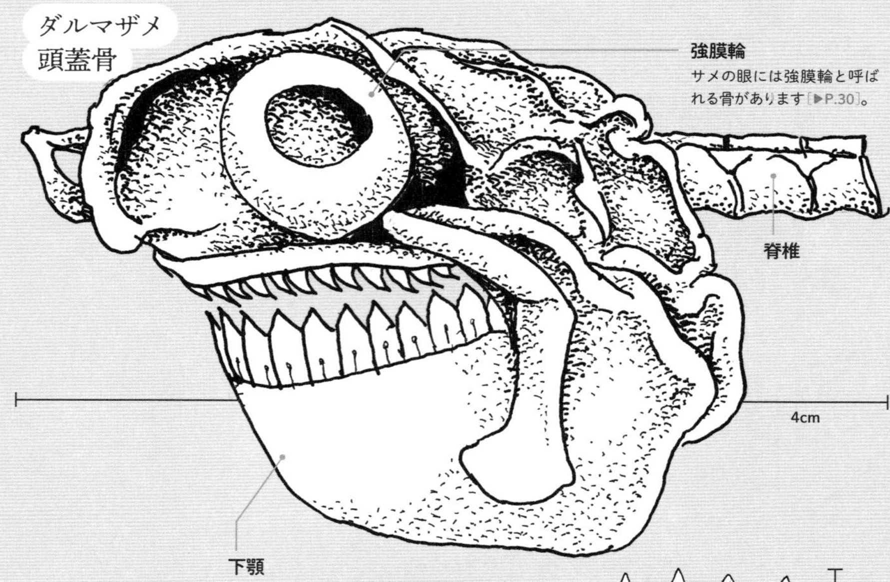
ダルマザメ
頭蓋骨
強膜輪
脊椎
4cm
下顎

強膜輪
サメの眼には強膜輪と呼ばれる骨があります［▶P.30］。

下顎
ダルマザメは顎を獲物におしつけ、体を回転させるようにして肉片をかみ切ると考えられています。肉片をかみ切るのに使うのは、下顎にある体に比較して大型の歯です。この歯はとてもするどく、手に入れたダルマザメをいじっていたら、指がすっぱりと切れてしまいました。

肉をかみ切る大きな歯

7mm

一列丸ごと生えかわる歯
サメの歯は何度も生えかわりますが、ダルマザメの場合、歯が一本ずつ生えかわるのではなく、一列丸ごと生えかわります。大型の獲物の肉をえぐり取るのには、一列すべての歯がそろっていることが必要だからです。生えかわった歯はのみこまれ、カルシウム分が回収されます。

黒い帯
39cm

腹側には、胸びれの前の黒い帯の部分を除き、発光器があります。ただし、その役割はまだよくわかっていません。

ダルマザメ
Isistius brasiliensis

ダルマザメは世界の熱帯〜暖温帯の外洋域に見られるサメのため、なかなか目にする機会はありません。普段は水深数百〜数千mほどの深海でくらしていますが、夜間には表層まで上がってきます。

ダルマザメ
頭蓋骨（正面）

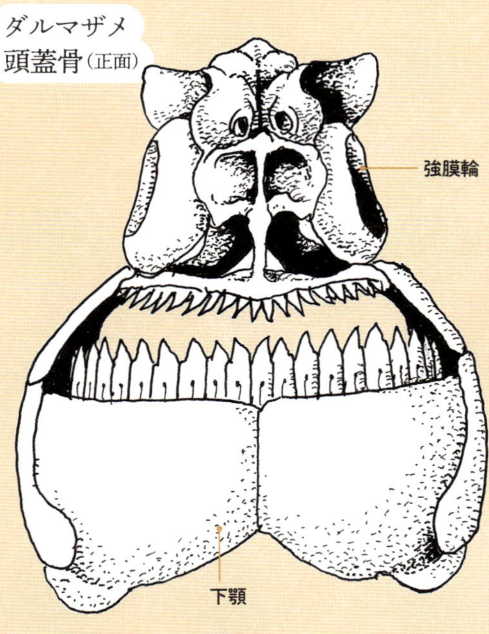
強膜輪
下顎

正面から見ると、下顎が異様に発達していることが目につきます。サメの仲間は上顎と下顎で歯の形が異なりますが、ダルマザメの場合、上顎の歯は下顎の歯に比べて極端に小さくなっています。このことから、大型の獲物の場合、肉をかみ切るのは下顎の歯にたよっていることがわかります。

123
30

那覇の泊港近くの魚市場の競りを以前は自由に見学することができました。そこでときどき目にしたのが、丸い傷痕のあるマグロやカジキでした。最初は何の傷痕かさっぱりわからなかったのですが、やがてこれがダルマザメの仕業であることを知りました。こんなことをするダルマザメを見てみたい…。長年の夢がかなったのは、ずいぶんたってから、魚類の研究者の方を通じて、網にかかったダルマザメを送ってもらってのことです。

原始的なつくりの深海ザメ

ラブカ

メスの体長は、最大2m近くになります。世界に広く分布するものの、見つかるのはまれで、水深50〜1500mあたりに生息する深海性のサメです。世界で最初に見つかり記載されたラブカの標本は1845年の日本産のもので、その後も相模湾や駿河湾から多くのラブカが得られています。ラブカは平たい頭に細長い体をもち、口は頭部の先端に開いています。ふつう、頭部腹側に口のある他のサメとは体形がずいぶん異なって見えます。現生のサメでは原始的な仲間で、カグラザメ目ラブカ科に位置づけられています。ラブカが餌にしているのは、魚のほか、イカです。飼育下では、口を開けて泳ぐ習性が見られ、白い歯が目立つので、これが獲物をおびき寄せることがあるのではと報告されています。

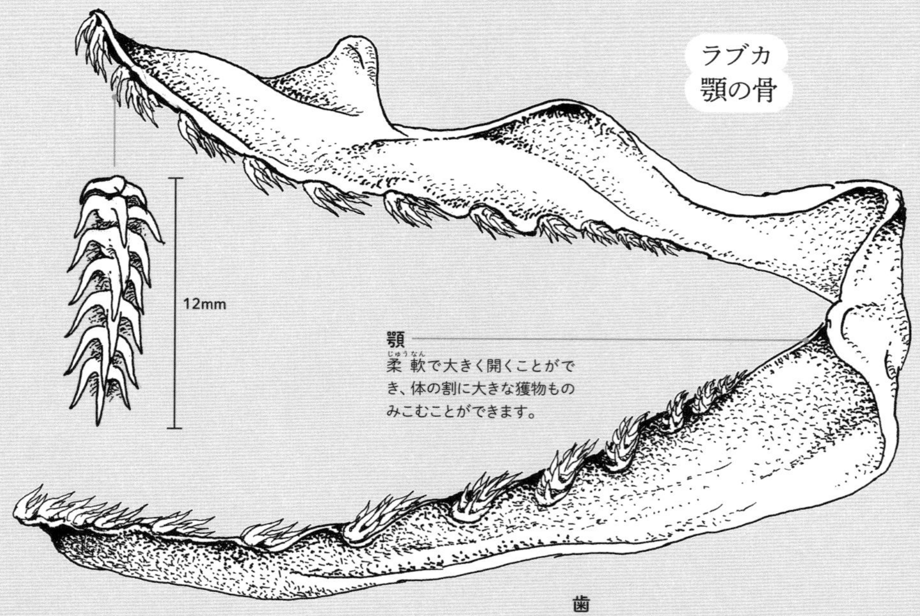

ラブカ
顎の骨
12mm

顎
柔軟で大きく開くことができ、体の割に大きな獲物ものみこむことができます。

歯
ラブカは三つまたに分かれた細くとがった歯をもっています。実際にラブカの歯をさわってみると、この歯はぐらぐらと動き、獲物をかみちぎることができるようにはとうてい思えませんでした。おそらくこの歯は、口に入った獲物を引っかけ、胃に送りこむために働いているのでしょう。

大きな顎で獲物を丸のみ。

ラブカ
Chlamydoselachus anguineus

ラブカを解剖した際に目についたのは、大きな肝臓です。肝臓に切れ目を入れると、透明な油が流れでてきました。ラブカは泳ぐのが得意な体型には見えません。また、サメの仲間にはうきぶくろがありません。活発に泳ぎまわらなくとも、肝臓にたくわえられた油が浮力を調整して、一定の深度にとどまることができるのでしょう。

ひだ状の鰓

ラブカには6対の鰓孔があり、一番目の鰓孔のふちが喉までのび、えりのように見えることから、英語ではフリルシャークと呼ばれています。

細長い体をくねらせるようにして泳ぎます。

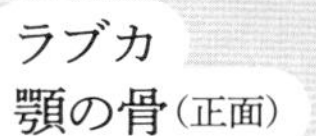

ラブカ 顎の骨（正面）

三つまたになった小さな歯が、縦に何列も並んでいることがわかります。

Q こんな歯をもつ魚、なんだかわかりますか？

角のようなものに、たくさんの歯が生えていますね。

これはなんだ？

小さい方は、ノコギリザメです。

アメリカで出版され、世界のサメが網羅された専門書『シャークス・オブ・ザ・ワールド』には、ノコギリザメの仲間が9種紹介されています。そのうちノコギリザメという種は日本近海に見られ、最大体長は1.5mほど。大陸棚や大陸棚斜面上部の砂泥底に生息しています。顔の前側に細長くつき出た口先、「吻」で海底をつつき、海底に生息する小動物を餌にします。

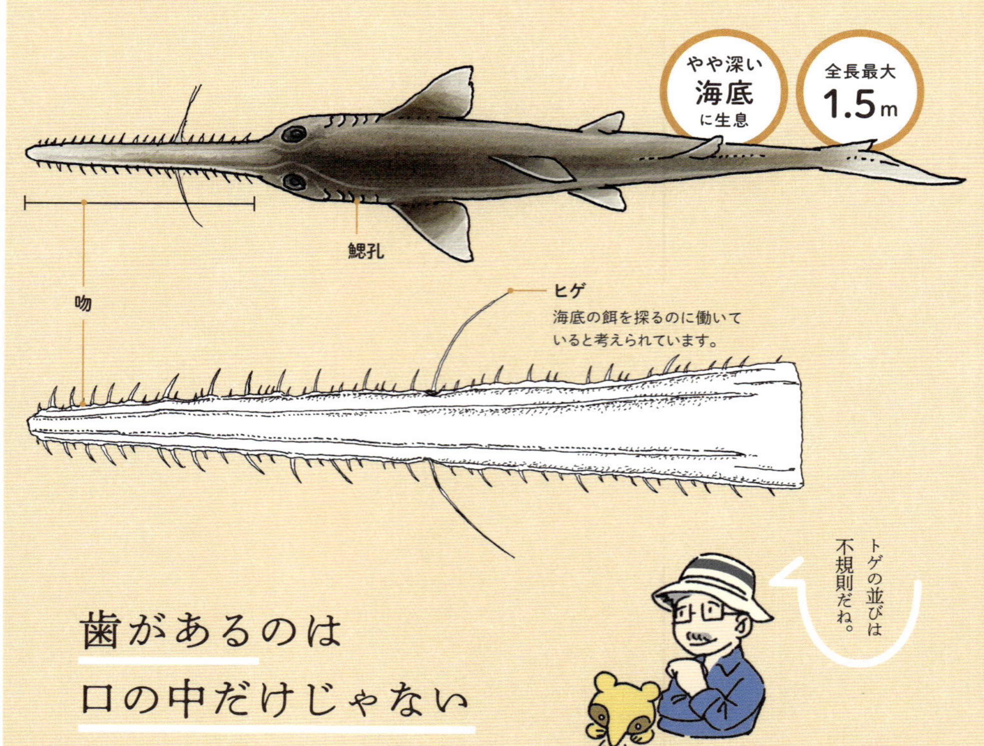

やや深い
海底
に生息
全長最大
1.5m
鰓孔
吻
ヒゲ
海底の餌を探るのに働いていると考えられています。
トゲの並びは不規則だね。

歯があるのは口の中だけじゃない

サメ肌という名のとおり、サメの皮膚はざらざらしています。これは皮膚に楯鱗と呼ばれる硬い鱗がたくさんあるからです。楯鱗には、歯と同じくエナメル質、象牙質、髄質という構造があります。じつは、この楯鱗こそ、歯の起源にあたるものなのです。体中の表皮にある楯鱗のうち、前端部にあったものが、口の中に落ちこむようになって、捕食に使われるようになったものが歯だというわけです。こうした由来をたどると、ノコギリエイやノコギリザメのように、頭の先端にのびる「吻」と呼ばれる突起に歯があっても不思議ではないということになります。

大きい方は、ノコギリエイです。

ノコギリエイは世界の熱帯〜亜熱帯の沿岸域の浅い海域から河川に生息しています。また、川によって海とつながっている中米のニカラグア湖にも生息が見られます。日本では1975年に石垣島沖で捕らえられた体長約5mの個体が唯一の記録です。ちなみにこの貴重な個体は、沖縄島・恩納村にある「ホテルみゆきビーチ」に剥製として飾られています。

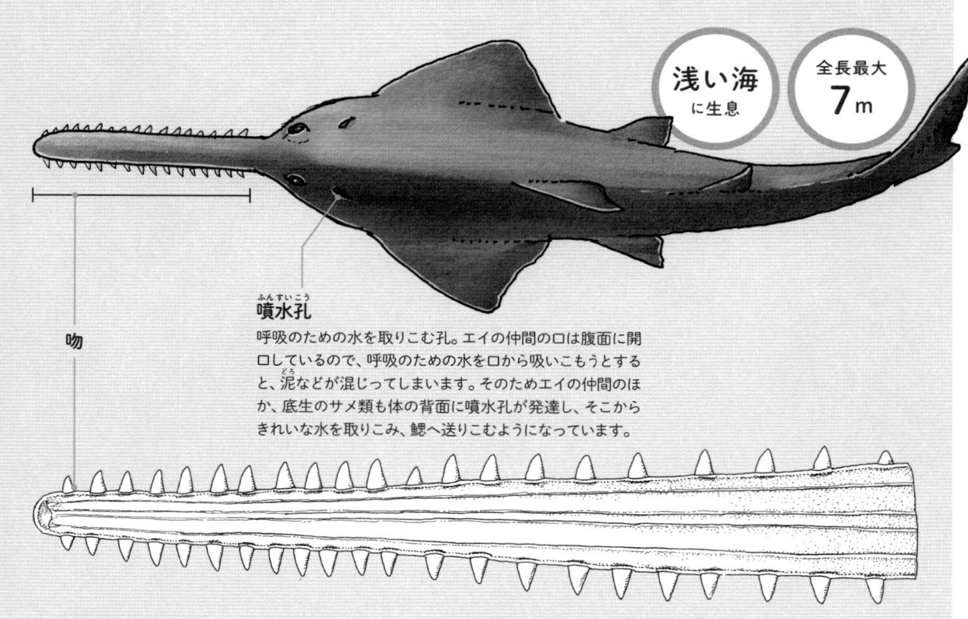

浅い海
に生息
全長最大
7m
吻

噴水孔（ふんすいこう）
呼吸のための水を取りこむ孔。エイの仲間の口は腹面に開口しているので、呼吸のための水を口から吸いこもうとすると、泥（どろ）などが混じってしまいます。そのためエイの仲間のほか、底生のサメ類も体の背面に噴水孔が発達し、そこからきれいな水を取りこみ、鰓へ送りこむようになっています。

サメとエイの、ちがいとは。

サメとエイはともに軟骨魚類の仲間です。サメは一般的には高速遊泳に適した流線型をしています。また、エイは平たい体型に細長い尾をもつスタイルが一般的です。ただし、サメの仲間にもサカタザメのようにエイを思わせる体型をしているものがいます。また、ノコギリエイは、その体型がサメを思わせることもあって、ノコギリザメと混同されることがあります。サメとエイの外見上の大きなちがいは、鰓孔にあります。サメの鰓孔は体側に開口しているのですが、エイの鰓孔は体の腹面に開いています。ノコギリエイの場合も、鰓孔は腹面に開口していて、背面からは見えません。

魚の眼には骨がある

メカジキ

煮魚を食べたことがある人は、魚の眼の周りにリング状のうすい骨があることに思い当たるのではないでしょうか。魚の眼の周りには、私たちとちがって「強膜輪」という骨があります。じつは、爬虫類や鳥類の目の周りにも強膜輪があります[▶P.80]。一般的な魚の強膜輪は、ごくうすいものです。しかし、中にはずいぶんとしっかりとしたものもあります。外洋にくらす大型の魚類であるカジキは、サメと並んで海洋の食物連鎖の最上位に位置しています。カジキの中で、マカジキやクロカジキなどは表層を生活場所としていますが、メカジキは水深200m以深の深海上部・中深層を生活場所としています。暗い中深層で餌を探すメカジキは眼が大きいのが特徴で、強膜輪の直径は95mmほどにもなります。

強膜輪

メカジキの強膜輪は厚みがありますが、多孔質で重さはあまりありません。沖縄の魚市場では、メカジキの目玉だけを取りだして売っていることがあります。とろとろとした食感の煮付けが作れ、強膜輪も取り出せます。

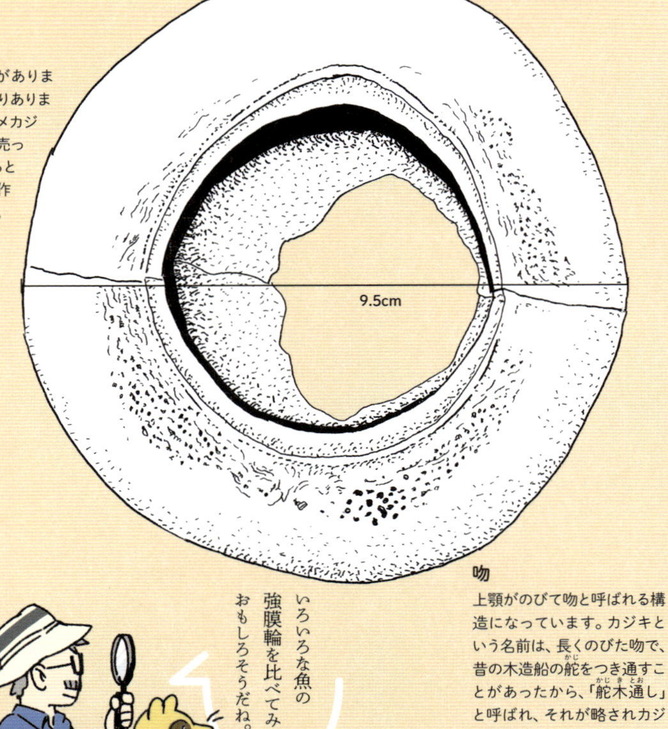
9.5cm
いろいろな魚の強膜輪を比べてみてもおもしろそうだね。

舟板をつらぬく気のあらいスプリンター。

吻

上顎がのびて吻と呼ばれる構造になっています。カジキという名前は、長くのびた吻で、昔の木造船の舵をつき通すことがあったから、「舵木通し」と呼ばれ、それが略されカジキとなったといわれています。

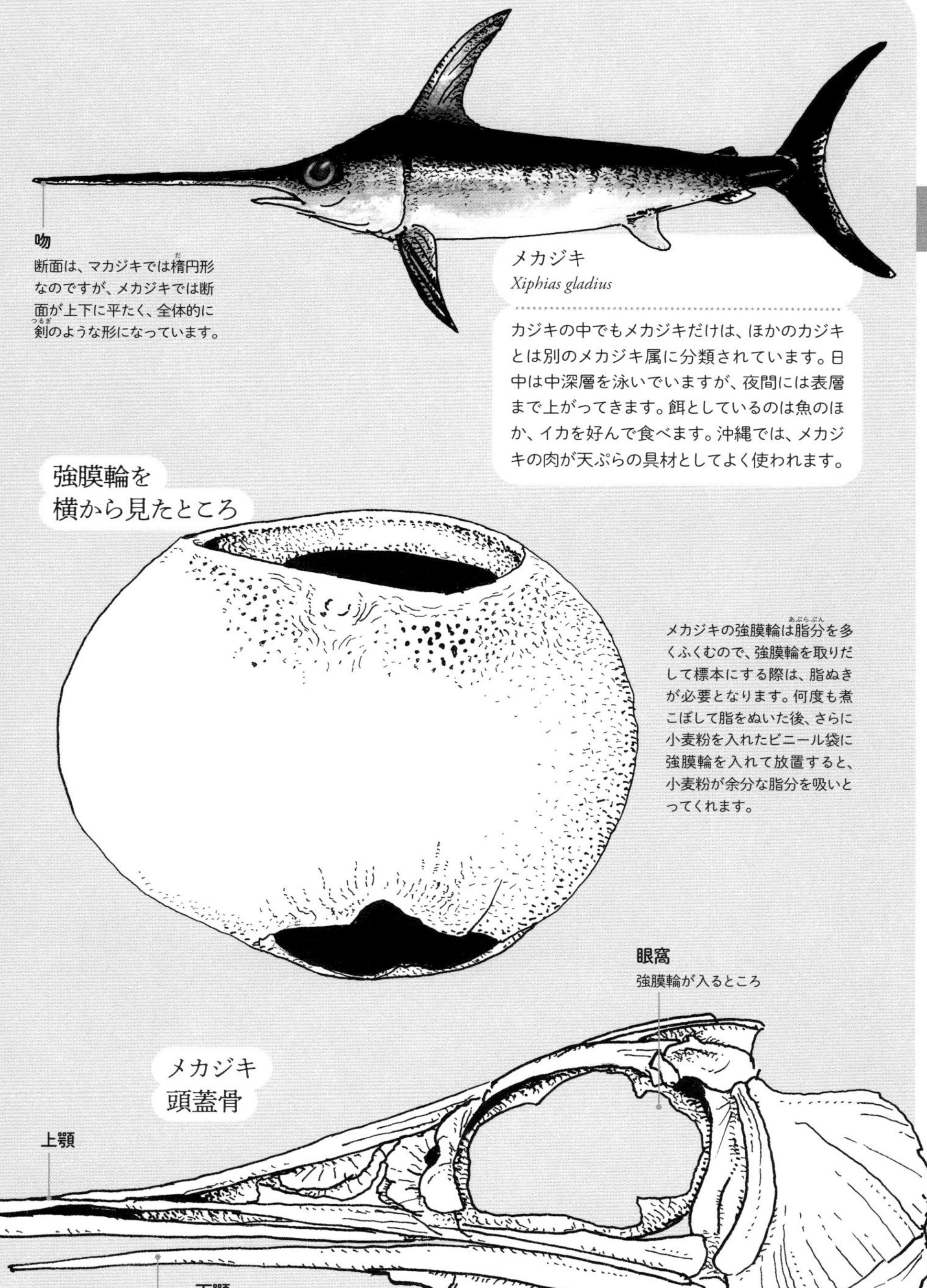
メカジキ
Xiphias gladius
吻
断面は、マカジキでは楕円形なのですが、メカジキでは断面が上下に平たく、全体的に剣のような形になっています。
強膜輪を横から見たところ
メカジキ頭蓋骨
眼窩
強膜輪が入るところ
上顎
下顎
上顎に比べると短い下顎

カジキの中でもメカジキだけは、ほかのカジキとは別のメカジキ属に分類されています。日中は中深層を泳いでいますが、夜間には表層まで上がってきます。餌としているのは魚のほか、イカを好んで食べます。沖縄では、メカジキの肉が天ぷらの具材としてよく使われます。

メカジキの強膜輪は脂分を多くふくむので、強膜輪を取りだして標本にする際は、脂ぬきが必要となります。何度も煮こぼして脂をぬいた後、さらに小麦粉を入れたビニール袋に強膜輪を入れて放置すると、小麦粉が余分な脂分を吸いとってくれます。

「鯛の鯛」は肩甲骨の起源

ヨコシマクロダイ

江戸時代に描かれた「鯛名所之図」では、マダイの体に見られるおもしろい形をした骨や、口腔内に寄生するタイノエという寄生虫を図示しています。その中に「鯛中鯛」と書かれた、魚のような形をした骨があります。これは、胸びれの付け根にある骨で、まるでタイのような姿をしているように見えることから、「鯛の鯛」とも呼ばれています。魚類の胸びれは、私たちの腕と起源を共にするものです。つまり、「鯛の鯛」は私たちの腕を体幹につなぎとめている肩甲骨にあたる骨なのです。

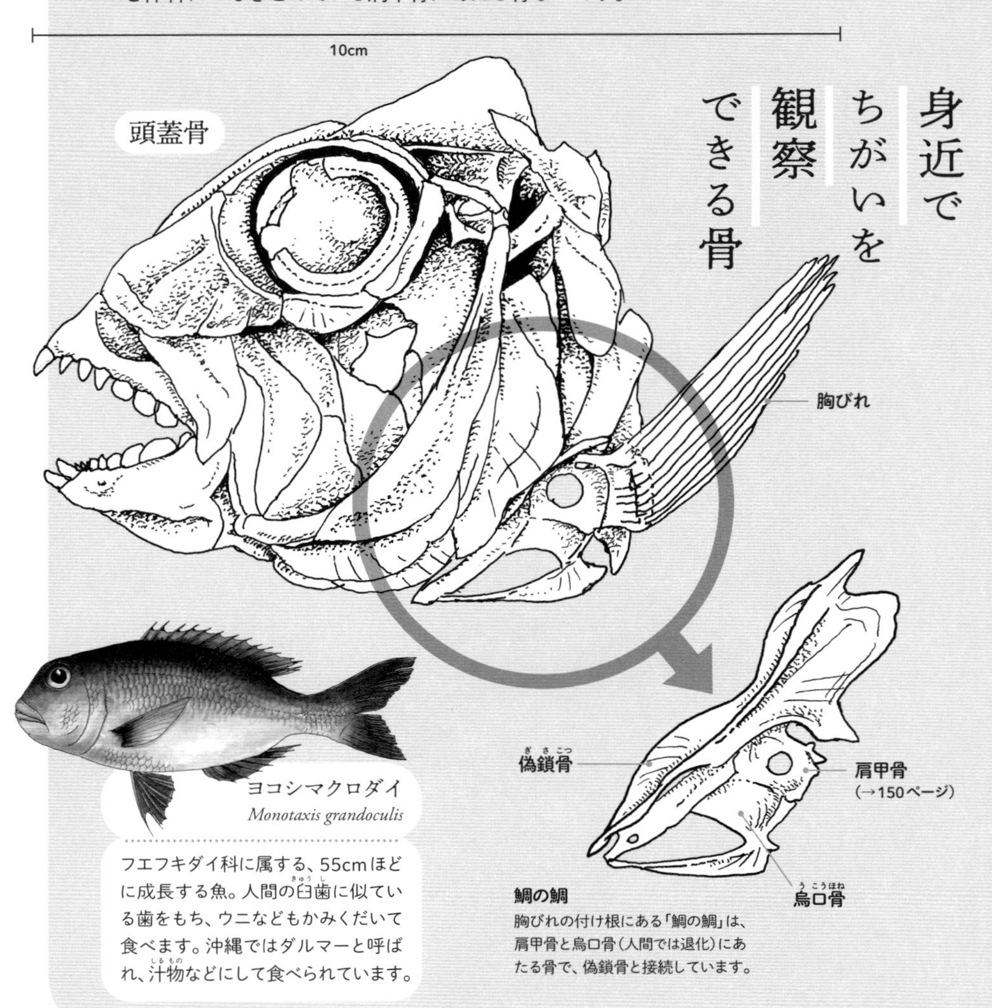

10cm
身近でちがいを観察できる骨
頭蓋骨
胸びれ
偽鎖骨
肩甲骨
(→150ページ)
烏口骨

鯛の鯛
胸びれの付け根にある「鯛の鯛」は、肩甲骨と烏口骨（人間では退化）にあたる骨で、偽鎖骨と接続しています。

ヨコシマクロダイ
Monotaxis grandoculis

フエフキダイ科に属する、55cmほどに成長する魚。人間の臼歯に似ている歯をもち、ウニなどもかみくだいて食べます。沖縄ではダルマーと呼ばれ、汁物などにして食べられています。

鯛の鯛いろいろ

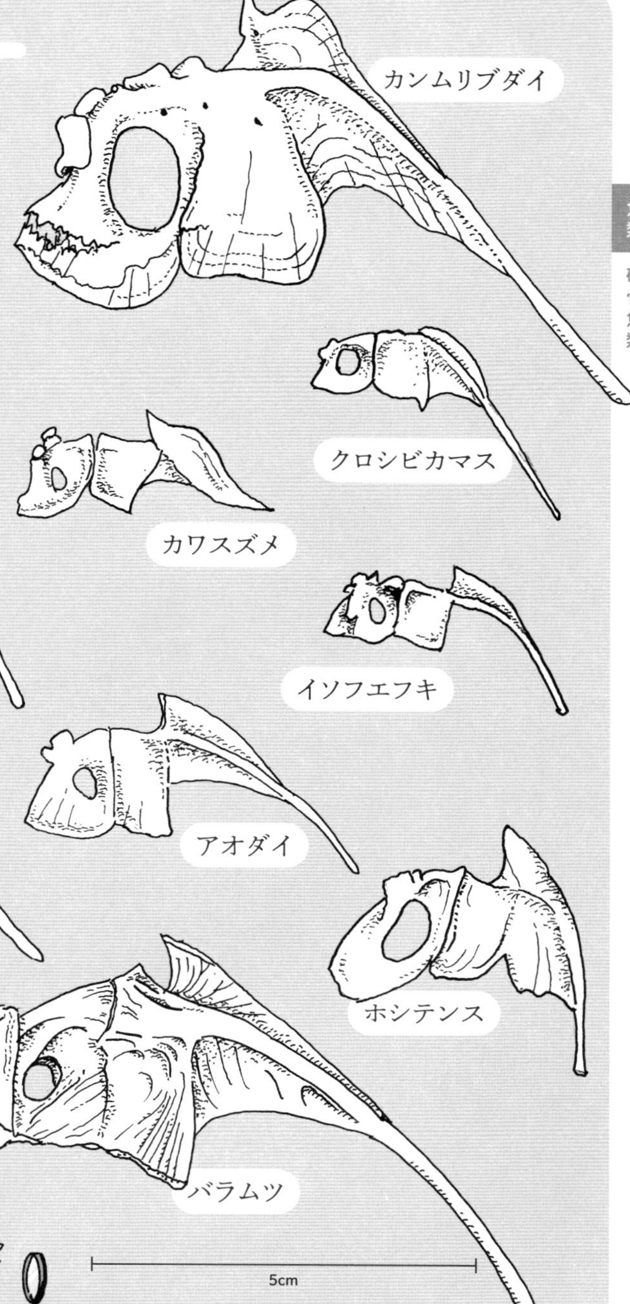
カンムリブダイ
マダイ
ヒレグロベラ
クロシビカマス
カワスズメ
イラ
イソフエフキ
アオダイ
カツオ
ホシテンス
バラムツ
5cm

魚の種類によっていろいろな形をしていますね。魚の形を調べて見比べてみるとおもしろいですよ。食事の折に取りだして、コレクションをしてみては？

「耳石」はバランスを取るための器官

ホシミゾイサキ

耳には音を聞く以外にも、平衡感覚を司る働きがあります。私たちの場合、内耳にある有毛の感覚細胞の上に聴砂と呼ばれるものがのっています。体が傾くと、重力に聴砂が引っぱられ、毛が傾きます。それを細胞が感知することで、自分の傾きの度合いがわかるのです。魚類の場合、私たちのもつ聴砂に比べて格段に大きな硬組織が内耳にふくまれていて、これを耳石と呼んでいます。耳石の大きさは、必ずしも魚体の大きさに比例していません。例えば、ニベの仲間は魚体に比べて大きな耳石をもつため、地域によってはイシモチと呼ばれることがあります。耳石は頭蓋骨の中に左右一個ずつありますが、さらにくわしく言うと、大きく目立つ耳石（扁平石）のほかに、小さく目立たない星状石と礫石と呼ばれる硬組織がそれぞれ１対ずつあります。

魚の種類がわかる石。

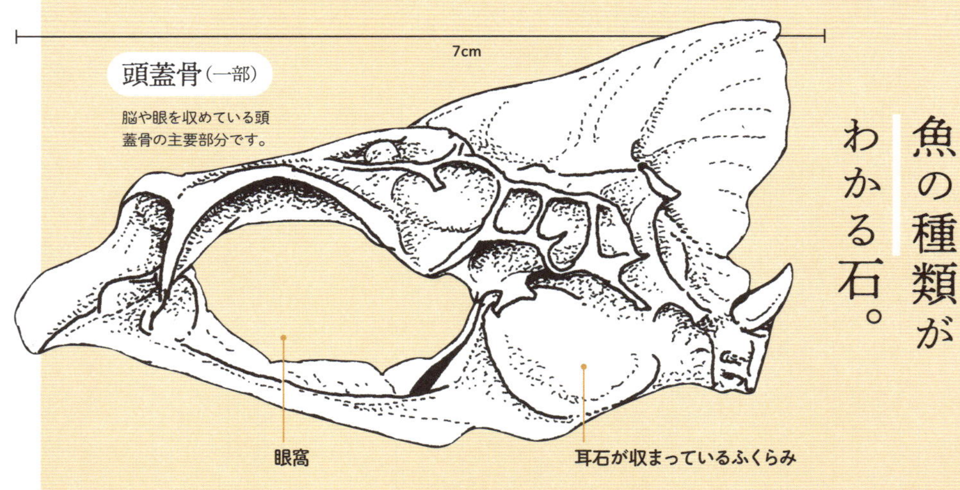
7cm
眼窩
耳石が収まっているふくらみ

頭蓋骨（一部）

脳や眼を収めている頭蓋骨の主要部分です。

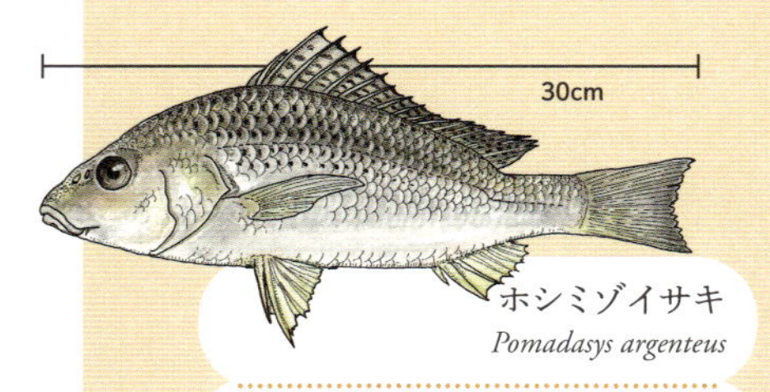
30cm

ホシミゾイサキ
Pomadasys argenteus

釣ったりすると音をたてるので、沖縄ではガクガクという名で呼ばれています。魚体の大きさに比べて耳石が大きいので、耳石を観察するのに適しています。

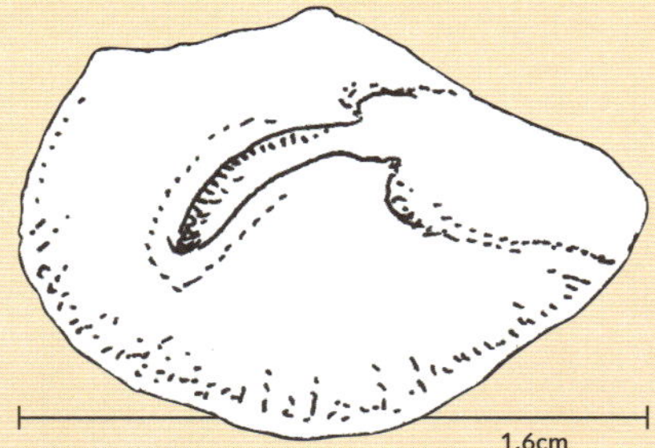
1.6cm

耳石（扁平石）

リン酸カルシウムからなる骨とちがい、炭酸カルシウムからなる耳石は、骨より硬質な感じで透明感もあります。魚の種類によって、大きさだけでなく、全体の形や、溝と呼ばれるへこみの形などがいろいろちがっています。

耳石いろいろ

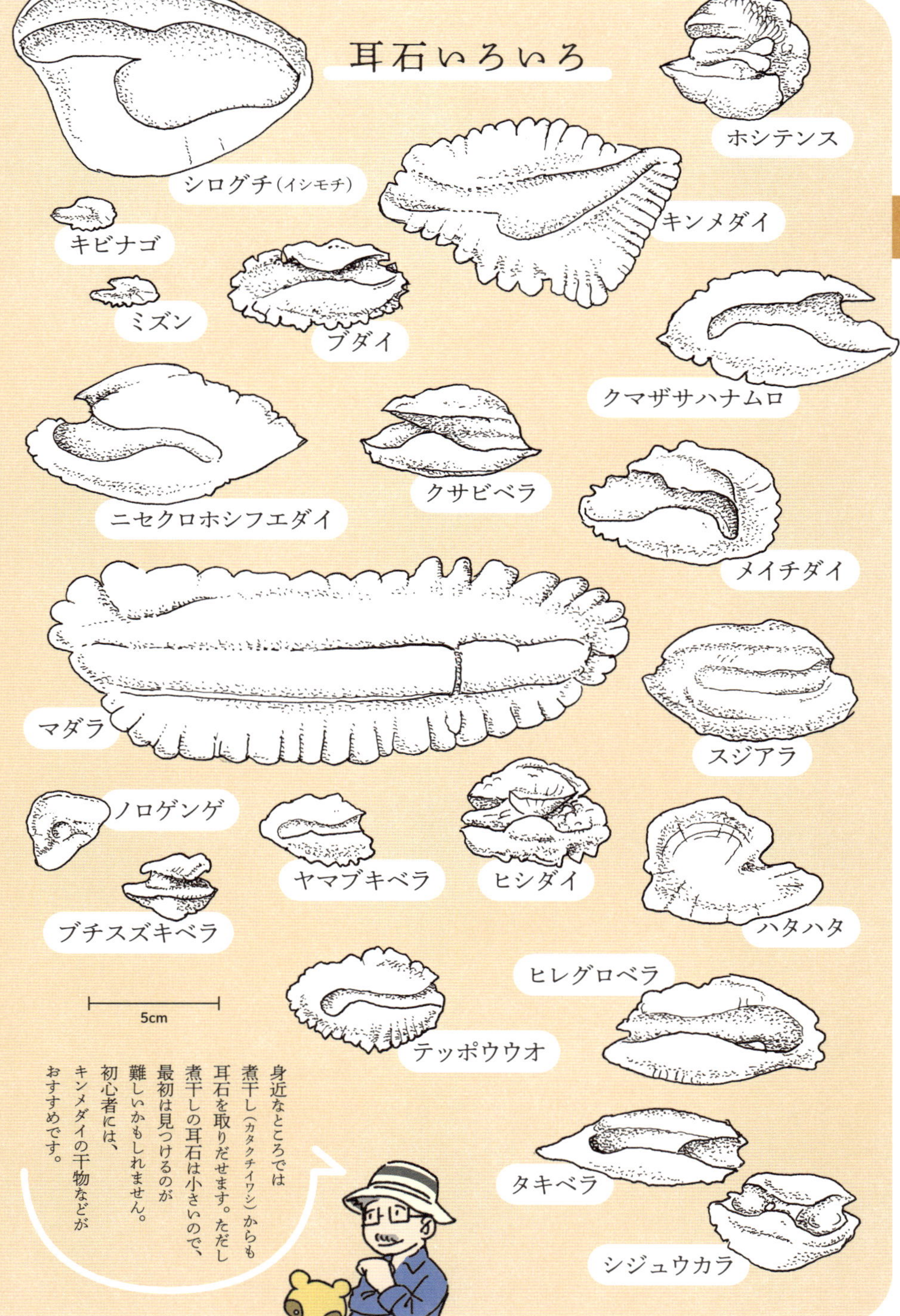

シログチ（イシモチ）
ホシテンス
キビナゴ
キンメダイ
ミズン
ブダイ
クマザサハナムロ
ニセクロホシフエダイ
クサビベラ
メイチダイ
マダラ
スジアラ
ノロゲンゲ
ヤマブキベラ
ヒシダイ
ブチスズキベラ
ハタハタ
ヒレグロベラ
5cm
テッポウウオ
タキベラ
シジュウカラ

身近なところでは煮干し（カタクチイワシ）からも耳石を取りだせます。ただし煮干しの耳石は小さいので、最初は見つけるのが難しいかもしれません。初心者には、キンメダイの干物などがおすすめです。

楽しい魚の食べ方

「魚は骨があるから、食べるのがめんどくさい」……そんなことを思ったりしたことはありませんか。そこで、発想を逆転して、「魚は骨があるから、食べるのがおもしろい」と考えられないでしょうか。確かに食べることだけ考えれば、骨は邪魔（じゃま）者です。でも、食卓の上の魚は、食べ物の前に生きものです。骨は、そうした生きものとしての魚のあり方を教えてくれる教科書といえます。食べるついでに、生きものについて知ることができる。そう思えれば、魚を食べることが、もっとおもしろくなるかも。

骨を知れば、あなたも楽しく食べられる。

耳石〔▶P.34〕
骨とは質感がちがいます。大きな魚だから耳石が大きいわけではありません。どんな魚にはどんな耳石があるのか、耳石探しはちょっとした宝探し気分が味わえます。

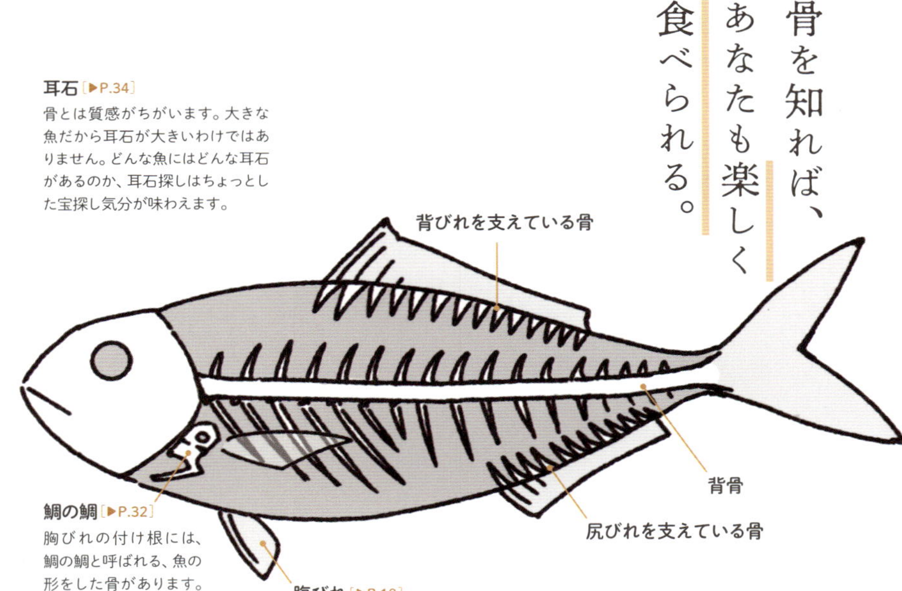
背びれを支えている骨
背骨
尻びれを支えている骨

鯛の鯛〔▶P.32〕
胸びれの付け根には、鯛の鯛と呼ばれる、魚の形をした骨があります。魚の種類によっては、あまり魚っぽくない形をしたものも。鯛の鯛コレクションに挑戦してみてはどうでしょう。

腹びれ〔▶P.18〕
腹びれの位置を見てみましょう。腹びれが体の後ろ側に位置する魚（例えばサンマ）などは、比較的原始的な魚です。一方、腹びれが胸びれのすぐ下にあるような魚（例えばタイ）などは、比較的進化した魚です。

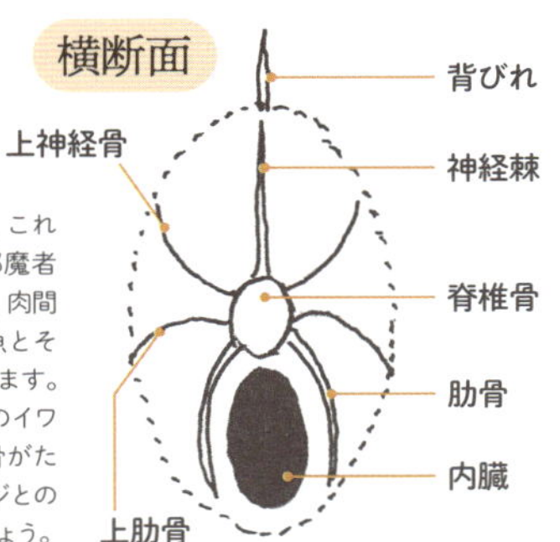
横断面
背びれ
上神経骨
神経棘
脊椎骨
肋骨
内臓
上肋骨

肉間骨〔▶P.18〕
俗（ぞく）に小骨と呼んで、これこそ食べるときは邪魔者になる骨です。でも、肉間骨がたくさんある魚とそうではない魚があります。比較的原始的な魚のイワシやニシンは肉間骨がたくさんある仲間。アジとのちがいを見てみましょう。

食卓も自然観察のフィールドだね

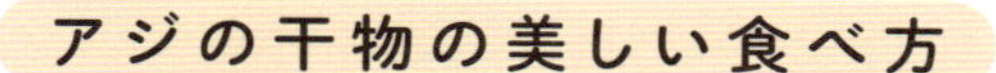

アジの干物の美しい食べ方

骨格を知ると、魚も上手に食べられるようになります。試してみてください。

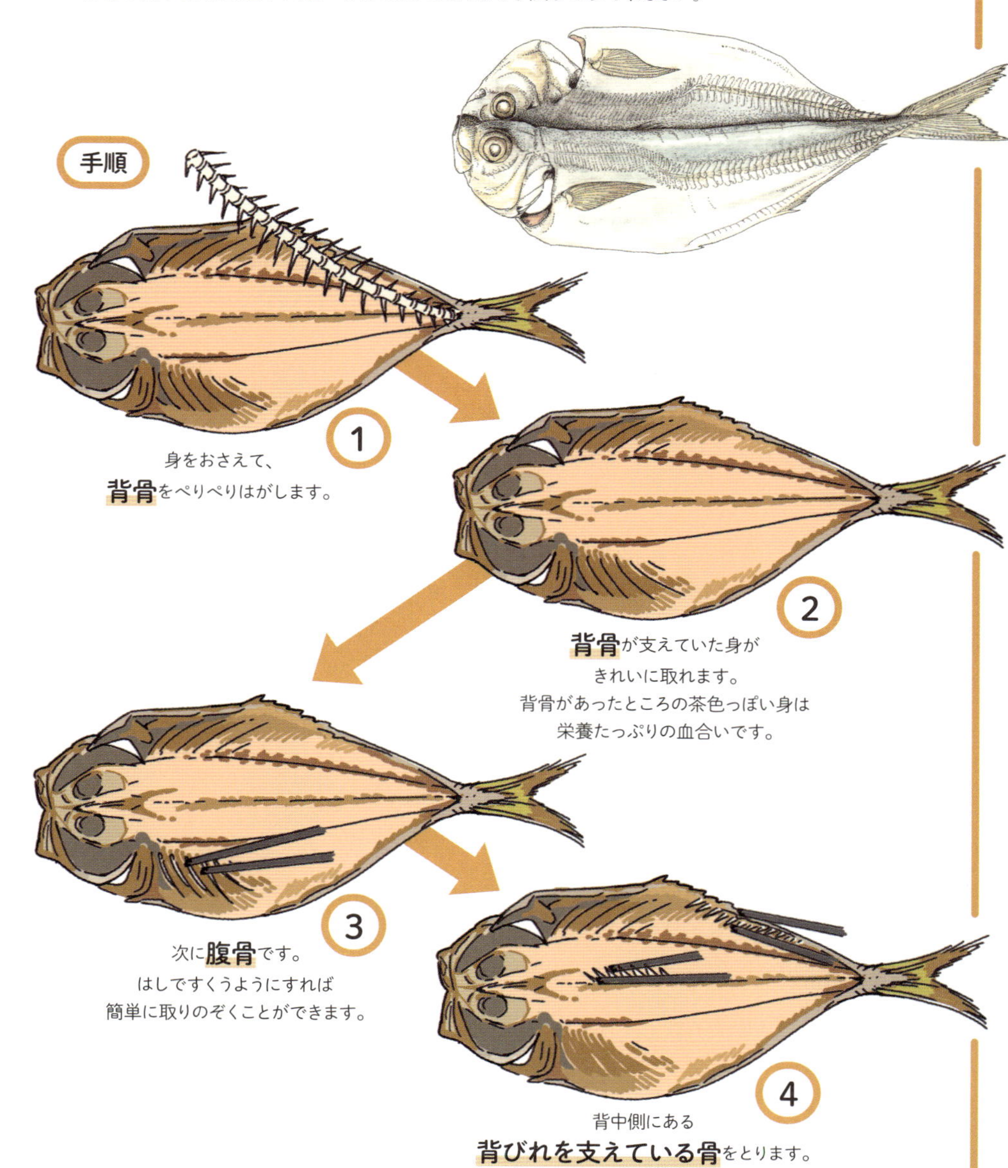

手順
1
身をおさえて、
背骨をぺりぺりはがします。
2
背骨が支えていた身が
きれいに取れます。
背骨があったところの茶色っぽい身は
栄養たっぷりの血合いです。
3
次に腹骨です。
はしですくうようにすれば
簡単に取りのぞくことができます。
4
背中側にある
背びれを支えている骨をとります。
最後に、腹側にある
尻びれを支えている骨を
とって完成です。

喉のおくにある歯「咽頭歯」

コイ

歯の起源はサメ肌にあるという話を紹介しました[▶P.28]。なので、歯は顎の上に生えているとは限りません（ただし、歯の定義上、摂餌に関係していないものは歯と呼びません）。コイの仲間は顎に歯がありません。池のコイに餌をあげた経験のある人なら、パクパクと口を開閉するコイに歯がないことを思い出せるはずです。ところが雑食性のコイはタニシなども食べることがあります。殻のあるタニシを食べることができるのは、喉のおくに咽頭歯があるからです。コイの咽頭歯は、鰓を支える骨が変形した咽頭骨上に生えていて、これが頭骨下部の咀嚼板とかみ合うことで、食べたものをかみくだくことができます。

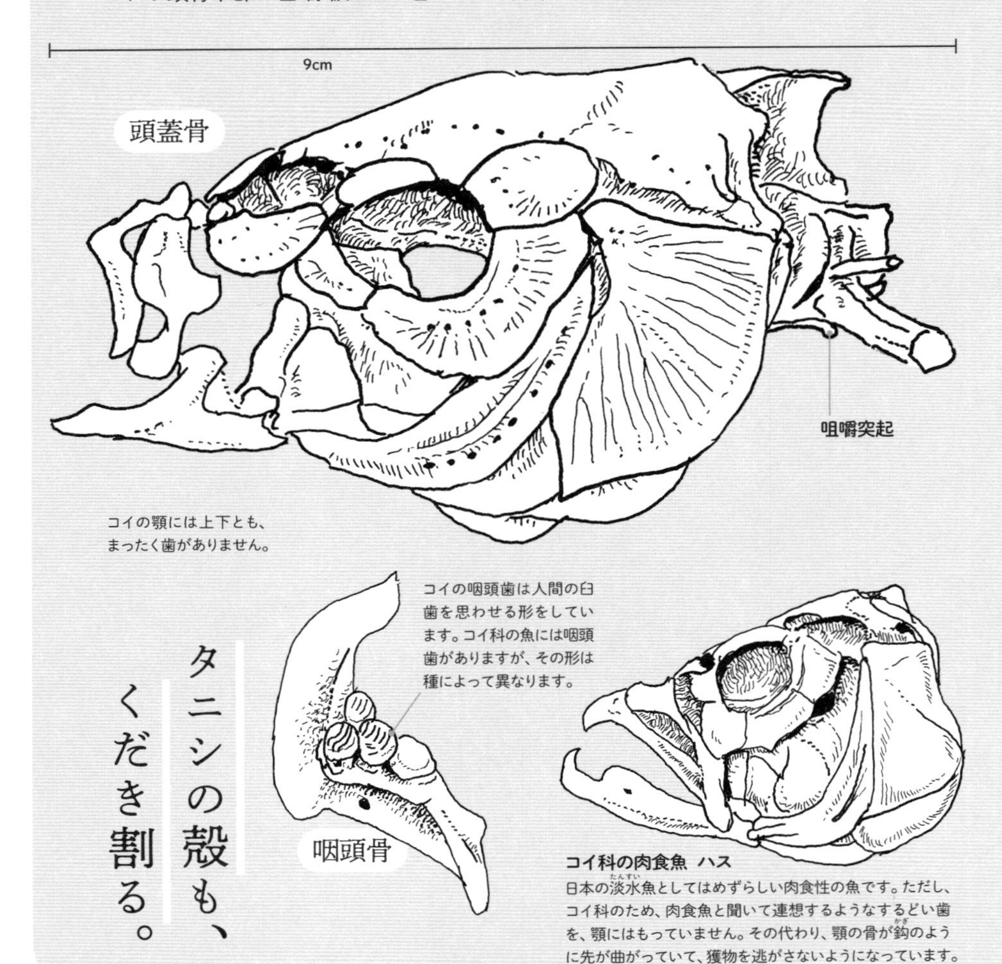
9cm
頭蓋骨
咀嚼突起
コイの顎には上下とも、
まったく歯がありません。
コイの咽頭歯は人間の臼歯を思わせる形をしています。コイ科の魚には咽頭歯がありますが、その形は種によって異なります。
咽頭骨
タニシの殻も、
くだき割る。

コイ科の肉食魚　ハス
日本の淡水魚としてはめずらしい肉食性の魚です。ただし、コイ科のため、肉食魚と聞いて連想するようなするどい歯を、顎にはもっていません。その代わり、顎の骨が鈎のように先が曲がっていて、獲物を逃がさないようになっています。

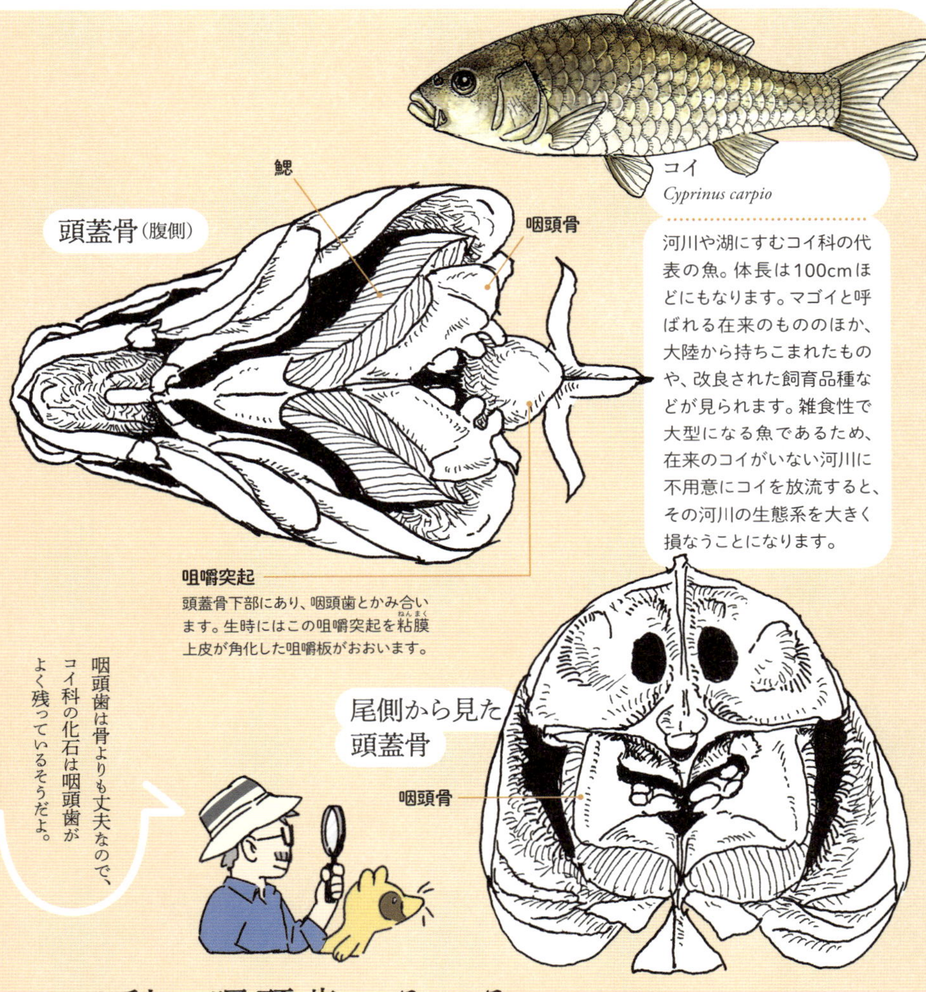
コイ
Cyprinus carpio
鰓
頭蓋骨（腹側）
咽頭骨
咀嚼突起
尾側から見た
頭蓋骨
咽頭骨
咽頭歯は骨よりも丈夫なので、
コイ科の化石は咽頭歯が
よく残っているそうだよ。

河川や湖にすむコイ科の代表の魚。体長は100cmほどにもなります。マゴイと呼ばれる在来のもののほか、大陸から持ちこまれたものや、改良された飼育品種などが見られます。雑食性で大型になる魚であるため、在来のコイがいない河川に不用意にコイを放流すると、その河川の生態系を大きく損なうことになります。

咀嚼突起

頭蓋骨下部にあり、咽頭歯とかみ合います。生時にはこの咀嚼突起を粘膜（ねんまく）上皮が角化した咀嚼板がおおいます。

コイ科の咽頭歯いろいろ

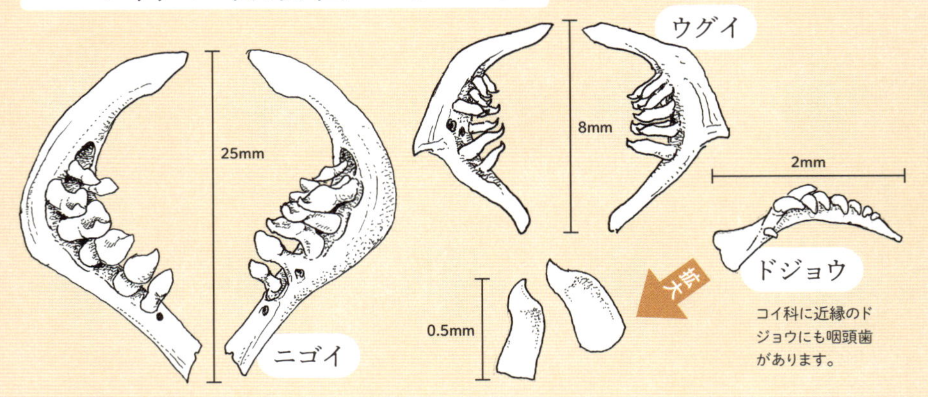
ウグイ
8mm
25mm
2mm
ドジョウ
拡大
0.5mm
ニゴイ

コイ科に近縁のドジョウにも咽頭歯があります。

ダツ目の「咽頭歯」

トビウオ

海面上を滑空するトビウオを見るたび、「魚のくせに空を飛ぶなんて」と、おどろきを覚えてしまいます。トビウオは大きな胸びれと腹びれを広げ、これで揚力を得ています。また尾びれは下側がより発達していて、水面を滑走するときの推進力を生みだせるようになっています。一回の滑空で300mほども飛ぶことがあります。背中が平たく、背が青く腹が銀色なのも表層でのくらしに適合しています。このトビウオは、ダツ目と呼ばれる魚のグループです。口が細長くのびたダツも表層でくらす魚ですが、よりなじみがあるダツ目の魚といえばサンマでしょう。サンマも表層でくらす魚です。ダツ目の魚はこのように表層でくらすものが多いのですが、体のつくりにも、いくつかの共通点が見られます。

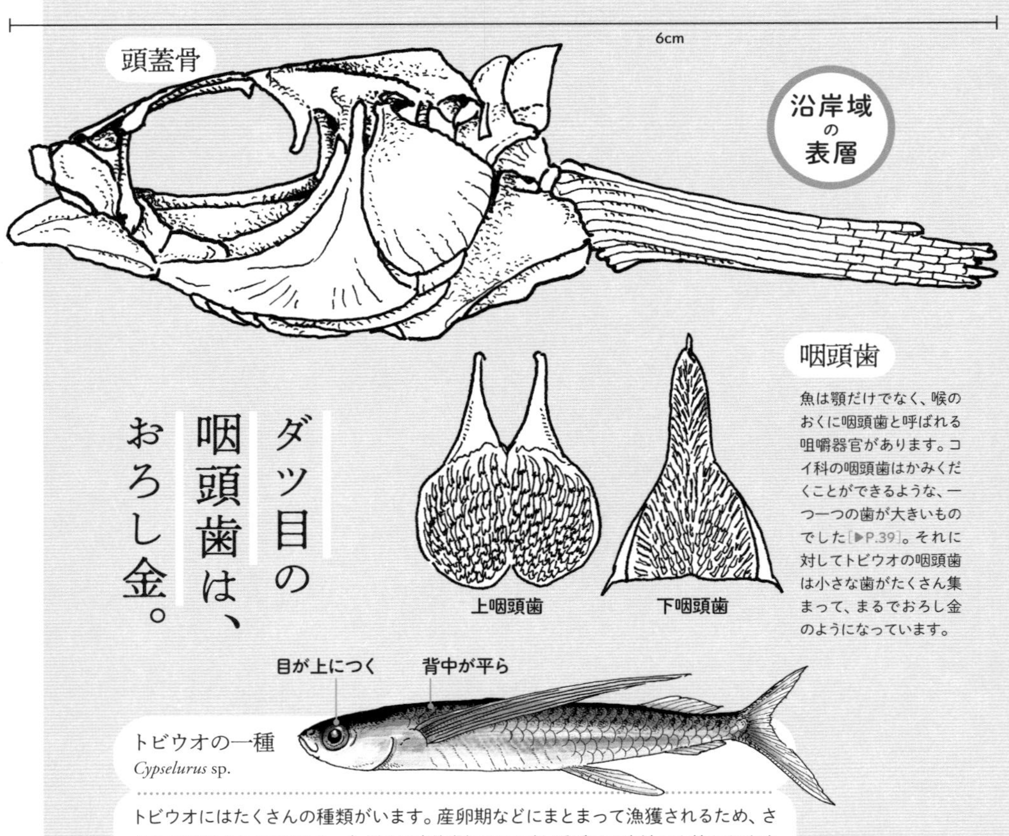
6cm
頭蓋骨
沿岸域の表層
ダツ目の咽頭歯は、おろし金。
咽頭歯
上咽頭歯
下咽頭歯
目が上につく
背中が平ら

魚は顎だけでなく、喉のおくに咽頭歯と呼ばれる咀嚼器官があります。コイ科の咽頭歯はかみくだくことができるような、一つ一つの歯が大きいものでした[▶P.39]。それに対してトビウオの咽頭歯は小さな歯がたくさん集まって、まるでおろし金のようになっています。

トビウオの一種
Cypselurus sp.

トビウオにはたくさんの種類がいます。産卵期などにまとまって漁獲されるため、さかんに利用されてきました。九州や日本海側ではアゴと呼ばれて出汁にも使われます。

ダツ目の咽頭歯いろいろ

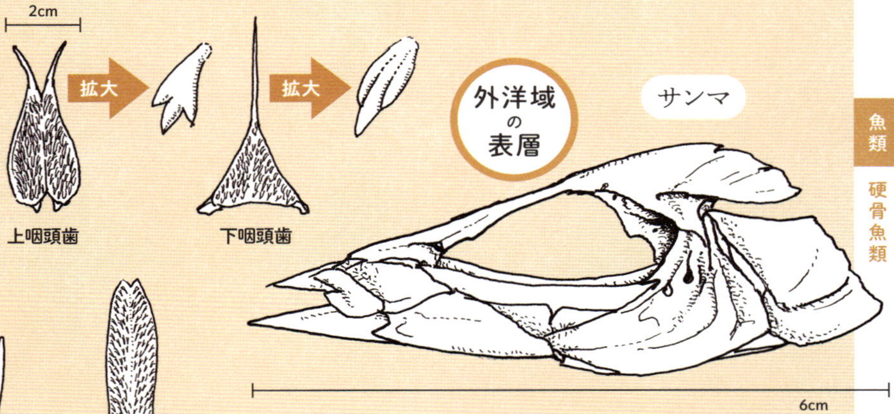

2cm

拡大

拡大

上咽頭歯

下咽頭歯

外洋域の表層

サンマ

6cm

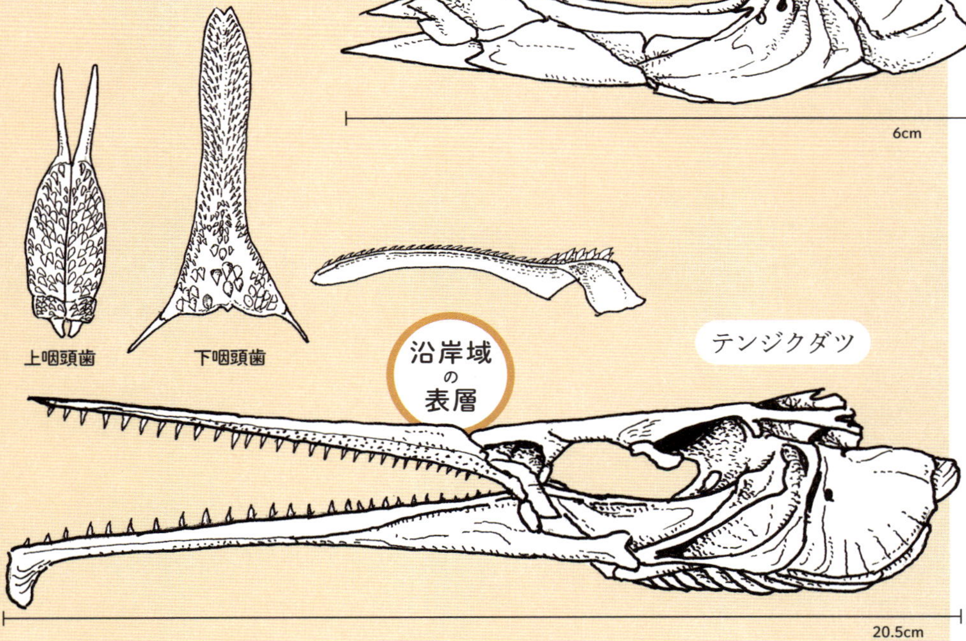

上咽頭歯

下咽頭歯

沿岸域の表層

テンジクダツ

20.5cm

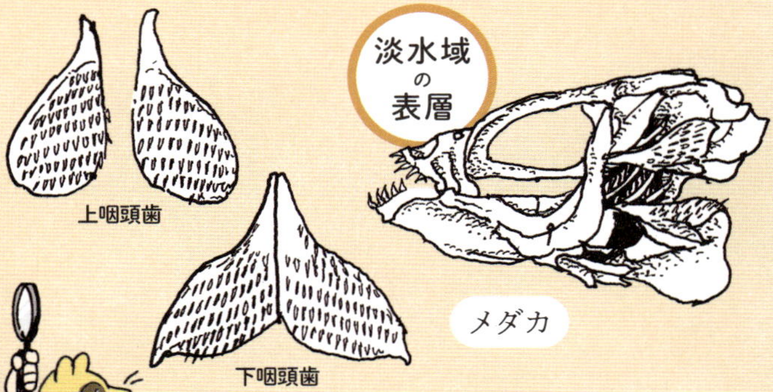

淡水域の表層

上咽頭歯

下咽頭歯

メダカ

メダカもいつも水面にいますね。背中も平らだし、確かにダツ目！

かじりとり屋さんの「くちばし」

カンムリブダイ

沖縄の魚屋に並ぶ色鮮やかな魚の代表ともいえるのが、サンゴ礁で見られるブダイの仲間です。ブダイの仲間は世界から88種が知られていて、いずれも顎と歯が一体化してくちばし状になっていることから、英語ではパロット・フィッシュ（オウム魚）と呼ばれています。カンムリブダイはブダイ科で最大になる魚で、最大130cm、46kgにまで成長します。ブダイも種によって餌にちがいがあるのですが、カンムリブダイはエスカベーター（かじりとり屋）と呼ばれる食性のもちぬしです。頑丈なくちばしで、小型の無脊椎動物などを食べるのですが、特徴的なのは餌のうち50％が生きているサンゴであるということです。石のように硬いサンゴをくちばしでけずり、一匹当たり毎年5tも食べることで、多様な種類のサンゴの生育をうながす動きを担っています。

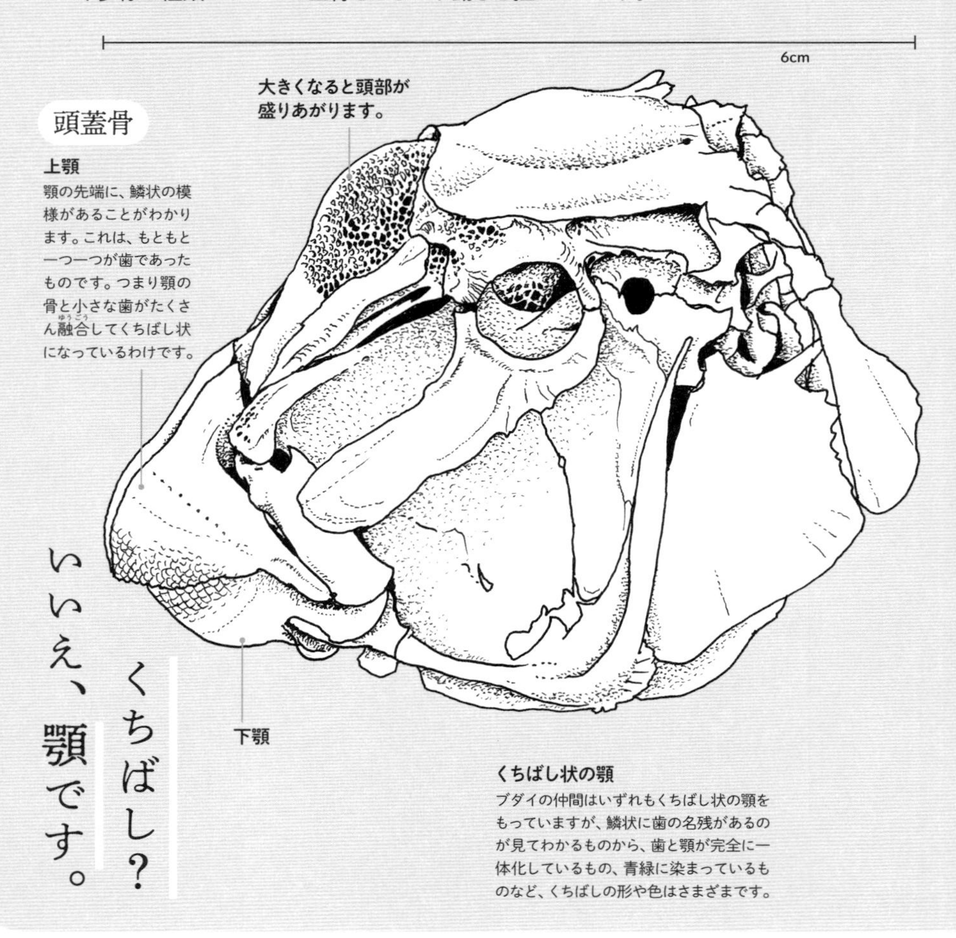

6cm
大きくなると頭部が盛りあがります。
頭蓋骨
下顎
くちばし？
いいえ、顎です。

上顎
顎の先端に、鱗状の模様があることがわかります。これは、もともと一つ一つが歯であったものです。つまり顎の骨と小さな歯がたくさん融合してくちばし状になっているわけです。

くちばし状の顎
ブダイの仲間はいずれもくちばし状の顎をもっていますが、鱗状に歯の名残があるのが見てわかるものから、歯と顎が完全に一体化しているもの、青緑に染まっているものなど、くちばしの形や色はさまざまです。

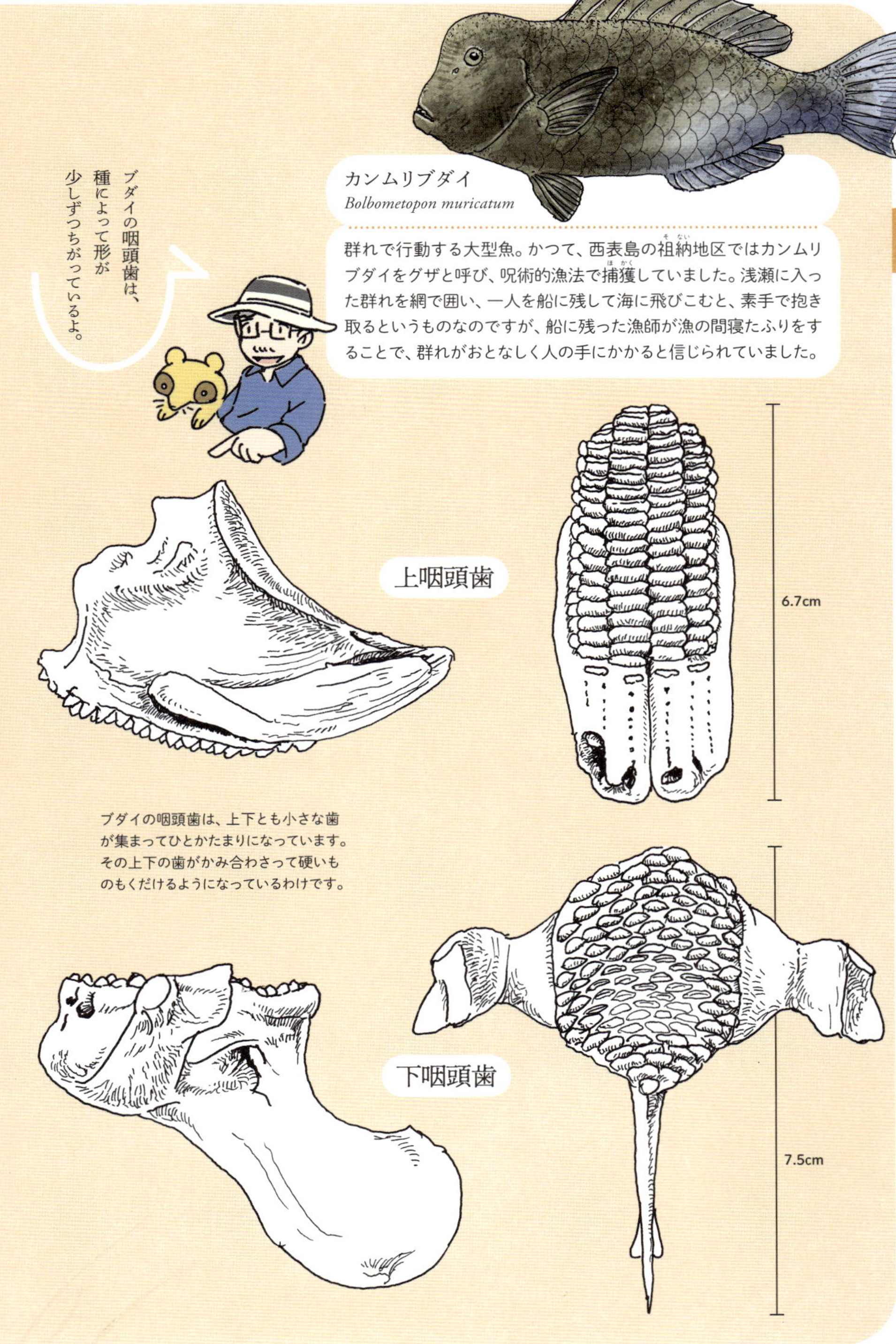
ブダイの咽頭歯は、
種によって形が
少しずつちがっているよ。
上咽頭歯
6.7cm
下咽頭歯
7.5cm

カンムリブダイ

Bolbometopon muricatum

群れで行動する大型魚。かつて、西表島の祖納地区ではカンムリブダイをグザと呼び、呪術的漁法で捕獲していました。浅瀬に入った群れを網で囲い、一人を船に残して海に飛びこむと、素手で抱き取るというものなのですが、船に残った漁師が漁の間寝たふりをすることで、群れがおとなしく人の手にかかると信じられていました。

ブダイの咽頭歯は、上下とも小さな歯が集まってひとかたまりになっています。その上下の歯がかみ合わさって硬いものもくだけるようになっているわけです。

深海魚の骨はスッカスカ

ヒレジロマンザイウオ

水深200m以深が深海です。海洋の平均水深は3800mですから、海のほとんどは深海なのです。水深200mになると、太陽光を感知することはほぼできません。つまり、植物が光合成を行うことができない深海は、生態系の基盤（きばん）を支える生産者の存在が、熱水噴出孔回りなど、極めて限定されている世界です。こうしたことから、深海にくらす生きものたちは独特にならざるを得ません。深海魚といえば大きな口が想像されますが、それは、餌に出会うこと自体がまれな深海で、どんな大きさの獲物でも食べられるように適応した結果です。ほかにも、餌を求めて無用に泳ぎまわらないように、体内に油分を多くふくんで浮力を確保するものがいたり、軽量化のため、骨がスカスカのものがいたりします。

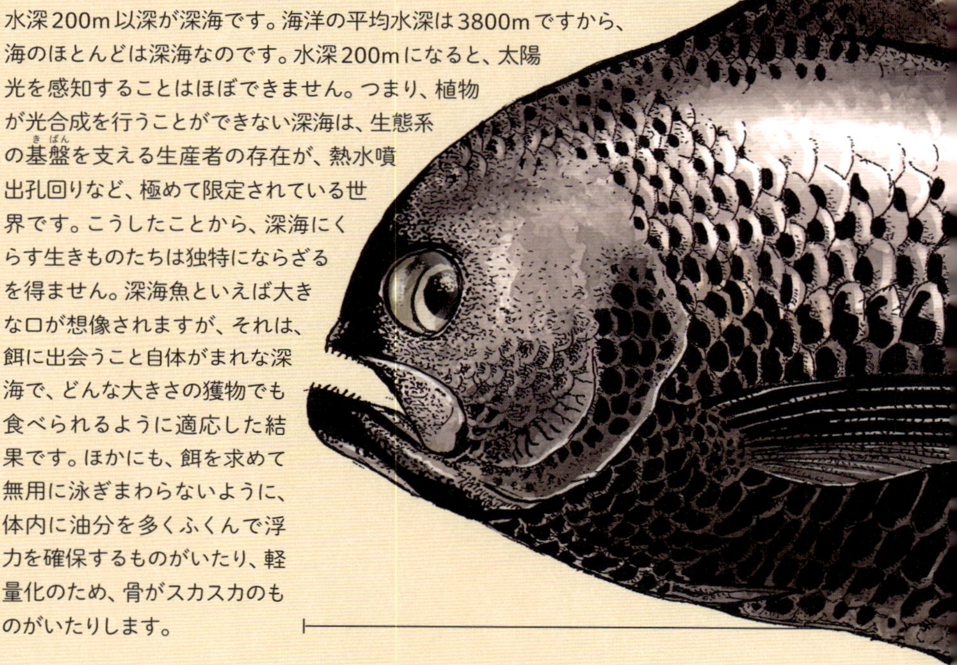

ヒレジロマンザイウオの各部の骨

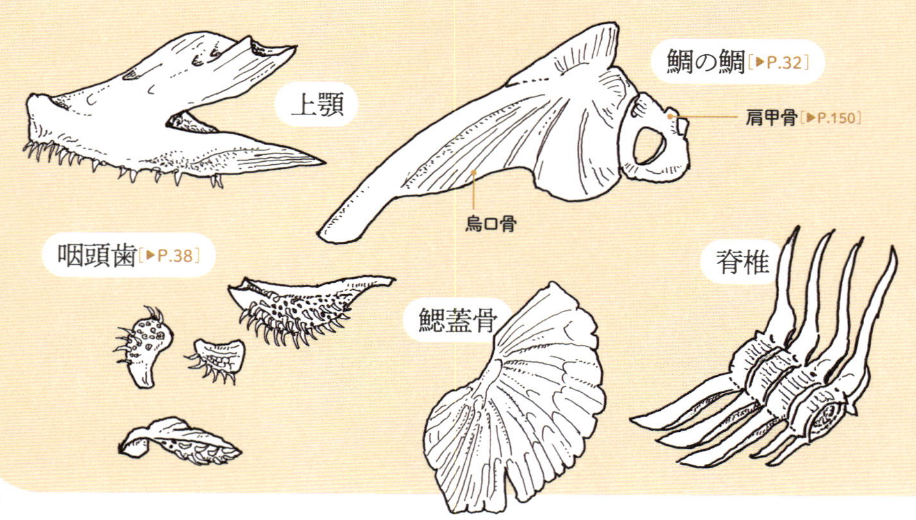
上顎
鯛の鯛［▶P.32］
肩甲骨［▶P.150］
烏口骨
咽頭歯［▶P.38］
脊椎
鰓蓋骨

メタリックな鱗の深海魚。

ヒレジロマンザイウオ
Taractichthys steindachneri

体長60cmほど。深海では上部にあたる水深300mほどのところに多く見られる魚です。深海魚には、身がやわらかくおいしくないものもありますが、ヒレジロマンザイウオは外見と異なり、その肉質や味は上等です。

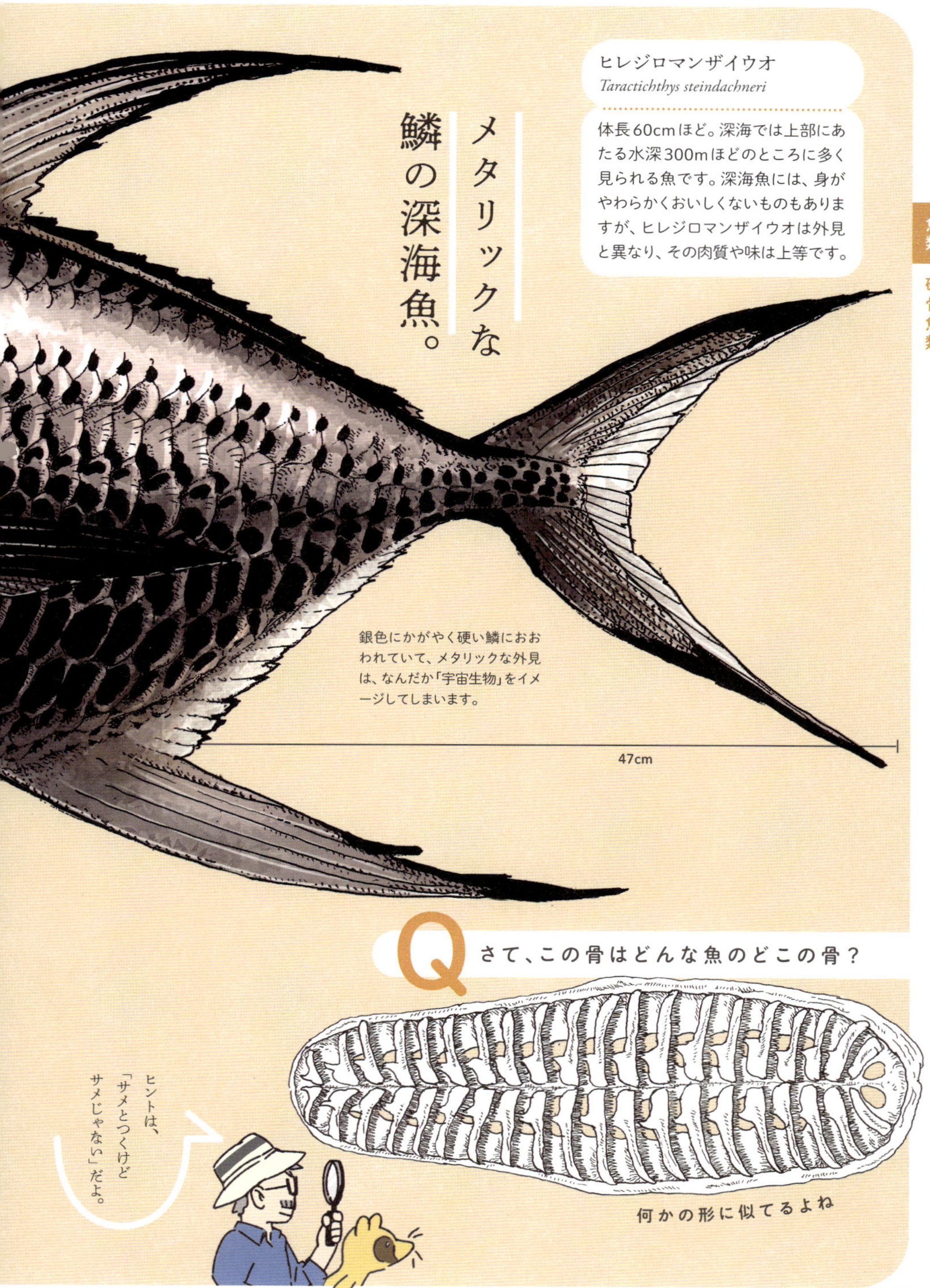
銀色にかがやく硬い鱗におおわれていて、メタリックな外見は、なんだか「宇宙生物」をイメージしてしまいます。
47cm
Q さて、この骨はどんな魚のどこの骨？
何かの形に似てるよね
ヒントは、「サメとつくけどサメじゃない」だよ。

コバンザメの「小判」の骨です。

大きな魚のお腹に、頭の上にある「小判」で吸着しているコバンザメの姿を水族館で見たことのある人も多いと思います。コバンザメは名前に「サメ」とついていますが、軟骨魚類のサメの仲間ではありません。スズキ目という、硬骨魚（条鰭類）の中でも進化した魚のグループの一員なのです。コバンザメが「小判」で吸着生活を送るのは利点があるからです。移動にエネルギーを使わなくてすみますし、大きな魚やクジラにくっついていれば、天敵におそわれる危険も少ないでしょう。また、場合によっては家主が餌を食べたときにおこぼれにあずかれるかもしれません。一方、家主にもメリットがあり、コバンザメは寄生虫を食べてくれるということです。

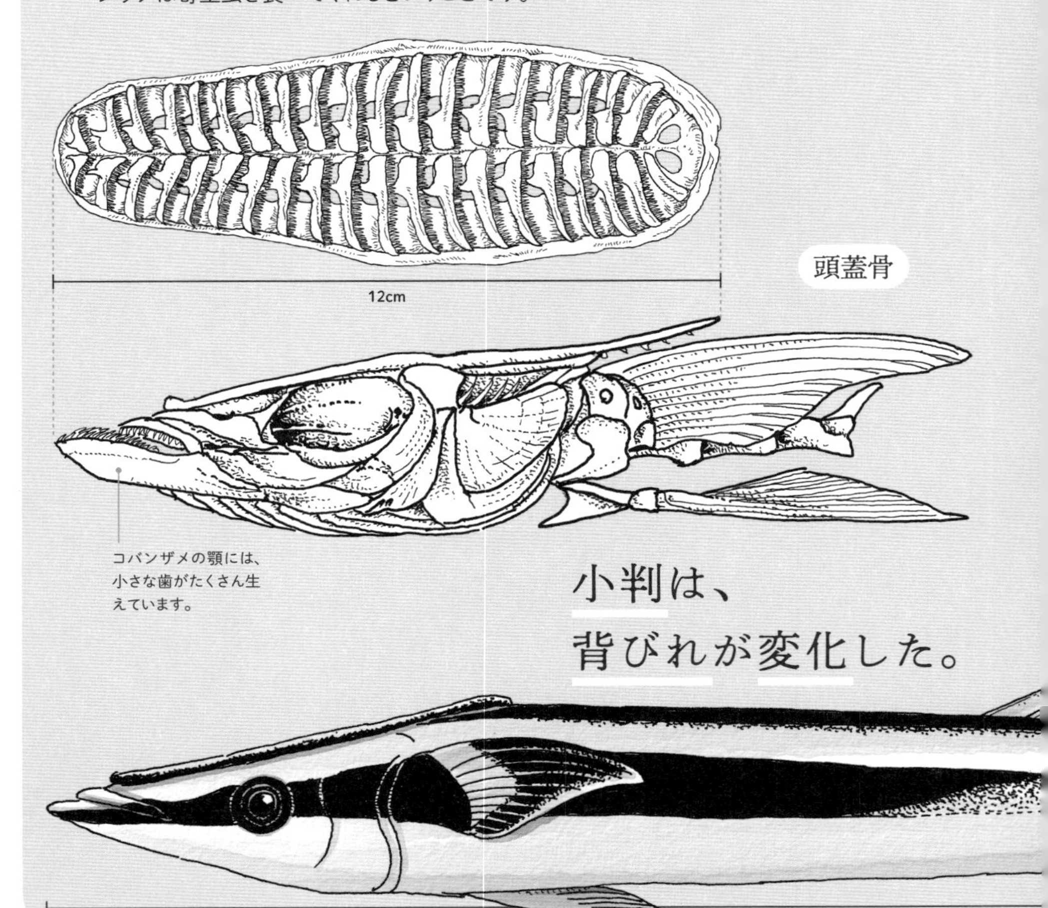
12cm
頭蓋骨
コバンザメの顎には、小さな歯がたくさん生えています。
小判は、
背びれが変化した。

「小判」の骨

コバンザメに近縁の魚に、沖縄などでは養殖されることもあるスギという魚がいます。スギには「小判」を思わせるつくりはありませんが、いったい、コバンザメの「小判」はほかの魚ではどの部分にあたるのでしょう？ コバンザメを骨格標本にしてみたところ、「小判」にも骨がありました。「小判」は歯板と呼ばれる平たい骨に、ブラシ状の細かな突起が生えているものが何列も並んでいます。そして、この「小判」の骨は細い骨でコバンザメ本体とつながっています。じつは、コバンザメの「小判」は、背びれが変化したものなのです。

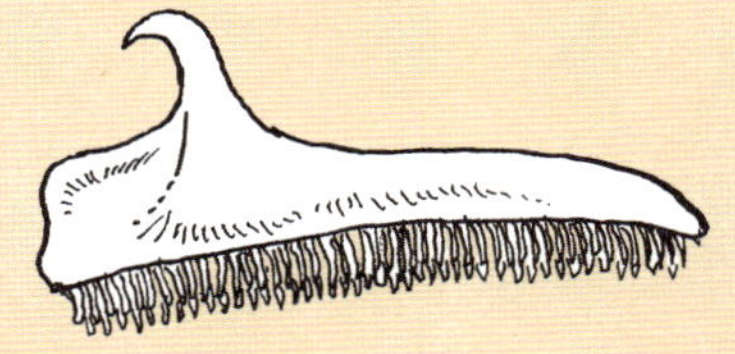

歯板

「小判」が吸着するしくみは、歯板をたおした状態で家主におしつけ、次にコバンザメが少し体を引くと歯板が立って、「小判」の内部にすき間が出来ると同時に、その部分の圧力が下がって吸着するというもの。つまり、物理的な作用なので、死んだコバンザメを操作しても、ものに吸着させることができます。

コバンザメ

Echeneis naucrates

図示したものは、その名もコバンザメという種です。沖縄で漁をする知人にたのんで捕まえてもらったものです。骨格標本を作るだけでなく、味見もしてみましたが、案外、おいしい魚でした。

生きものは、もっているもので工夫するんだね。

60cm

究極の防衛法

センニンフグ

フグといえば高級魚である反面、取りあつかいをまちがうと命に関わる毒をもつ魚ということが真っ先に頭に浮かびます。また、刺激をあたえるとぷくっとふくらむ習性もよく知られています。では、骨にはどんな特徴があるでしょうか。フグは硬骨魚（条鰭類）のなかでもかなり特殊化した体制をもつ魚です。進化というのは、特殊化の度合いともいえるので、フグは硬骨魚で一番進化した魚といえるのです。実は陸上に進出した四肢動物の前肢、後肢は、祖先である肉鰭類の胸びれ、腹びれと相同（由来が同じもの）です。私たちの脚は体の後部についていますが、肉鰭類の腹びれも体の後部に位置しています。一方、より進化した魚では、腹びれは、胸びれのすぐ下に位置しています。さらにフグの仲間になると、腹びれが退化しています。魚としての特殊化が進んだフグは、遠い将来、もし上陸するようなことがあっても後肢を発達させることはできないでしょう。

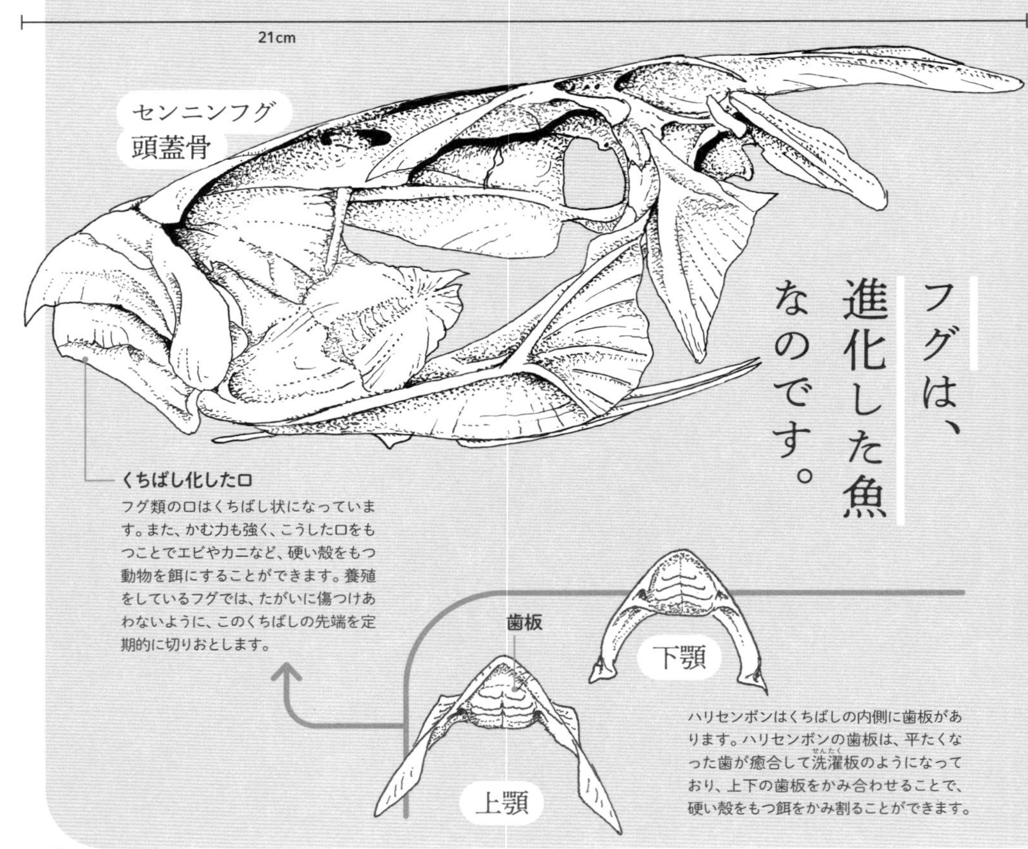
21cm
センニンフグ
頭蓋骨
フグは、
進化した魚
なのです。
歯板
下顎
上顎

くちばし化した口

フグ類の口はくちばし状になっています。また、かむ力も強く、こうした口をもつことでエビやカニなど、硬い殻をもつ動物を餌にすることができます。養殖をしているフグでは、たがいに傷つけあわないように、このくちばしの先端を定期的に切りおとします。

ハリセンボンはくちばしの内側に歯板があります。ハリセンボンの歯板は、平たくなった歯が癒合して洗濯板のようになっており、上下の歯板をかみ合わせることで、硬い殻をもつ餌をかみ割ることができます。

センニンフグ
Lagocephalus sceleratus

体長1mほどになる大型のフグの仲間。体側は銀色。肝臓や卵巣は猛毒で、筋肉は弱毒をもっています。

魚類
硬骨魚類

ホシフグ
全身骨格

背びれ
すっかり退化しています。

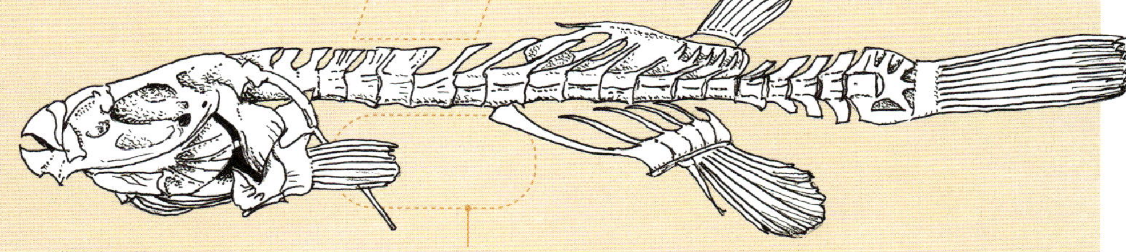

進化した体
フグは背びれや腹びれ、肋骨を「退化」させています。退化というのも、体が特殊化しているという点で、環境への適応の結果です。すなわちフグは進化した体制をもつ魚なのです。

肋骨
フグの仲間は肋骨も退化しています。肋骨のないフグは胃の一部が膨張嚢になっていて、ここへ水または空気を吸いこむことで、腹を大きくふくらませることができます。

Q ハリセンボンの針は何本あるでしょう

フグの仲間です。
これは防御の姿だよ。

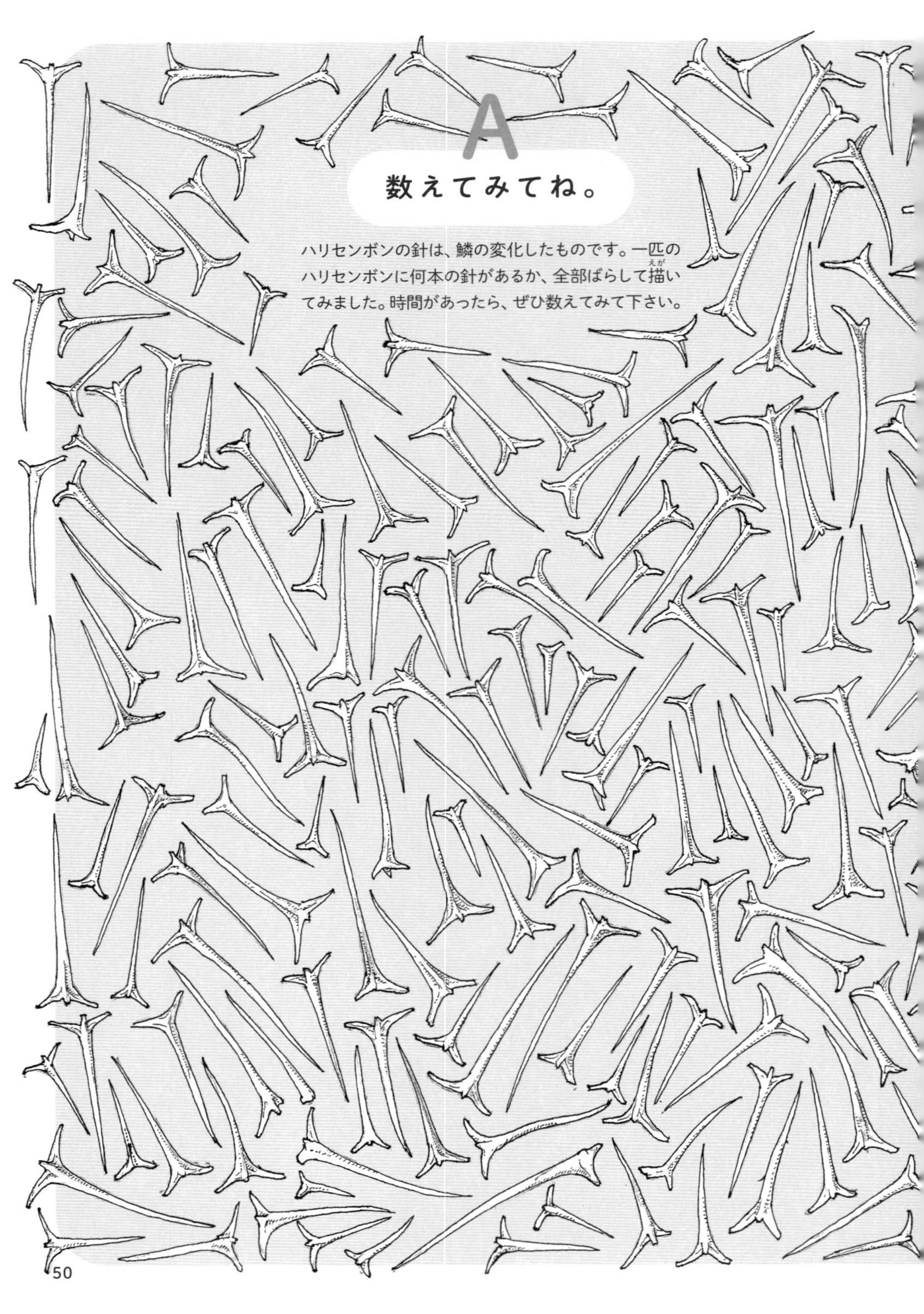

A

数えてみてね。

ハリセンボンの針は、鱗の変化したものです。一匹のハリセンボンに何本の針があるか、全部ばらして描いてみました。時間があったら、ぜひ数えてみて下さい。

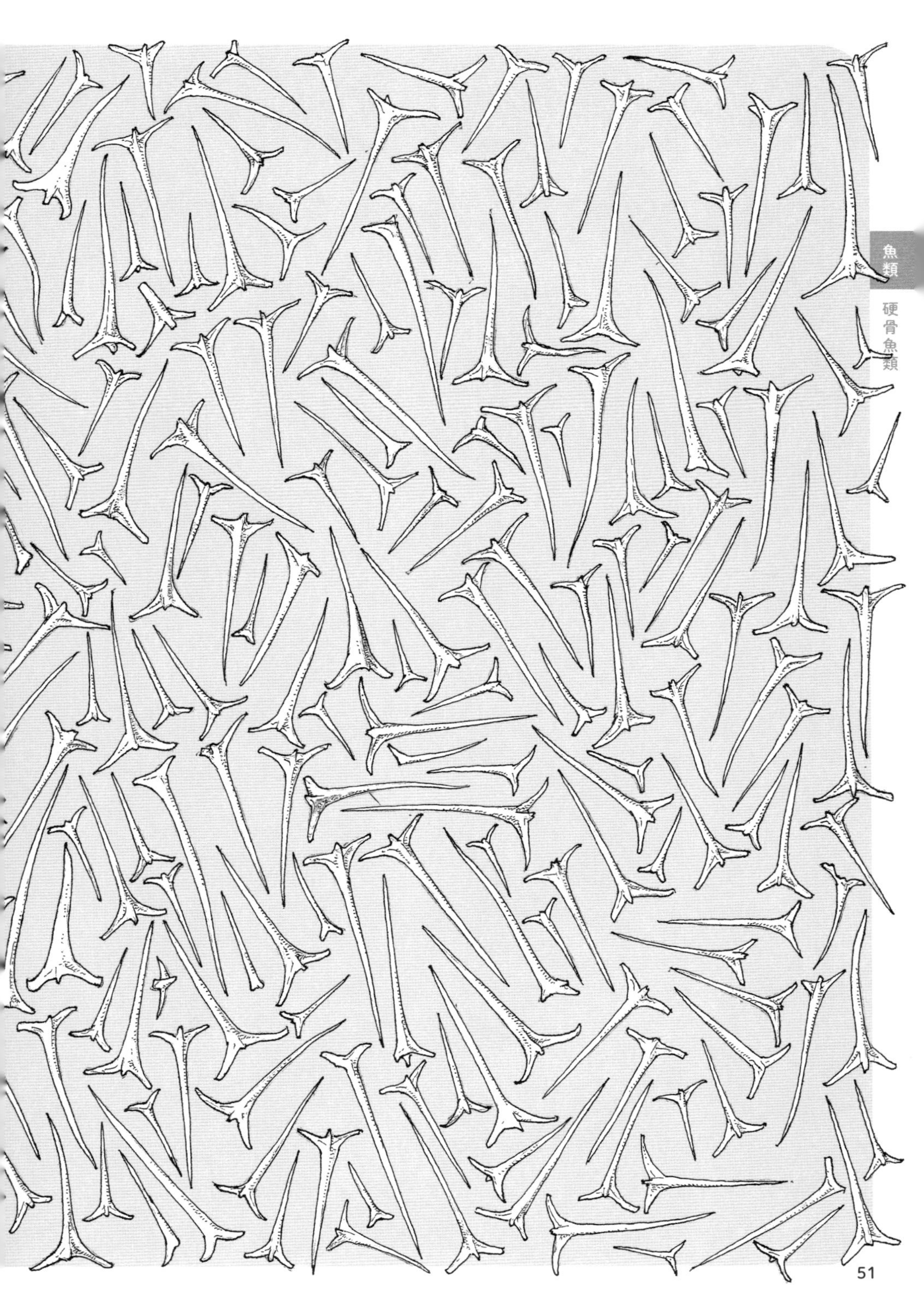

我が家の貝塚作り

骨格標本作りを始めたのは、僕が私立中・高等学校の理科の教員になったことが発端だった。ちょっと変わった学校で、採用後に言われたのは「教科書を使わなくてもいいから、生徒がおもしろがる授業をしてください」ということ。とは言っても、大学を卒業したての新米教師が、そうそう「おもしろい」授業なんて考えだせるわけがない。まして、その学校は、「試験なし」「通信簿なし」「校則、ほぼなし」という学校だった。授業がつまらなければ、生徒は容赦なく、「寝る、さわぐ、いなくなる」という展開になった。しかも、僕が採用されたのは新設校。理科準備室には実験器具も標本も、ほぼ何もない状態だった。試行錯誤が続く中、しばらくすると、生きものなんかに特別の興味がない生徒たちも、「リアル」な自然にはいやおうなく関心を抱くということに気がついた。例えば野草を食べてみる。ハチやヘビ、はたまたクマの話をしてみる。さらには学校の周辺で交通事故にあったタヌキの轢死体を教室に持ちこんでみる。僕は勝手に3Kの法則と名付けたのだけれど、「食える、こわい、気持ち悪い」……は、生徒をひきつけるのだ。なんとなれば、それは生徒達の実感に直接ひびくことだから。

かといって、教室に交通事故死したタヌキを持ちこむことで、引いてしまう生徒だっている。タヌキの死体は保存にも困る。というわけで、骨格標本を作ることにした。最初は見よう見まね。とにかく鍋で水炊きして、肉を取って。そのうち、興味をもった生徒達が加勢してくれるようになった。いや、理科実験室に陣取って、勝手に骨取りを始めるようになった。中には僕よりずっと骨取りがうまい生徒も現れた。また、独りでやっていたときより、あらたな手法の開発も進んだ。例えば入れ歯用洗浄剤の中にふくまれるタンパク質分解酵素を利用した骨取りなどもその成果の一つだ。

やがて15年勤めた学校を退職し、僕はあらたに沖縄を居住の地とした。沖縄には陸上の哺乳類が少ない。骨取りとは縁がうすくなるかと思ったけれど、海で囲まれた沖縄には、あらたな骨取りの対象があった。それが魚だ。

魚の骨取りはやっかいである。それは頭の骨一つとっても、煮るとバラバラのパーツに分かれてしまい、組み立てるのが難しいことだ。僕はもともと不器用なこともあって、骨取りの技術向上にはあまり熱意を感じることが出来ない。それよりも、なぜ骨を取るのかという意味づけがモチベーションとなる。

沖縄でも、あらたな教育現場での仕事についた。そこで出会った生徒たちも、あまり自然に興味があるとは言えない。若者が悪いわけではない。現代社会では、自然に興味や関心などなくとも十分暮らしていけるからだ。いや、考えて見れば、自分だって、日常は家と学校の往復ばかり。自分で調理をしているといっても、素材はスーパーで切り身の肉や魚を買っている。自然と切りはなされた生活をしているということでいえば、生徒達と五十歩百歩だ。でも、そんな日常を見直す方法はないかと、ある日思った。

思いついたのは、「マイ・貝塚づくり」。貝塚というのは、昔の人の暮らした痕跡。日々の食べ痕の「化石」のようなものだ。では、自分の食生活でも貝塚を作ることはできないか。そんなことを思いついたのだ。それからは、日々、三食のメニューをメモる。そして、骨（貝殻は省略した）が出たら、それをキレイにして保存する。一年間でどれだけの骨が手元に残るかを記録しようと思ったのである。意識しないと、つい、「骨なし」の食卓がつづく。豚肉もハムも刺身も、みんなどこかで骨がぬかれているからだ。せっかくなので、魚市場に出かけ、丸ごと魚を買って食べるようになった。食べ終わった後の骨は、入れ歯用洗浄剤を溶かした水につけこんでキレイにして……。そんな日々が続く。

　一年後の結果。1091回の食事のうち、肉を口にしたのは632回。骨を取りだせたのは127回。意識的になろうとしても、全食事のうち、わずか11.6%からしか骨を回収できなかった。それは弁当に入っていたサケの切り身の中から取りだした1本の肋骨をふくめてである。それでも、集まった骨は、小さな段ボール箱いっぱいになった。そして、そんな手間をかけて骨につきあったことで、僕の骨に対する経験と知識は、ほんのわずかかもしれないけれど、確実に積みあがった。その延長に、この本があるわけである。

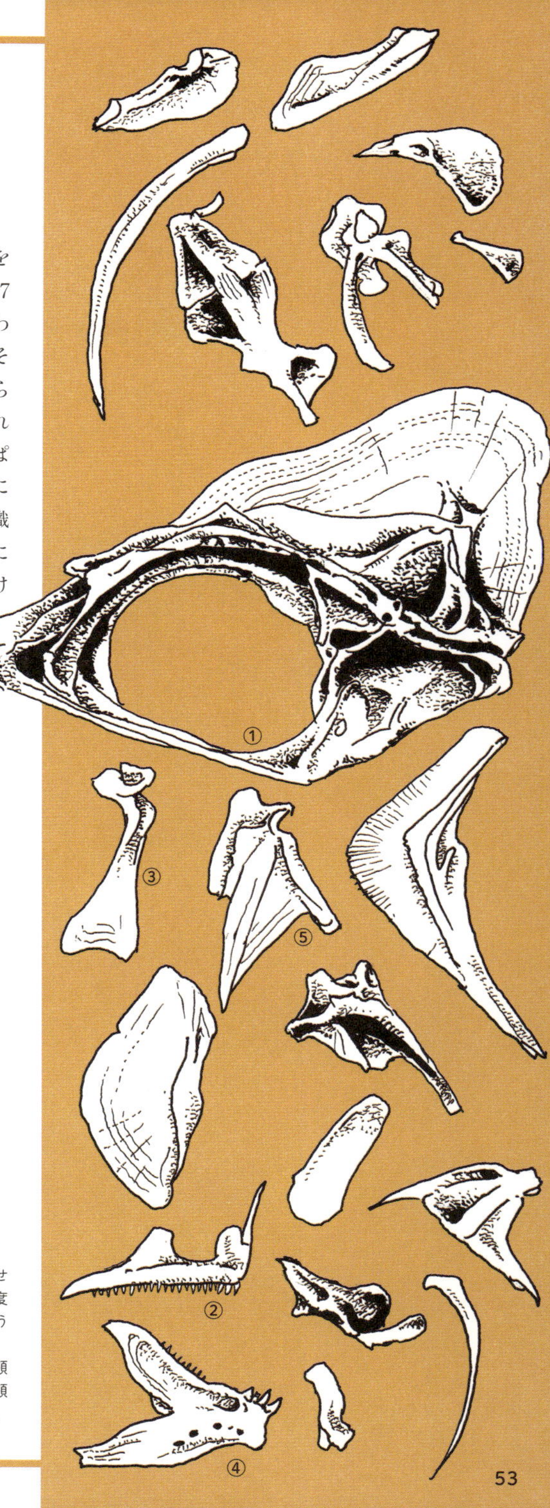

①
③
⑤
②
④

アオダイの頭蓋骨 バラバラ標本

魚は煮てしまえば骨から肉を簡単に外せるが、魚の骨はパーツが多いため、一度バラバラにした骨を組みあげられるようになるには大変な修練が必要。
①神経頭蓋骨 ②前上顎骨 ③主上顎骨 ④歯骨 ⑤角骨 上顎は②と③、下顎は④と⑤が組み合わさって形成される。

第2章 両生類

とびはねて移動する体

両生類の代表としてカエルの骨格を見てみることにしましょう。やわらかいイメージのあるカエルですが、体内にはしっかりとした骨があります。カエルの骨格でまず目につくのは、発達した後肢で、これは跳躍や遊泳という行動と結びついています。後肢に比べて小さな前肢は、跳躍した際に着地装置として働きます。また、跳躍という行動に不要なためか、尾は消失しています。

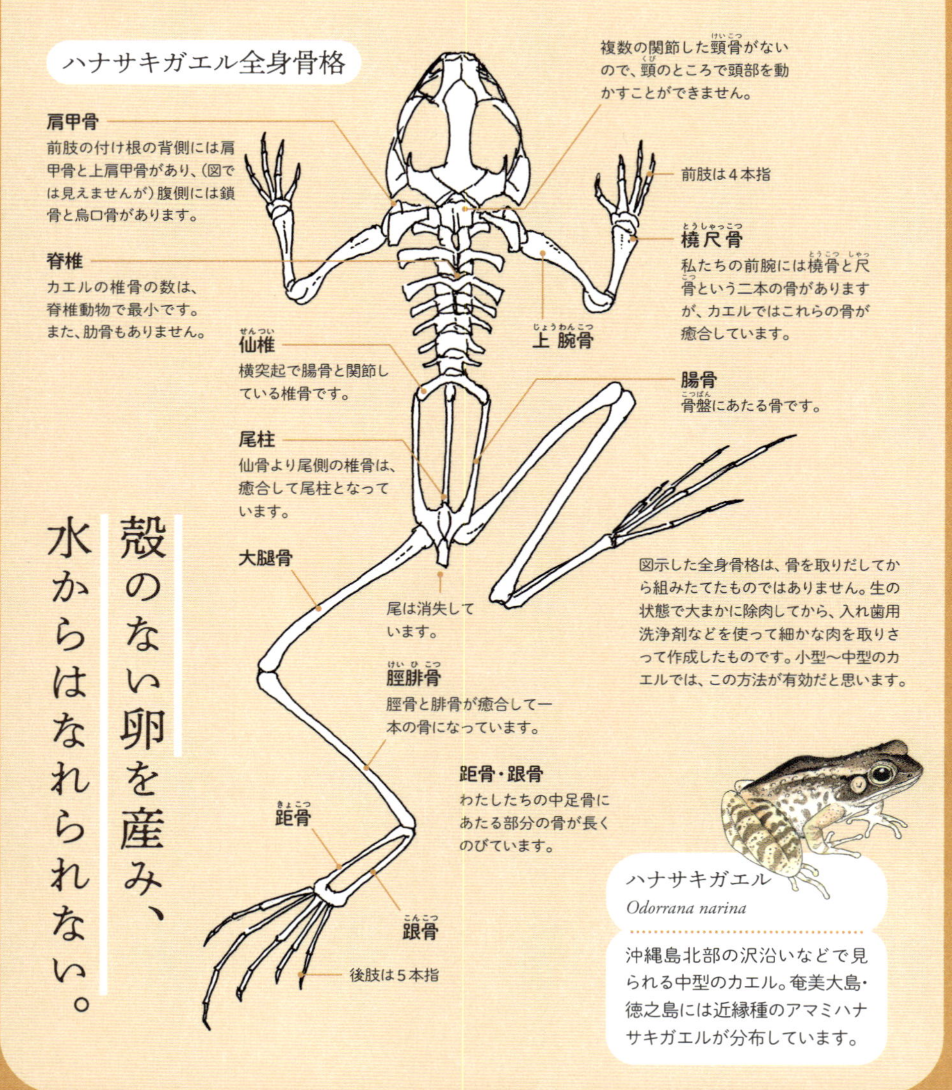

ハナサキガエル全身骨格
肩甲骨
前肢の付け根の背側には肩甲骨と上肩甲骨があり、(図では見えませんが)腹側には鎖骨と烏口骨があります。
脊椎
カエルの椎骨の数は、脊椎動物で最小です。また、肋骨もありません。
仙椎
横突起で腸骨と関節している椎骨です。
尾柱
仙骨より尾側の椎骨は、癒合して尾柱となっています。
大腿骨
尾は消失しています。
脛腓骨
脛骨と腓骨が癒合して一本の骨になっています。
距骨・跟骨
わたしたちの中足骨にあたる部分の骨が長くのびています。
距骨
跟骨
後肢は5本指
複数の関節した頸骨がないので、頸のところで頭部を動かすことができません。
前肢は4本指
橈尺骨
私たちの前腕には橈骨と尺骨という二本の骨がありますが、カエルではこれらの骨が癒合しています。
上腕骨
腸骨
骨盤にあたる骨です。
図示した全身骨格は、骨を取りだしてから組みたてたものではありません。生の状態で大まかに除肉してから、入れ歯用洗浄剤などを使って細かな肉を取りさって作成したものです。小型〜中型のカエルでは、この方法が有効だと思います。
殻のない卵を産み、
水からはなれられない。
ハナサキガエル
Odorrana narina
沖縄島北部の沢沿いなどで見られる中型のカエル。奄美大島・徳之島には近縁種のアマミハナサキガエルが分布しています。

爬虫類

より地上生活に合った体

卵や幼生が水と縁の切れない両生類と異なり、爬虫類は両生類の水中生活を卵の中で送るよう、特別の卵(羊膜卵)を産むようになり、より陸上生活に適応できるようになった脊椎動物です。この爬虫類は、現生のものだけでも、カメ、ワニ、トカゲとヘビ(有鱗類)そしてムカシトカゲと、4つに大別できる、多様な構成員をふくんだグループです。

グリーンイグアナ全身骨格

椎骨
脊椎を形成する椎骨は、頭部から、頸椎、胴椎、仙椎(腰骨と関節する椎骨)、尾椎に分けられます。

浮力のない陸上生活を送るようになったため、全体重を骨格で支える必要が生まれました。椎骨は多くの突起があり、たがいによりしっかりと結びつく形となっています。トカゲの場合、四肢が哺乳類のように体の下にまっすぐについておらず、体に対して横向きについています。そのため、体を持ちあげる効率は良くなく、歩行する際は体をくねらせる必要があり、陸上での運動性能はおとります。

肋骨
わたしたちの肋骨は胸のところにしかありませんが、爬虫類の肋骨は腹部のほう(矢印)にも見られます(イグアナでは腹部の肋骨は短くなっています)。

グリーンイグアナ頭蓋骨

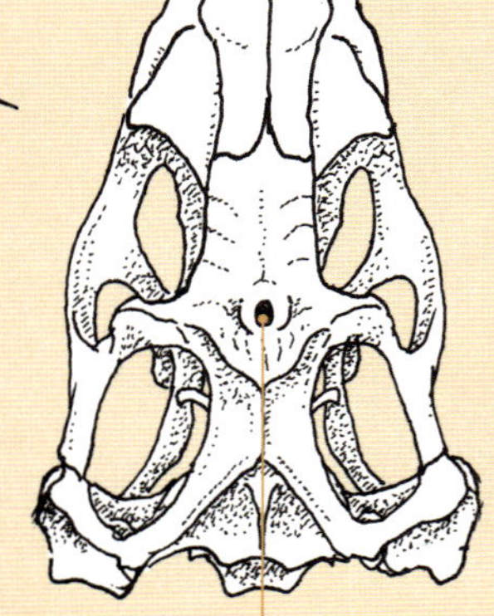

頭頂眼
初期の脊椎動物には、頭頂部に一対の光を感じる器官がありました、現生の爬虫類の頭部には、そのうちの一つが頭頂眼として残り、もう一つは体内に収まり松果体(脳内にあるホルモンを分泌する器官)になりました。

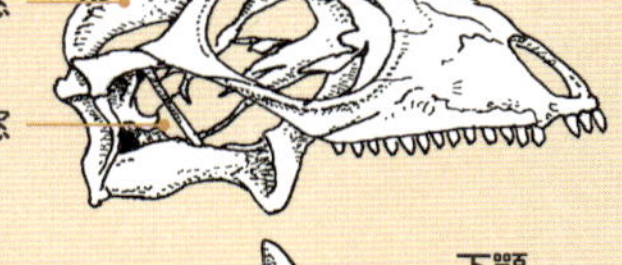
上側頭窓
下側頭窓

下顎

殻に入った卵を産み、内陸へ進出。

グリーンイグアナ
Iguana iguana

中米～南米に分布する、全長180cmほどにもなる植物食性のトカゲの仲間。ペットとして飼育されることも多い。

樹上生活に適した体

カメレオン

カメレオンは、トカゲの中ではもっとも進化した姿をしている（特殊化している）ものと考えられています。カメレオンにも多くの種類がいて、小さなものでは、全長3cmほどのものから、大きなものでは全長70cmほどになるものもいます。樹上で虫を捕らえて食べるというくらしに合わせ、指は対向してしっかりと枝をつかむ構造になっています。左右の眼は独立して別方向を見ることができ、視力も大変優れていて、獲物を見つけると長い舌を高速度で射出し、ねばつく舌先にはりつけ捕らえます。

ねらった獲物は逃さない。

全身骨格

カメレオンの骨格は華奢なので、図示したものは、入れ歯用洗浄剤を使って、ばらさずに除肉して作成しました。

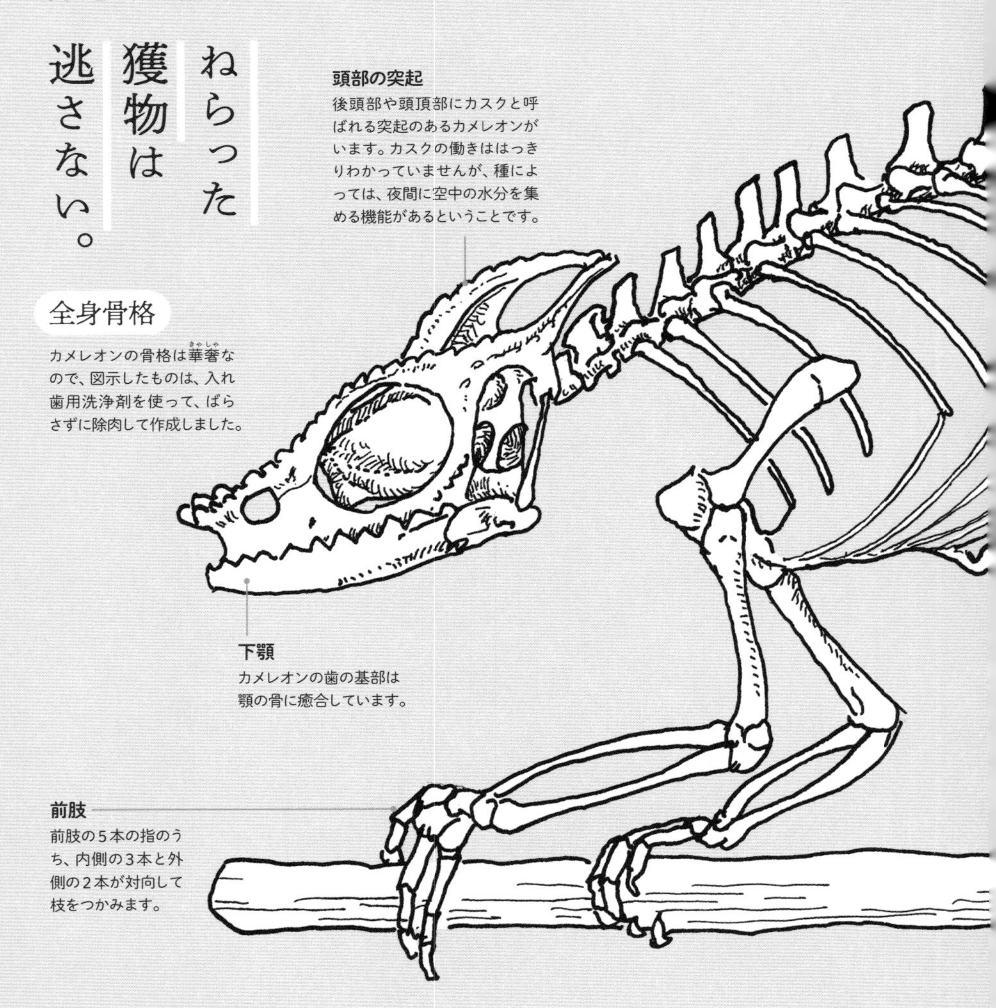
頭部の突起
後頭部や頭頂部にカスクと呼ばれる突起のあるカメレオンがいます。カスクの働きははっきりわかっていませんが、種によっては、夜間に空中の水分を集める機能があるということです。
下顎
カメレオンの歯の基部は顎の骨に癒合しています。
前肢
前肢の5本の指のうち、内側の3本と外側の2本が対向して枝をつかみます。

17cm（尾を巻いた体長）

左右に平たい体です。

眼
左右それぞれ独自に動き、360度に近い視野をもっています。

長い舌
長いものでは、頭からお尻までの長さの2倍ほどものばすことのできる種がいます。舌先はねばっこい粘液でおおわれています。

前肢
指は対向して枝をしっかりつかみます。

カメレオン

体色を変えることで有名ですが、これは周囲の色に合わせて擬態するためではなく、体温調整や、個体の状態によって色彩が変化します。

尾
木の枝などに巻きつけることができます。

長い骨が何本も飛びだしていますね。

Q こんな骨をもつ動物は何かな？

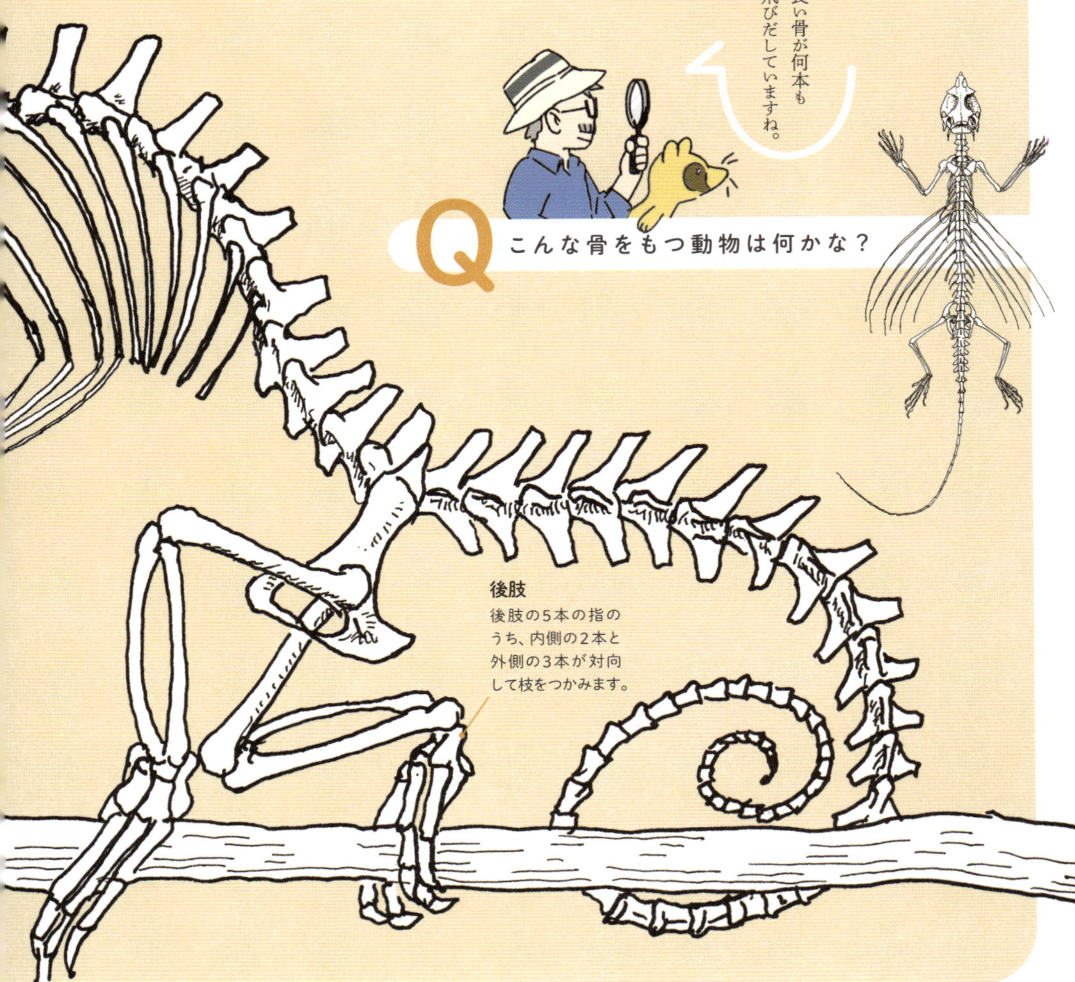

後肢
後肢の5本の指のうち、内側の2本と外側の3本が対向して枝をつかみます。

A
トビトカゲです

トビトカゲは樹上性のトカゲで、腹部にある飛膜を広げることで、木から木へと滑空することができます（20メートル以上、滑空した記録があります）。トビトカゲ属（Doraco）の属名は、ドラゴン（竜）に由来しています。中国南部から東南アジア、インド南部に分布し、40種ほどが知られています。

18世紀に学会で初めて紹介されたときは、本当に飛ぶか議論になったそうだよ。

飛膜の役割

飛膜は筋肉によって広げたりたたんだりすることができます。また飛膜の模様は、種によっていろいろで、黄色や朱色などの目立つ色合いをしたものもあります。この飛膜は滑空だけでなく、オス同士の縄張り争いや、メスへの求愛にも用いられます。

木から木へ、10〜20mも滑空するトカゲ。

トビトカゲの一種
Draco spp.

東南アジアでは、チョウの標本のように飛膜を広げた状態で乾燥させたトビトカゲがお土産として売られていることがあります。図示したものは、知人からもらったお土産の干物です。

Column

ペルム紀にもいた滑空する爬虫類

最近、トビトカゲの滑空のビデオ解析から、トビトカゲは滑空時に前肢を飛膜のふちにそえることがわかりました。つまり前肢で飛膜を制御しているようなのです。着地の直前、前肢は飛膜をはなれます。トビトカゲの滑空時のこのような姿勢は、ひょっとすると、化石でのみ知られる飛膜をもつ古代の爬虫類も同様ではなかったかとも考えられるようになってきました。滑空する爬虫類は、進化の歴史の中で何度か独立して誕生しています。古生代ペルム紀（2億9900万年前〜2億5190万年前）の化石として、ドイツ、イギリスから見つかったウェイゲルティサウルスは、トビトカゲのように腹部に飛膜をもつ爬虫類です。飛膜を支える骨は、トビトカゲよりも多く20本以上ありました。なお、この骨はトビトカゲのような肋骨起源ではないと考えられています。

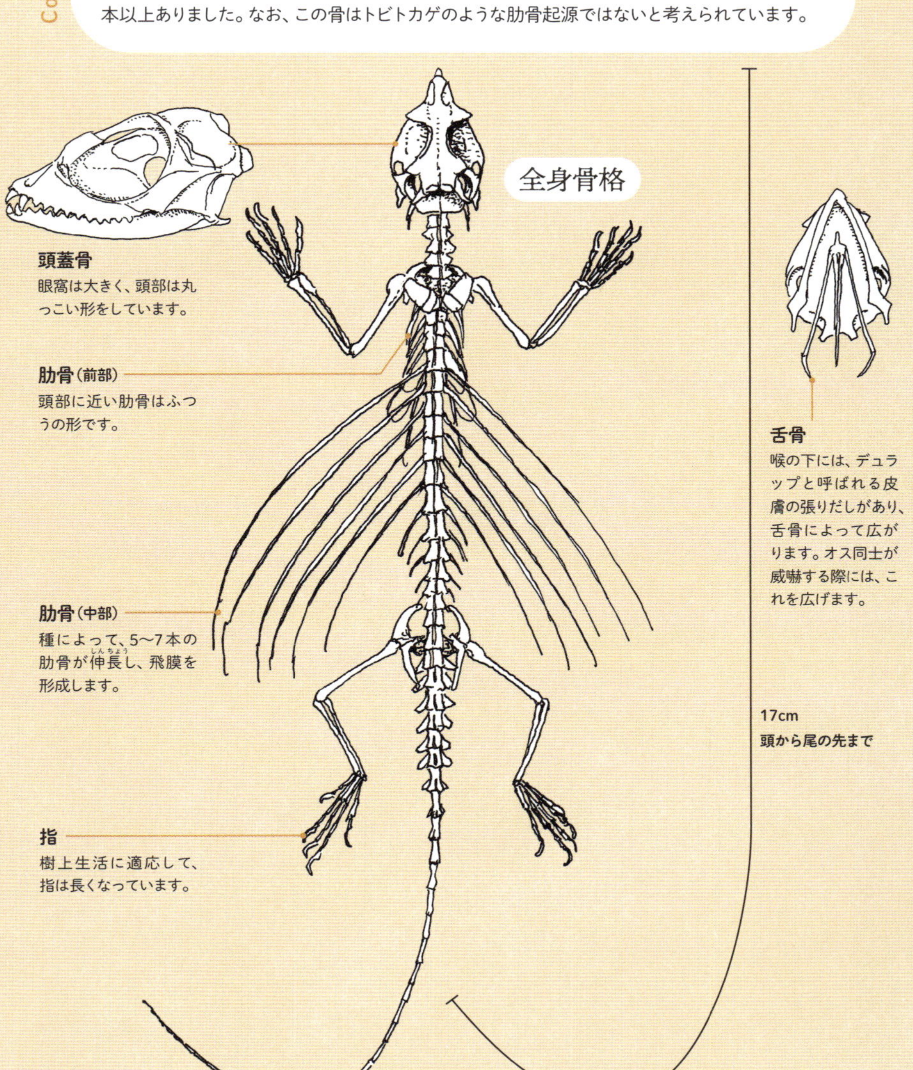
全身骨格
頭蓋骨
眼窩は大きく、頭部は丸っこい形をしています。
肋骨（前部）
頭部に近い肋骨はふつうの形です。
肋骨（中部）
種によって、5〜7本の肋骨が伸長し、飛膜を形成します。
指
樹上生活に適応して、指は長くなっています。
舌骨
喉の下には、デュラップと呼ばれる皮膚の張りだしがあり、舌骨によって広がります。オス同士が威嚇する際には、これを広げます。
17cm
頭から尾の先まで

大きな獲物を、呑みこむための体。

Q ヘビの体、どこから尻尾(しっぽ)？

ヘビは四肢が消失し、体が伸長した爬虫類です。細長い体は地中の穴にもぐりこんで餌を捕り、樹上の細い枝先まで伝い渡ることができます。ネズミなどの小型哺乳類のほか、鳥類、両性類、爬虫類、さらには魚のほか、ミミズやカタツムリなどを餌としている種もあります。さてこの体、どこまでが胴体でどこからが尻尾でしょう？

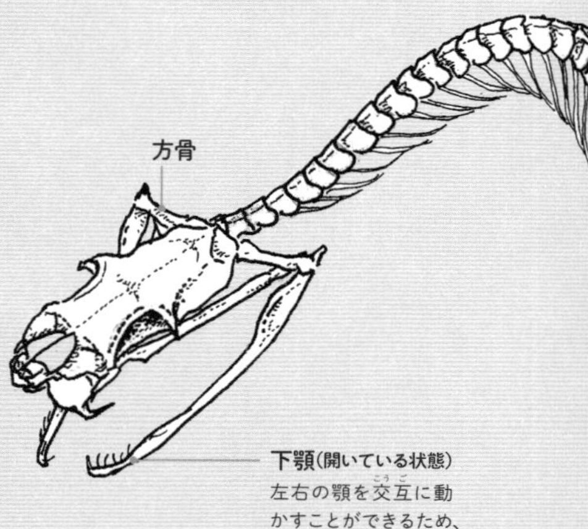

方骨

下顎(開いている状態)
左右の顎を交互(こうご)に動かすことができるため、口からはみ出した大きい獲物も少しずつのみこむことができます。

下顎のつくり
ヘビは獲物を手足でおさえることができないため、獲物はほぼ全て丸のみにします。下顎は左右2つの骨で構成され靭帯(じんたい)でつながり、左右に広げることができます。また、頭蓋骨と顎の骨とを方骨がつなぐことで2か所の関節(頭蓋骨図の矢印)ができ、顎が縦にも大きく開くのです。

ハブの頭蓋骨

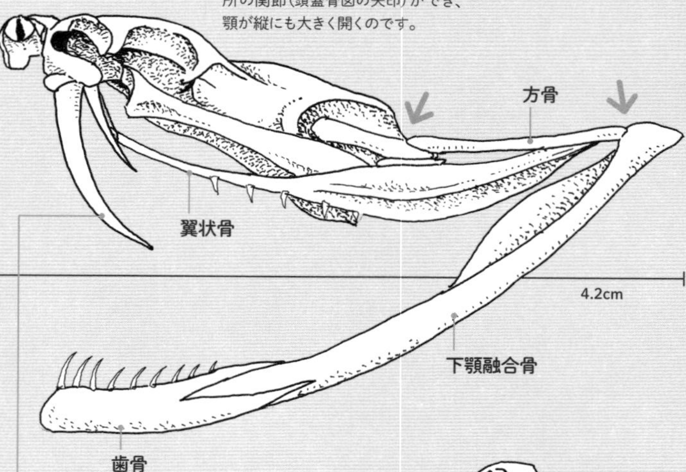

方骨
翼状骨
4.2cm
下顎融合骨
歯骨

毒牙
毒液が注入できるよう内部はトンネル状となっており、先端にスリット状の穴があります。可動式で、通常は折りたたまれています。

ニホンマムシの頭蓋骨
世界には約3400種のヘビがいて、そのうちの約700種が毒ヘビとされています。沖縄や奄美大島に分布するハブと、日本本土に分布するニホンマムシはともにクサリヘビ科のマムシ亜科に属していて、頭骨の基本的な形は似ています。

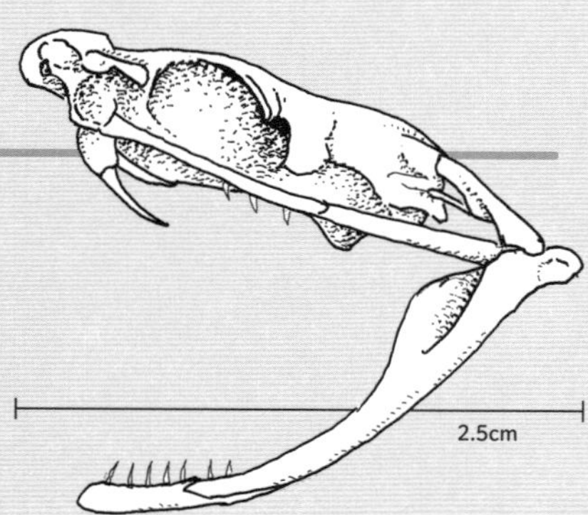

2.5cm

爬虫類

ヘビ

ハブ
Protobothrops flavoviridius

日本のハブの仲間にはトカラハブ、ハブ、サキシマハブと、移入種のタイワンハブがいます。ハブはそのうち最大になる種で、全長242cmという記録があります。おもにはネズミや鳥類など恒温動物を獲物にしています。

全身骨格

左右の肋骨をつなぐ胸骨がないため、ヘビの肋骨は自由に開閉します。そのため、表皮がのびる範囲内で、大きい獲物もつかえることなく丸のみできます。

A

ここから尻尾

爬虫類は胸部だけでなく腹部にも肋骨がありますが、ヘビではそれが際立ち、骨格標本にすると、まるでムカデのような姿をしています。肋骨がないところから後部がヘビの尾です。

ヘビにはずいぶんたくさんの椎骨があるね。

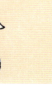

無毒ヘビは歯がいっぱい

ヨナグニシュウダ

先に紹介したような、大きな毒牙をもつハブやニホンマムシとちがい、無毒のヘビの顎には、小さな歯がたくさん並んでいます。また、よく見ると一つ一つの歯は内向きとなっています。これは、くわえた獲物を逃がさないために役立っています。

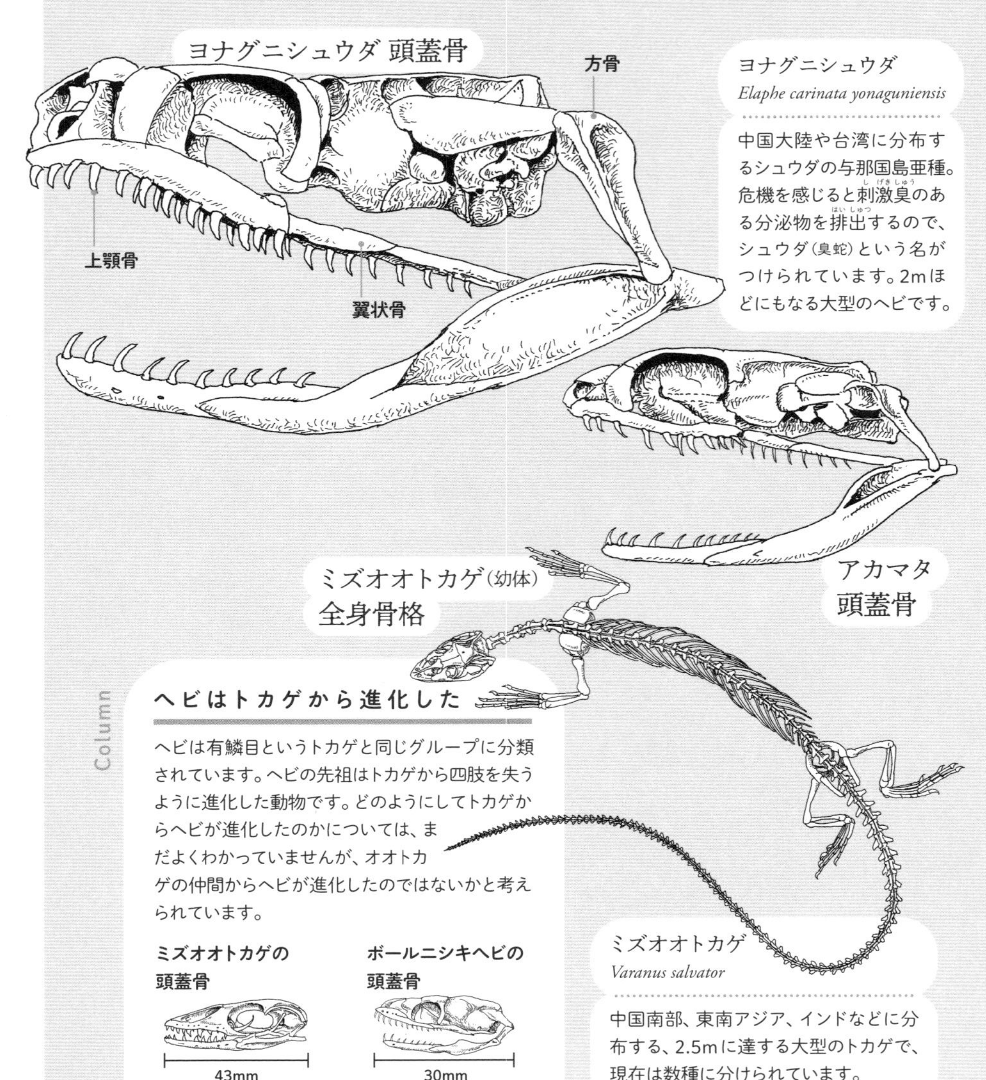

ヨナグニシュウダ 頭蓋骨
方骨
上顎骨
翼状骨
アカマタ
頭蓋骨
ミズオオトカゲ(幼体)
全身骨格

ヨナグニシュウダ
Elaphe carinata yonaguniensis

中国大陸や台湾に分布するシュウダの与那国島亜種。危機を感じると刺激臭(しげきしゅう)のある分泌物を排出(はいしゅつ)するので、シュウダ(臭蛇)という名がつけられています。2mほどにもなる大型のヘビです。

Column ヘビはトカゲから進化した

ヘビは有鱗目というトカゲと同じグループに分類されています。ヘビの先祖はトカゲから四肢を失うように進化した動物です。どのようにしてトカゲからヘビが進化したのかについては、まだよくわかっていませんが、オオトカゲの仲間からヘビが進化したのではないかと考えられています。

ミズオオトカゲの頭蓋骨

43mm

ボールニシキヘビの頭蓋骨

30mm

トカゲとヘビの頭骨を比べると、確かに似たような形をしています。

ミズオオトカゲ
Varanus salvator

中国南部、東南アジア、インドなどに分布する、2.5mに達する大型のトカゲで、現在は数種に分けられています。

地中生活に適応した体

メクラヘビ

ヘビ類は、メクラヘビ下目と、メクラヘビの仲間を除いたほかのすべてのヘビがふくまれる真蛇下目に分けられています。メクラヘビの仲間は、地中生活に特殊化したグループで、アリの幼虫やシロアリなどを餌にしてくらす小型のヘビです。日本には、世界に広く分布しているブラーミニメクラヘビだけが、琉球列島や小笠原諸島、伊豆諸島などで見られます。

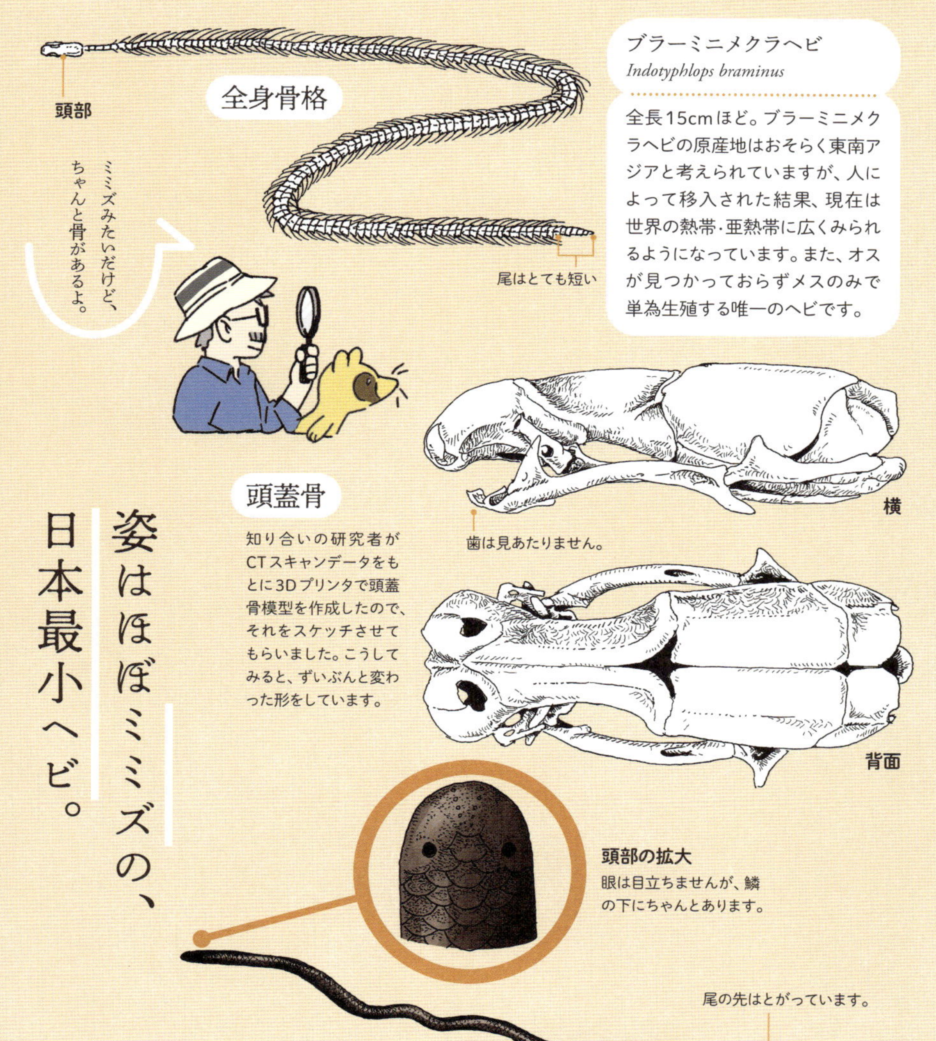

頭部
全身骨格
尾はとても短い
ミミズみたいだけど、ちゃんと骨があるよ。
頭蓋骨
歯は見あたりません。
横
背面
姿はほぼミミズの、日本最小ヘビ。
頭部の拡大
眼は目立ちませんが、鱗の下にちゃんとあります。
尾の先はとがっています。

ブラーミニメクラヘビ
Indotyphlops braminus

全長15cmほど。ブラーミニメクラヘビの原産地はおそらく東南アジアと考えられていますが、人によって移入された結果、現在は世界の熱帯・亜熱帯に広くみられるようになっています。また、オスが見つかっておらずメスのみで単為生殖する唯一のヘビです。

知り合いの研究者がCTスキャンデータをもとに3Dプリンタで頭蓋骨模型を作成したので、それをスケッチさせてもらいました。こうしてみると、ずいぶんと変わった形をしています。

Q ウミヘビの体、陸にすむヘビとどこがちがう？

陸生のヘビとどこがちがうか、じっくり見てみてね。

海でくらすようになったヘビ。

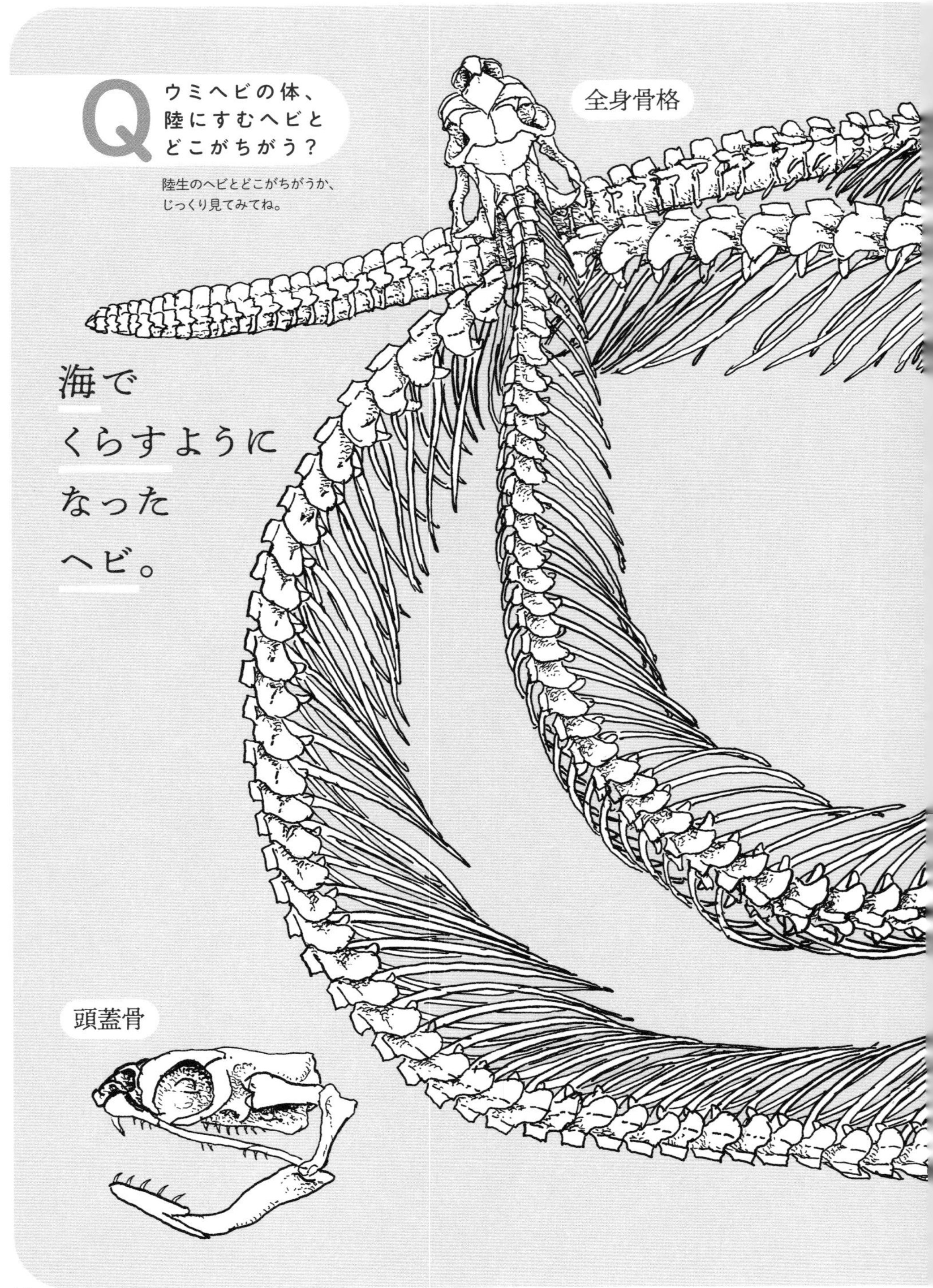

全身骨格
頭蓋骨

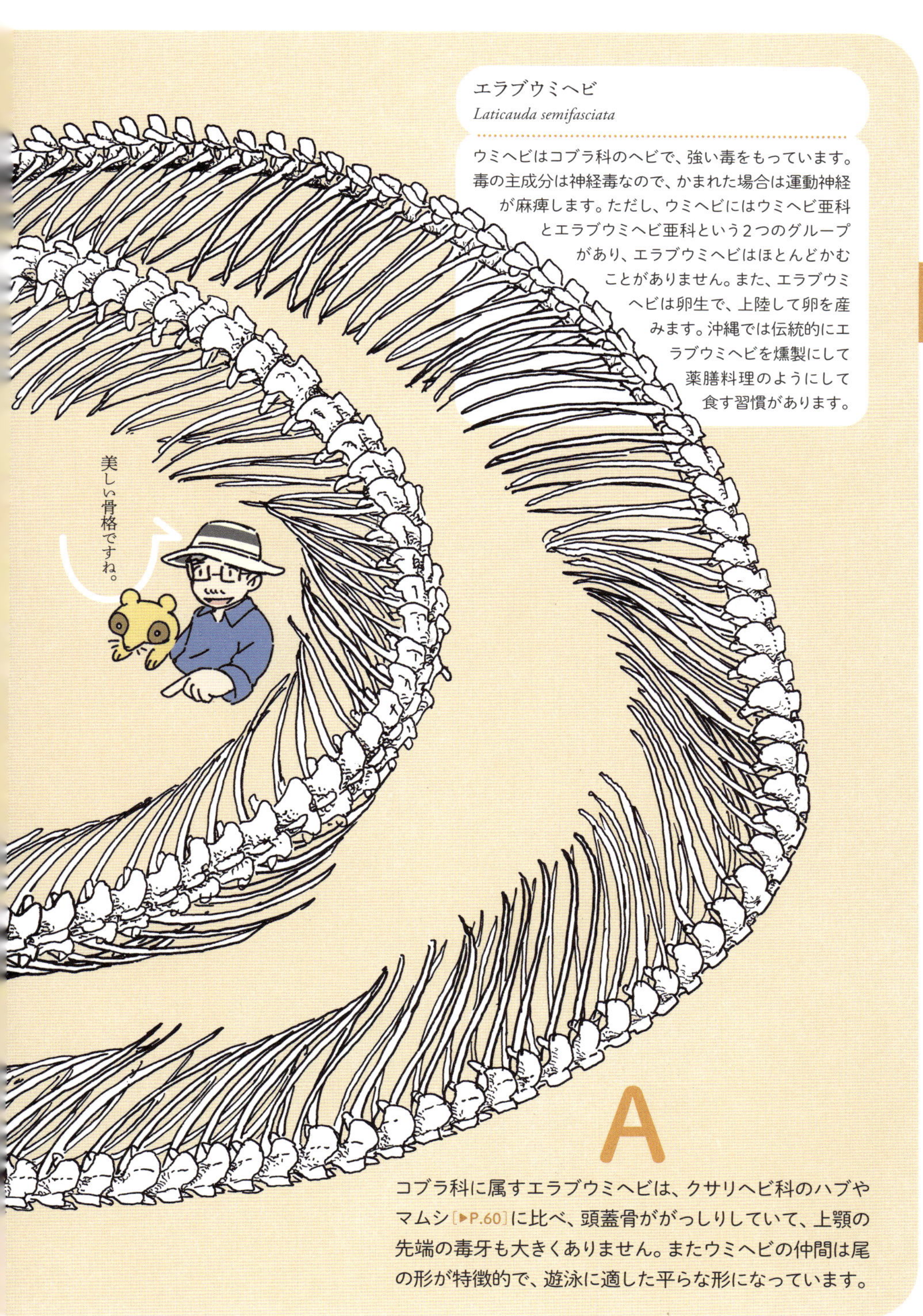
美しい骨格ですね。

エラブウミヘビ

Laticauda semifasciata

ウミヘビはコブラ科のヘビで、強い毒をもっています。毒の主成分は神経毒なので、かまれた場合は運動神経が麻痺します。ただし、ウミヘビにはウミヘビ亜科とエラブウミヘビ亜科という２つのグループがあり、エラブウミヘビはほとんどかむことがありません。また、エラブウミヘビは卵生で、上陸して卵を産みます。沖縄では伝統的にエラブウミヘビを燻製にして薬膳料理のようにして食す習慣があります。

A

コブラ科に属すエラブウミヘビは、クサリヘビ科のハブやマムシ[▶P.60]に比べ、頭蓋骨ががっしりしていて、上顎の先端の毒牙も大きくありません。またウミヘビの仲間は尾の形が特徴的で、遊泳に適した平らな形になっています。

カメの甲羅は三重構造

セマルハコガメ

カメの甲羅は背中をおおう背甲と、腹側をおおう腹甲からなっていますが、このうち背甲は三重構造でできています。甲羅の一番外側にあるのは、私たちのツメや髪の毛を作っているのと同じケラチンと呼ばれるたんぱく質でできている角質甲板（鱗板）です。その内側には骨質の骨板があります。骨板の基盤になるのは、わたしたちの骨格と同じ、椎骨と肋骨です。ただし、カメの骨板では、この基盤に皮膚の中につくられる皮骨が癒合して、さらにたがいにがっちりと組み合わさり頑丈な構造をつくり上げているのです。加えて、角質甲板の縫合線と骨板の境目はずれていることで、甲羅の強度が補強されています。

背甲（角質甲板）
甲長
14cm
角質甲板は成長するので、
年輪みたいな模様があるよ。

カメは、甲羅を脱げません。

ヤエヤマセマルハコガメ
Cuora flavomariginata evelynae

中国大陸・台湾に分布するセマルハコガメの八重山亜種。国指定の天然記念物に指定されています。

Column

進化の過程をくり返す個体発生

個体発生の過程で、その動物の祖先がもっていた形質が現れることがあります。カメの背甲は椎骨と肋骨という、ほかの脊椎動物にも共通する骨格に、新たにできた皮骨が癒合し、その上を角質の甲板がおおうという構造です。カメの幼体では、甲板の下には、まだ皮骨が癒合していない状態の肋骨が、互いにくっつきあっていない状態で並んでいる―すなわち、その祖先と共通の状態であると見ることができます。図示したものは、西表島の森で拾ったもので、おそらくカンムリワシに捕食され、甲羅だけ食べのこされたものだと思われます。

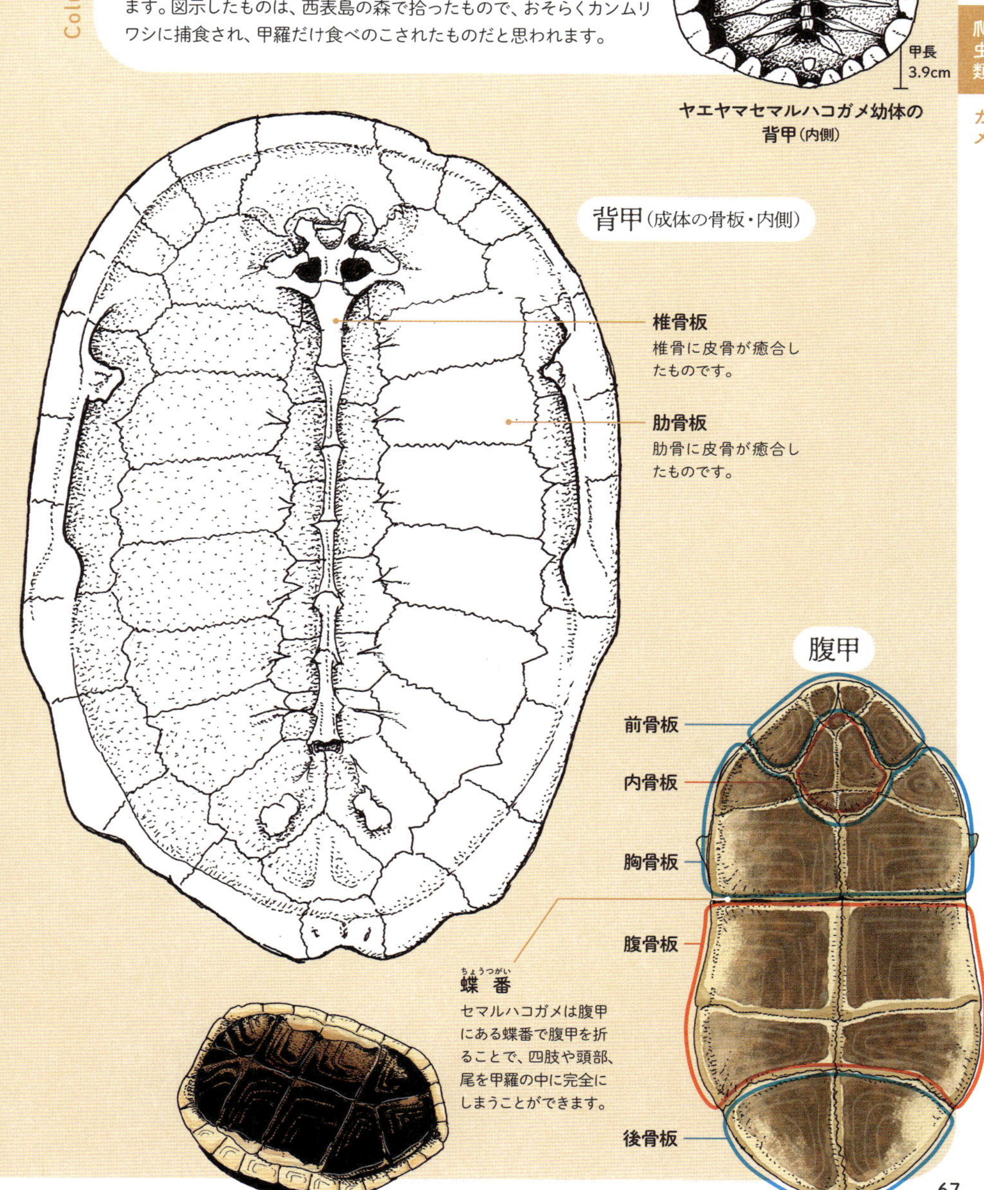
肋骨
甲長
3.9cm
背甲（成体の骨板・内側）
椎骨板
椎骨に皮骨が癒合したものです。
肋骨板
肋骨に皮骨が癒合したものです。
腹甲
前骨板
内骨板
胸骨板
腹骨板
後骨板
蝶番（ちょうつがい）
セマルハコガメは腹甲にある蝶番で腹甲を折ることで、四肢や頭部、尾を甲羅の中に完全にしまうことができます。

ヤエヤマセマルハコガメ幼体の背甲（内側）

甲板のないカメ

スッポン

「スッポンにも硬い甲羅があるの？」という質問を受けたことがあります。普通のカメの甲羅の表面は、角質の甲板でおおわれています。ところがスッポンの甲羅の表面は、やわらかそうな皮膚がおおっています。しかし、スッポンも表皮をはがすと、その下には骨質の甲羅がひそんでいます。水中で過ごす時間の長いスッポンは、甲板を消失させ、骨板を皮膚でおおうことで水中での抵抗を減らし、素早く泳ぐことに適応していると考えられています。同じように、普通のカメと比べると腹部は骨板におおわれていない部分が目立つことに気づきます。これも体を軽量化させることで、運動性能の向上に働いているのでしょう。

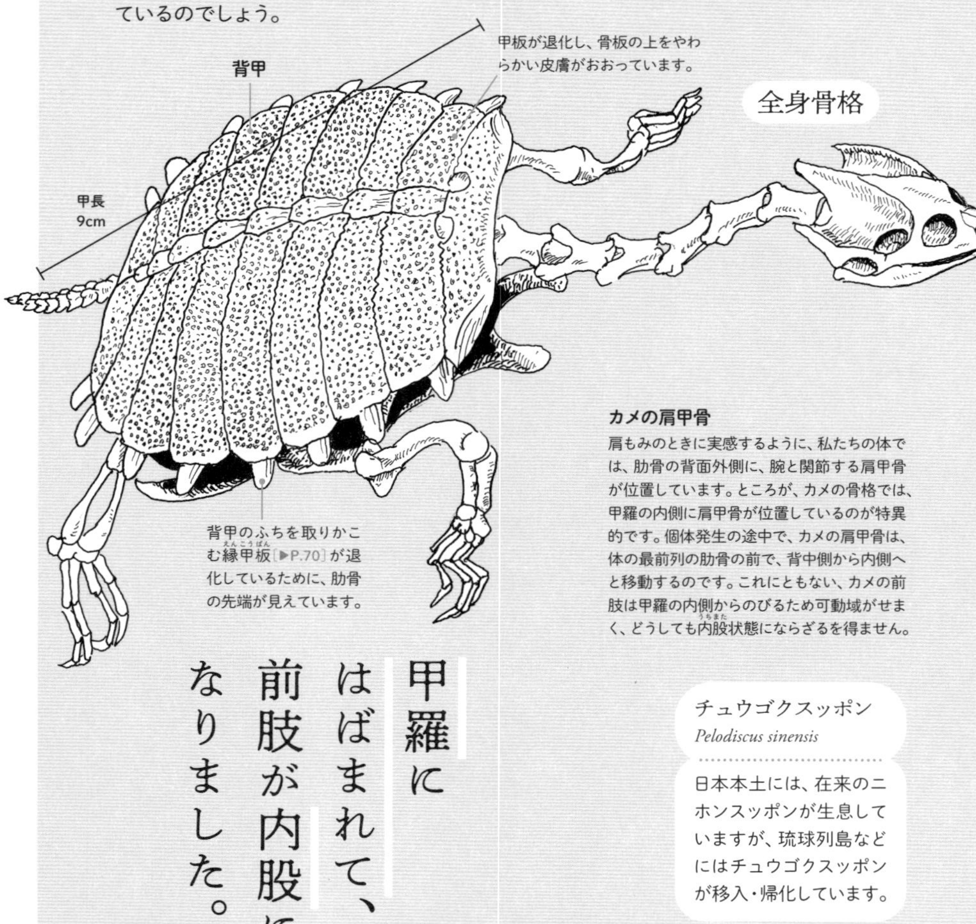
全身骨格
背甲
甲長
9cm
甲板が退化し、骨板の上をやわらかい皮膚がおおっています。
背甲のふちを取りかこむ縁甲板[▶P.70]が退化しているために、肋骨の先端が見えています。

カメの肩甲骨

肩もみのときに実感するように、私たちの体では、肋骨の背面外側に、腕と関節する肩甲骨が位置しています。ところが、カメの骨格では、甲羅の内側に肩甲骨が位置しているのが特異的です。個体発生の途中で、カメの肩甲骨は、体の最前列の肋骨の前で、背中側から内側へと移動するのです。これにともない、カメの前肢は甲羅の内側からのびるため可動域がせまく、どうしても内股状態にならざるを得ません。

甲羅にはまれて、前肢が内股になりました。

チュウゴクスッポン
Pelodiscus sinensis

日本本土には、在来のニホンスッポンが生息していますが、琉球列島などにはチュウゴクスッポンが移入・帰化しています。

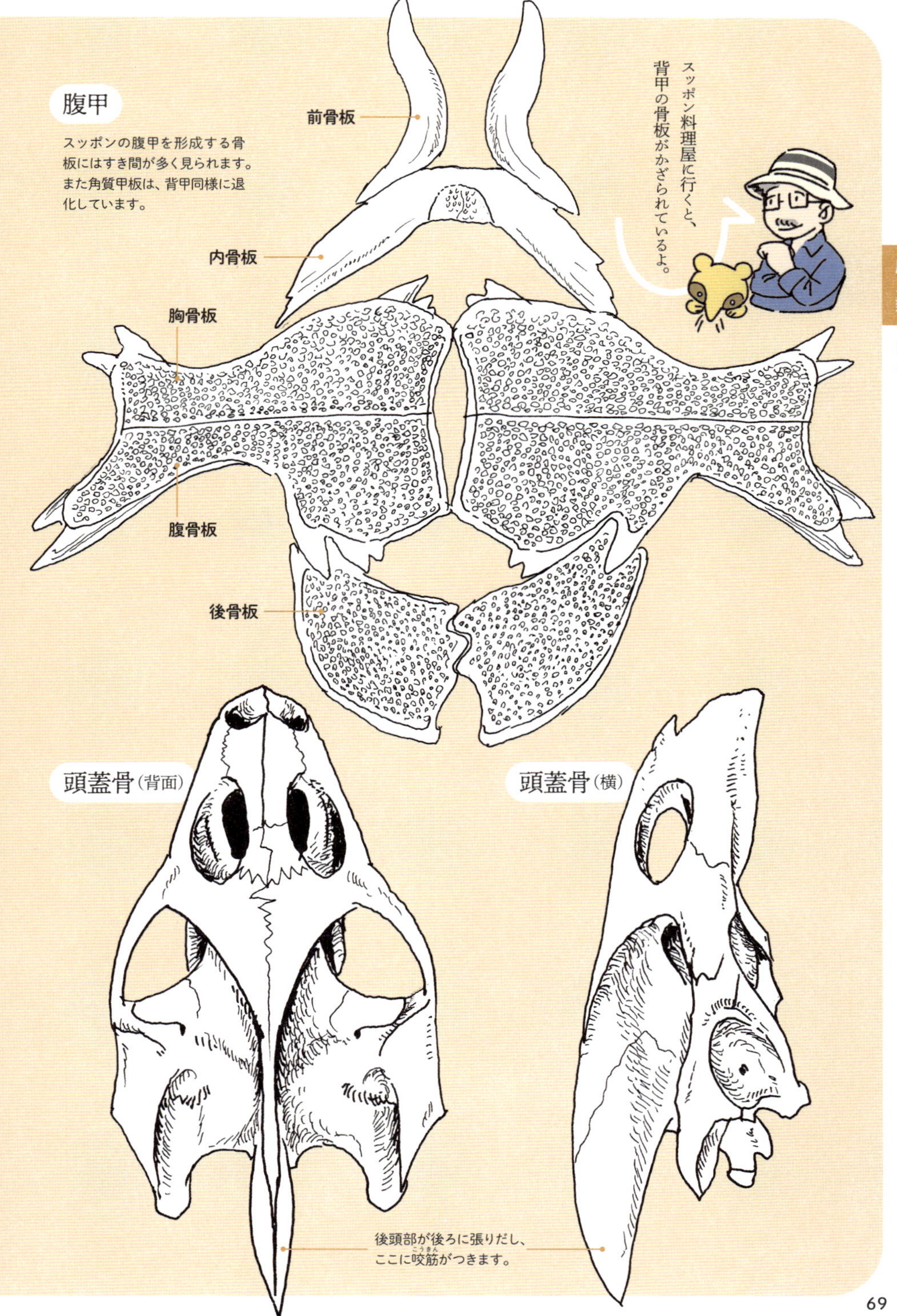
腹甲
スッポンの腹甲を形成する骨板にはすき間が多く見られます。また角質甲板は、背甲同様に退化しています。
前骨板
内骨板
胸骨板
腹骨板
後骨板
スッポン料理屋に行くと、背甲の骨板がかざられているよ。
頭蓋骨(背面)
頭蓋骨(横)
後頭部が後ろに張りだし、ここに咬筋がつきます。
爬虫類
カメ

海を泳ぐカメ

タイマイ

海に進出したカメ、ウミガメ類には、オサガメ科の１種と、ウミガメ科の５種がいます。海に進出したとはいっても、産卵は陸上で行います。ただし、生活の多くの時間は海で過ごすため、その体は遊泳に適したものとなっています。遊泳にはひれ状に発達した前肢が使われ、後肢は方向転換のときに使われる程度です。これは、川や湖で見られるカメの遊泳が後肢の水かきが主となっていることと、大きなちがいです。

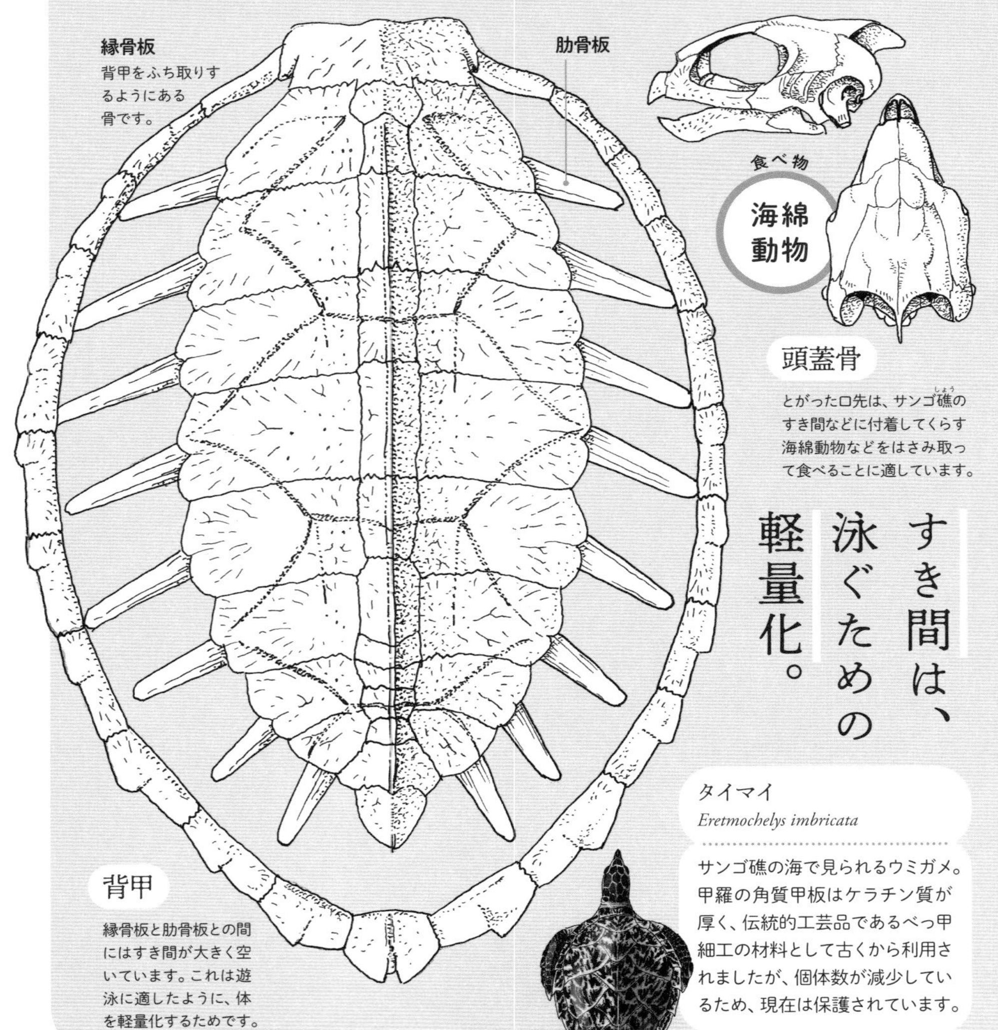
縁骨板
肋骨板
食べ物
海綿動物

縁骨板
背甲をふち取りするようにある骨です。

すき間は、泳ぐための軽量化。

頭蓋骨
とがった口先は、サンゴ礁のすき間などに付着してくらす海綿動物などをはさみ取って食べることに適しています。

背甲
縁骨板と肋骨板との間にはすき間が大きく空いています。これは遊泳に適したように、体を軽量化するためです。

タイマイ
Eretmochelys imbricata

サンゴ礁の海で見られるウミガメ。甲羅の角質甲板はケラチン質が厚く、伝統的工芸品であるべっ甲細工の材料として古くから利用されましたが、個体数が減少しているため、現在は保護されています。

Column

ウミガメの食べ物と頭蓋骨

一見、ウミガメの仲間はみな、似たような姿をしていますが、それぞれ、食べ物はちがっています。また、そうした食性と関連して、頭蓋骨の形にもちがいが見られます。ほかのウミガメ類と異なり深海まで潜水するオサガメの餌はゼラチン質のクラゲなどの動物で、牙のようにとがった上顎は餌をハサミのように切りとります。

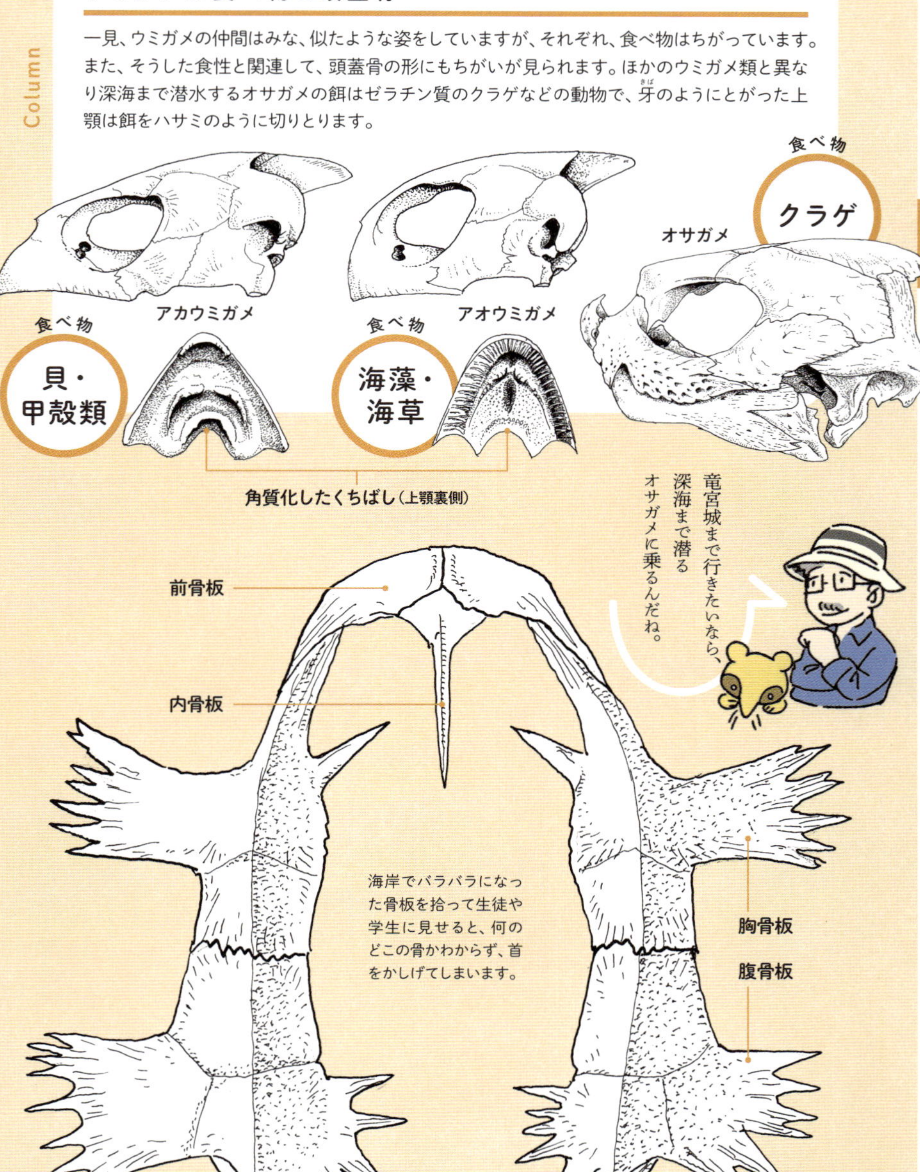

アカウミガメ
食べ物
貝・甲殻類
アオウミガメ
食べ物
海藻・海草
オサガメ
食べ物
クラゲ
角質化したくちばし（上顎裏側）
竜宮城まで行きたいなら、深海まで潜るオサガメに乗るんだね。
前骨板
内骨板
胸骨板
腹骨板
後骨板
海岸でバラバラになった骨板を拾って生徒や学生に見せると、何のどこの骨かわからず、首をかしげてしまいます。

腹甲

骨板の間にすき間の多いつくりになっています。

かまずに丸のみ

ワニ

ワニはほかの爬虫類同様、太陽などの外部熱源に頼って体温を高める「外温動物」であるので、体内で生みだされる代謝熱で体温を高める「内温動物」に比べ、体重当たり10分の1程度の餌で生きていくことが可能です（そのため、ワニの群れでは餌をめぐる争いがおきません）。一方、ワニの四肢はほかの爬虫類に比べ、体の下へほぼまっすぐのびているので、胴部をまっすぐにしてかなりのスピードで走ることができます。ワニは現生の爬虫類の中では、最も恐竜に近いグループです。つまり、恐竜の子孫である鳥とも縁が近いわけです。

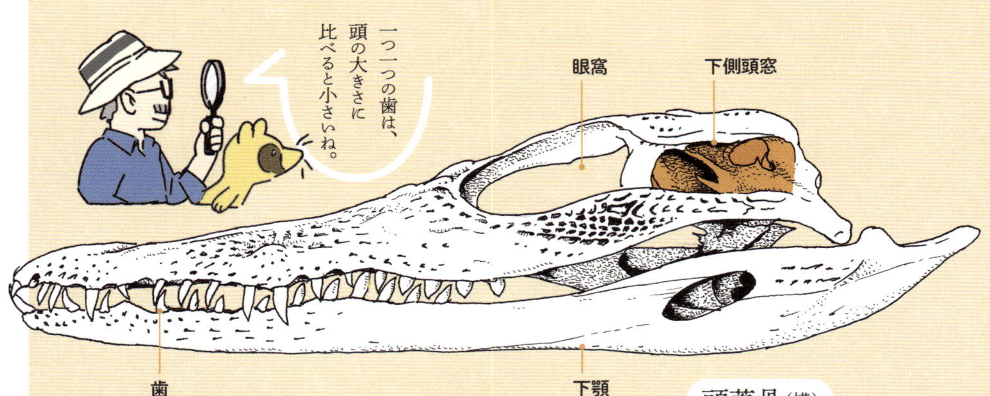

一つ一つの歯は、頭の大きさに比べると小さいね。
眼窩
下側頭窓
下顎

歯

ワニの歯は、顎骨にしっかり歯がうまっている槽生歯というタイプです。また、同じ形の歯が並ぶ同形歯性です。これは餌を咀嚼することなく丸のみするからです。なお、幼体のときはするどい歯をしていますが、成体になると歯は丸みをおびてきます。これは幼体のときは顎の力が弱いので、歯で餌を切りさいたりする必要がある一方、成体になると顎の力が強くなり、するどい歯である必要がないからです。

頭蓋骨（横）

頭部の大部分が、前後に長くのびた顎です。

かむ力は、生物界最強レベル。

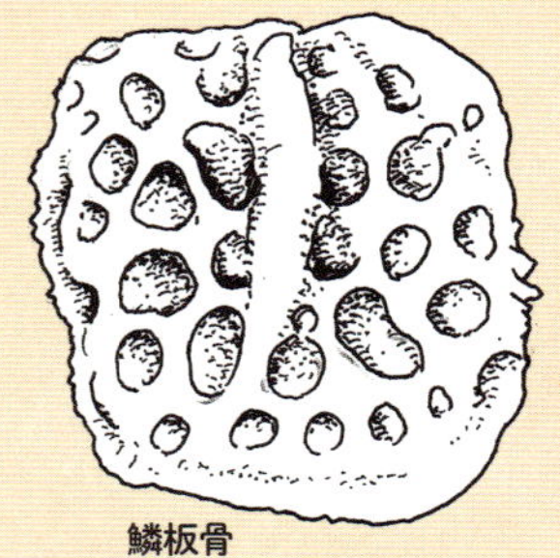

鱗板骨

頭部や背中などの皮膚下には、板状の骨があります。

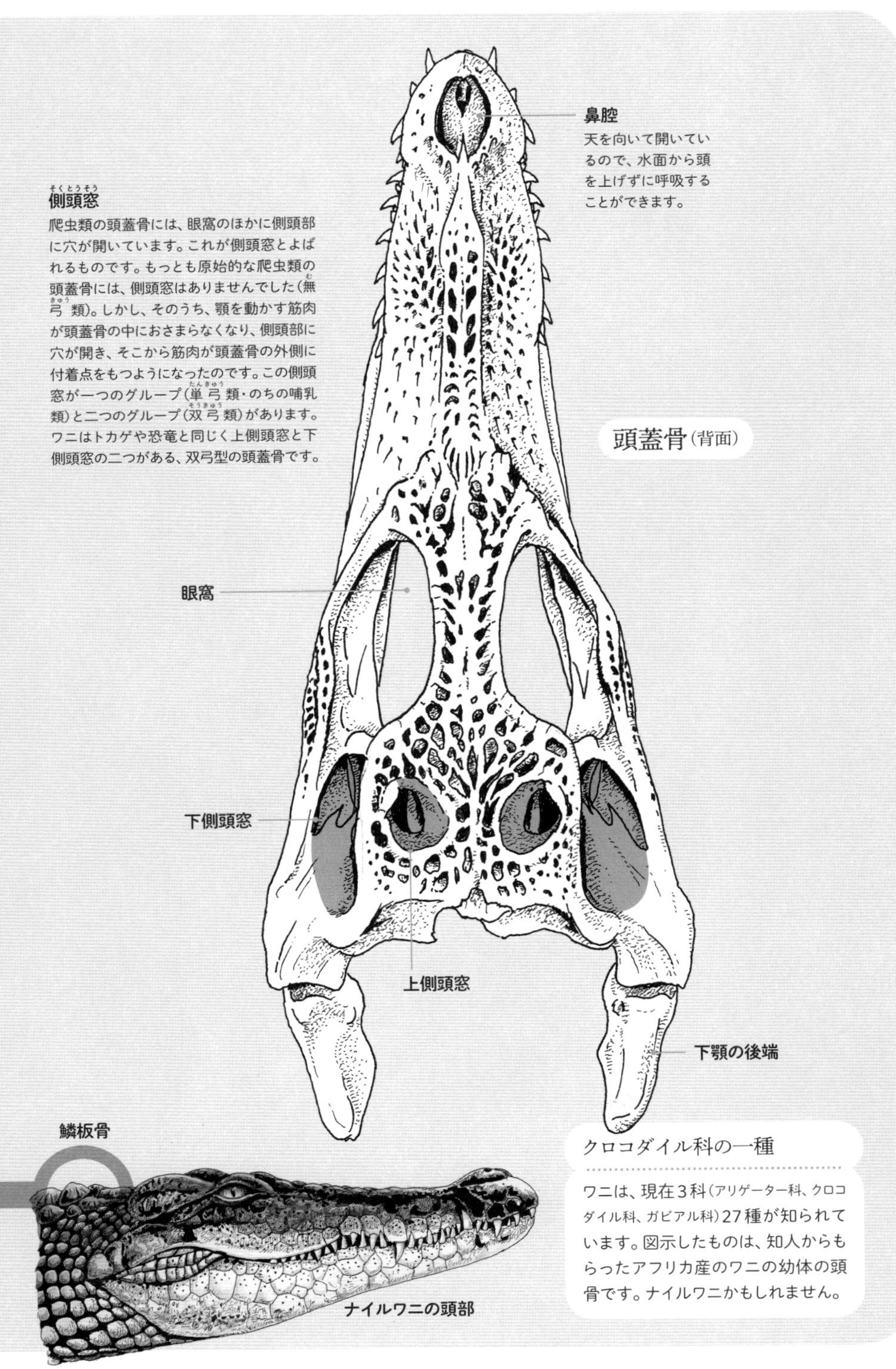
鼻腔
天を向いて開いているので、水面から頭を上げずに呼吸することができます。
頭蓋骨（背面）
眼窩
下側頭窓
上側頭窓
下顎の後端
鱗板骨
ナイルワニの頭部

側頭窓

爬虫類の頭蓋骨には、眼窩のほかに側頭部に穴が開いています。これが側頭窓とよばれるものです。もっとも原始的な爬虫類の頭蓋骨には、側頭窓はありませんでした（無弓類）。しかし、そのうち、顎を動かす筋肉が頭蓋骨の中におさまらなくなり、側頭部に穴が開き、そこから筋肉が頭蓋骨の外側に付着点をもつようになったのです。この側頭窓が一つのグループ（単弓類・のちの哺乳類）と二つのグループ（双弓類）があります。ワニはトカゲや恐竜と同じく上側頭窓と下側頭窓の二つがある、双弓型の頭蓋骨です。

クロコダイル科の一種

ワニは、現在3科（アリゲーター科、クロコダイル科、ガビアル科）27種が知られています。図示したものは、知人からもらったアフリカ産のワニの幼体の頭骨です。ナイルワニかもしれません。

骨取りの失敗と苦悩

僕が骨取りを始めたのは1980年代の半ばのころだ。SNSはもちろん存在していなかったし、骨取りについて書かれた本もほとんど眼に入らなかった。つまり、試行錯誤であれこれやってみるしか方法がなかった。最初に骨を取ったのは、学校の食堂にたのんで肉屋から取りよせてもらったブタの頭だ。これを、ひたすら煮て骨にした。ちょっと眼をはなしたすきに、「何を煮ているのかな？」と思った生徒が鍋のふたを開けて中身を確かめたらしく、悲鳴があがって廊下を走る音が聞こえた。

鍋で煮るということで言えば、失敗談がある。あるとき、学校周辺でタヌキの変死事件が起こった。何匹かまとまったタヌキの死体を入手できたので、とにかく頭を切りおとして鍋で煮ることにした。骨取りの基本は煮て、骨から肉を分離しやすくすることである。これには時間がかかる。ふと気がつくと、周囲に異臭がただよっている。鍋を火にかけたままほかの仕事に没頭している間に水はすっかり蒸発し、空焚きされたタヌキの頭は真っ黒に焦げていた。かくして理科室から放たれた異臭は、学校中にただようこととなった。

基本的な骨取りは、それほど高度な技術を必要としない。ただし、時間と忍耐は必要である。埼玉の教員時代は、出勤途中などで交通事故死したタヌキを見つけたりすると、せっせと学校に持って行ったのだけれど、その後、解剖・骨取りの時間がとれるとは限らない。時間のないときは、しばらく冷凍しておくことになる。ところが、いったん冷凍庫に入れてしまうと取りだして作業をするのがめんどうくさくなってしまう。一般家庭用の冷蔵庫の冷凍庫は、タヌキはせいぜい2頭を入れたら満杯だ。そこで、冷凍庫に入りきらなかったタヌキを地面にうめて処理することもあった。博物館のような専門施設でも、クジラのような大型動物を骨格標本にする際は地面にうめる。しかし、タヌキやもっと小さな動物は、地面にうめるのはおすすめできない。なぜなら、骨が土で着色されてしまうからだ。また、小さな骨は分解されてしまったり、どこにいったか行方不明になってしまったりすることもある。校庭にうめたタヌキの場合、うっかりほり出すのを忘れていたら、うめた場所に校舎が建ってしまった。人柱ならぬタヌキ柱だ。

ともあれ、骨取りの基本は鍋で煮る。死体の鮮度がよければ、においもそんなにしない。ただし、これが腐敗したようなものであれば、においもきついし、メンタル的にもきつい。一度、北海道に修学旅行に行った生徒が、旅行先でアザラシの漂着した死体を見つけて、学校に送りつけてきたことがある。なかなか「えらい」行いなのだが、クール便でなく、普通便であったのが災いした（品名には魚介類と書かれていた）。中を開けると、パンパンにふくらんだアザラシが姿を現したのである。しかし、放棄するのはあまりにもったいない。やむなく、においを拡散させるために理科室の外で解剖し、骨を取った。状態の悪い死体の場合、そこから得られる骨がどれだけレアかで、向き合うモチベーションの度合いがちがってくるというわけだ。

沖縄に引っ越してしばらくして、北海道の知人からミイラ化したネズミイルカの死体が送られてきた。我が家はマンションの一室で庭さえない。どうするか。骨取り仲間に相談したら、衣装ケースの中に水を張り、その中に投入してふたをしたあと放置したらいいとアドバイスを受けた。コツは「絶対ふたを開けぬこと」。なんだか、昔話のようなノリだが、無酸素状態で発酵させることで、あまり異臭を発生させずに肉を分解させ、白骨化できるということだった。半信半疑であったが、数ヶ月後、たしかにドブ色の水の中に、白骨化したイルカの骨がしずんでいた（ドブ水はトイレで流した）。

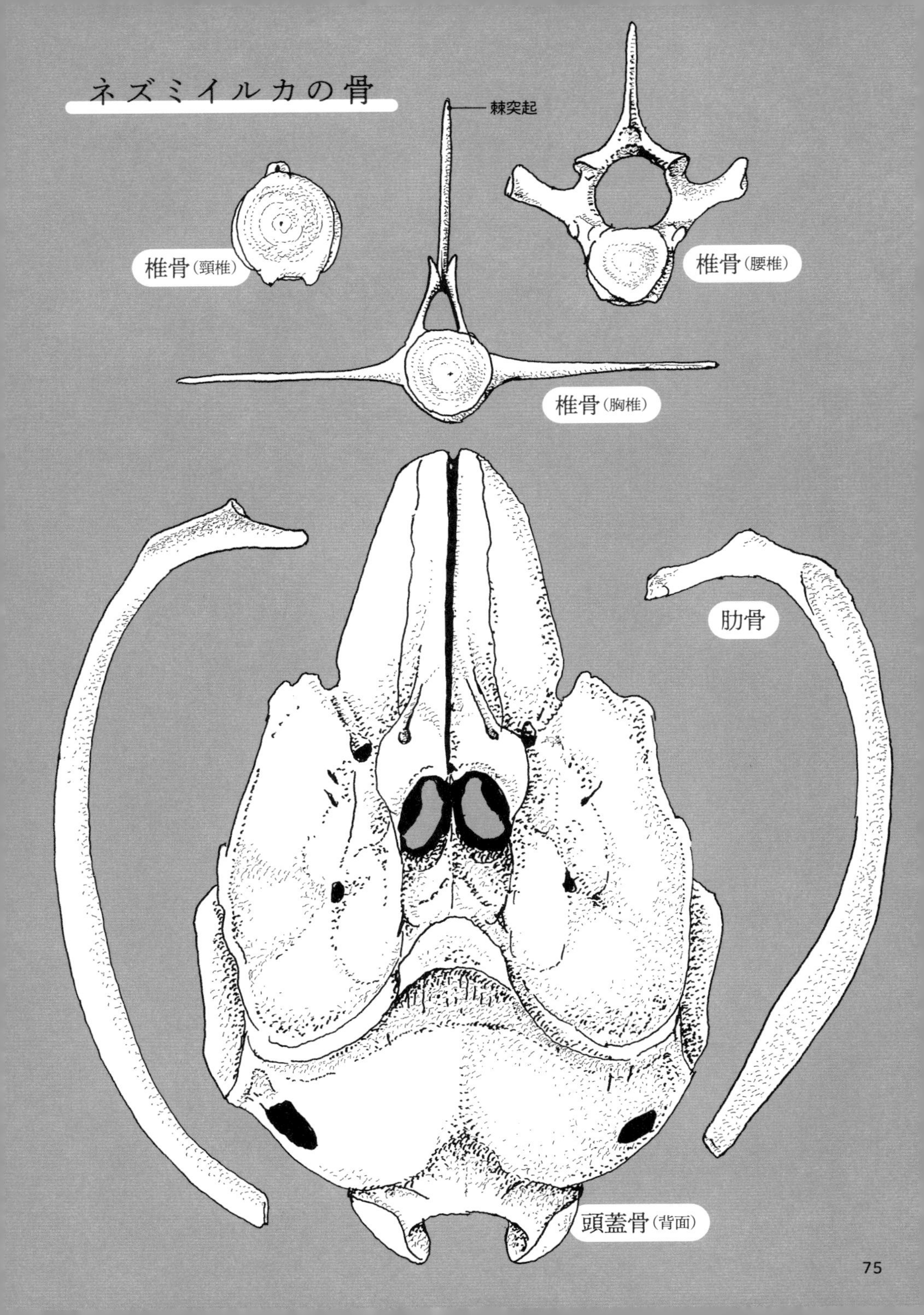
ネズミイルカの骨
棘突起
椎骨（頸椎）
椎骨（腰椎）
椎骨（胸椎）
肋骨
頭蓋骨（背面）

第3章 鳥類

身近にいる空飛ぶ恐竜

鳥類は長い間、「鳥類」という独自のグループとして認識されてきましたが、その後、いろいろな研究が進むにつれ、鳥類は恐竜の直系の子孫、つまり恐竜の生き残りであることがわかってきました。鳥類の祖先である恐竜の中の獣脚類(じゅうきゃくるい)には、空を飛ぶことはなくても、体が羽毛でおおわれていたものが数多くいたことが知られています。鳥類が獣脚類から分かれたのは、中生代ジュラ紀の後期と考えられています。その後、さらに飛行という特質に適合するよう、体の特殊化が進んでいきました。

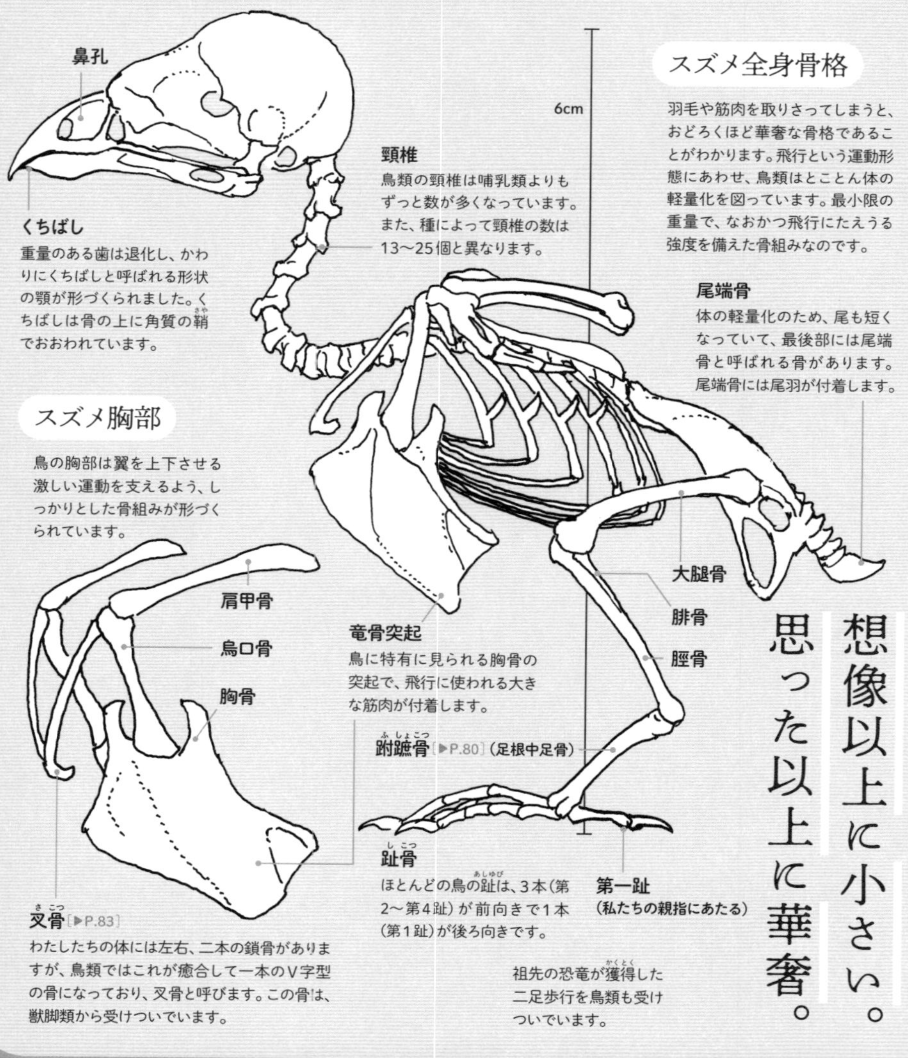

鼻孔
くちばし
重量のある歯は退化し、かわりにくちばしと呼ばれる形状の顎が形づくられました。くちばしは骨の上に角質の鞘(さや)でおおわれています。
頸椎
鳥類の頸椎は哺乳類よりもずっと数が多くなっています。また、種によって頸椎の数は13〜25個と異なります。
6cm
スズメ全身骨格
羽毛や筋肉を取りさってしまうと、おどろくほど華奢な骨格であることがわかります。飛行という運動形態にあわせ、鳥類はとことん体の軽量化を図っています。最小限の重量で、なおかつ飛行にたえうる強度を備えた骨組みなのです。
尾端骨
体の軽量化のため、尾も短くなっていて、最後部には尾端骨と呼ばれる骨があります。尾端骨には尾羽が付着します。
スズメ胸部
鳥の胸部は翼を上下させる激しい運動を支えるよう、しっかりとした骨組みが形づくられています。
肩甲骨
烏口骨
胸骨
竜骨突起
鳥に特有に見られる胸骨の突起で、飛行に使われる大きな筋肉が付着します。
大腿骨
腓骨
脛骨
跗蹠骨(ふしょこつ)［▶P.80］（足根中足骨）
趾骨(しこつ)
ほとんどの鳥の趾(あしゆび)は、3本（第2〜第4趾）が前向きで1本（第1趾）が後ろ向きです。
第一趾
（私たちの親指にあたる）
叉骨(さこつ)［▶P.83］
わたしたちの体には左右、二本の鎖骨がありますが、鳥類ではこれが癒合して一本のV字型の骨になっており、叉骨と呼びます。この骨は、獣脚類から受けついでいます。
祖先の恐竜が獲得(かくとく)した二足歩行を鳥類も受けついでいます。
想像以上に小さい。
思った以上に華奢。

スズメ

Passer montanus

掌（てのひら）サイズの小鳥で、体重は20gほど。身近な鳥の代表の一つで、日本中に分布しています。街中で見られる鳥類をあつかった本にもスズメは登場します。ただし、著者の居住している那覇市では、めったに姿を見ることがありません。近年、全国的に減少しているという報告もあります。

Column

鳥の骨は空洞

鳥は、肺のほかに気嚢（きのう）と呼ばれる呼吸器官が備わっています。口から吸った空気は、肺と気嚢を一方通行で通過、はき出されるため、私たちより効率の良い呼吸ができます。また、気嚢の一部は骨の中にも入りこんでいるので、上腕骨などは中空になっています。この気嚢も、どうやら恐竜から受けついだもののようです。この骨が中空になる仕組みは、鳥が空を飛ぶためにも、体の軽量化などで大きく役立ちました。また、中空の骨の強度を高めるため、骨の内部には筋交（すじかい）と呼ばれる支柱のような構造が見られます。

セグロカモメの上腕断面

スズメ翼

鳥類の翼は私たちの腕にあたります。翼の骨には、3本の指があります。第4指と第5指が退化しているのは、恐竜から受けついだ特徴です。

第1指

第2指

第3指

手根中手骨（しゅこんちゅうしゅこつ）

尺骨

前腕には、私たちと同じように橈骨と尺骨という2本の骨があります。このうち尺骨には風切羽が生えています。

橈骨

上腕骨

鶏肉（とりにく）では手羽元と呼ばれる部分にあたります。滑空することが多い鳥は上腕骨が長くなります。

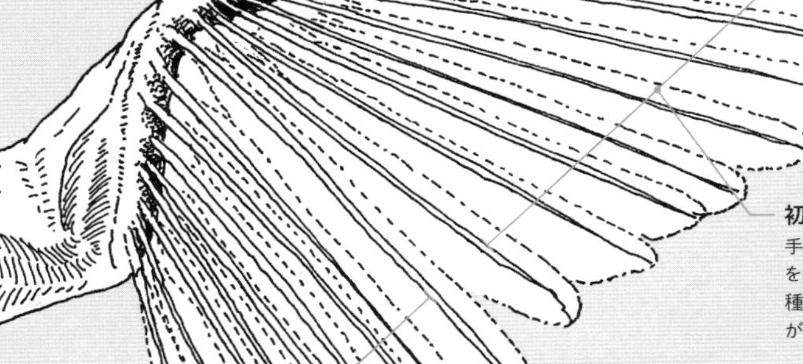

初列風切

手根骨と指骨につき、推進力を生む働きがあります。鳥の種類によって9〜12枚のちがいがあります。

次列風切

尺骨につき、揚力を生む働きがあります。ハチドリは6枚しかありませんが、アホウドリの仲間［▶P.96］は40枚もの羽があります。

夜のハンターの骨

フクロウ

ワシやタカ、ハヤブサ、フクロウなどのするどい爪とくちばしをもつ捕食性の鳥をまとめて猛禽類と呼びます。ワシやタカの仲間はタカ目というグループにまとめられていますが、タカに似たハヤブサはハヤブサ目という独自のグループに分類され、タカやよりはスズメやオウムに近縁であることが、遺伝子の解析からわかっています。ハヤブサとタカの類似は、生態が似ていることから引き起こされた収れんであったわけです。一方、フクロウはタカ目とは見た目が異なり、分類学的にもタカとは別のフクロウ目に分類されていますが、遺伝子の解析では比較的近縁な関係にあることがわかっています。フクロウがタカと異なった姿をしているのは、夜のハンターという生態に特化したためです。

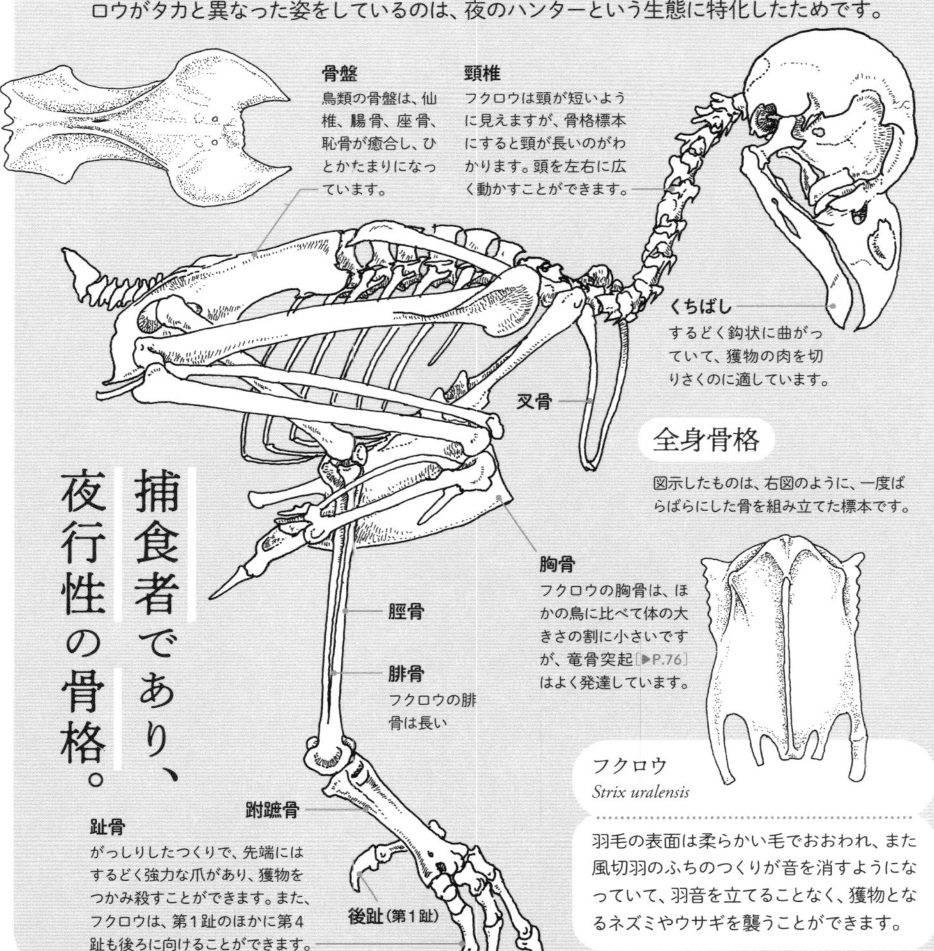
骨盤
鳥類の骨盤は、仙椎、腸骨、座骨、恥骨が癒合し、ひとかたまりになっています。
頸椎
フクロウは頸が短いように見えますが、骨格標本にすると頸が長いのがわかります。頭を左右に広く動かすことができます。
くちばし
するどく鉤状に曲がっていて、獲物の肉を切りさくのに適しています。
叉骨
胸骨
フクロウの胸骨は、ほかの鳥に比べて体の大きさの割に小さいですが、竜骨突起[▶P.76]はよく発達しています。
脛骨
腓骨
フクロウの腓骨は長い
跗蹠骨
趾骨
がっしりしたつくりで、先端にはするどく強力な爪があり、獲物をつかみ殺すことができます。また、フクロウは、第1趾のほかに第4趾も後ろに向けることができます。
後趾(第1趾)

全身骨格

図示したものは、右図のように、一度ばらばらにした骨を組み立てた標本です。

捕食者であり、夜行性の骨格。

フクロウ
Strix uralensis

羽毛の表面は柔らかい毛でおおわれ、また風切羽のふちのつくりが音を消すようになっていて、羽音を立てることなく、獲物となるネズミやウサギを襲うことができます。

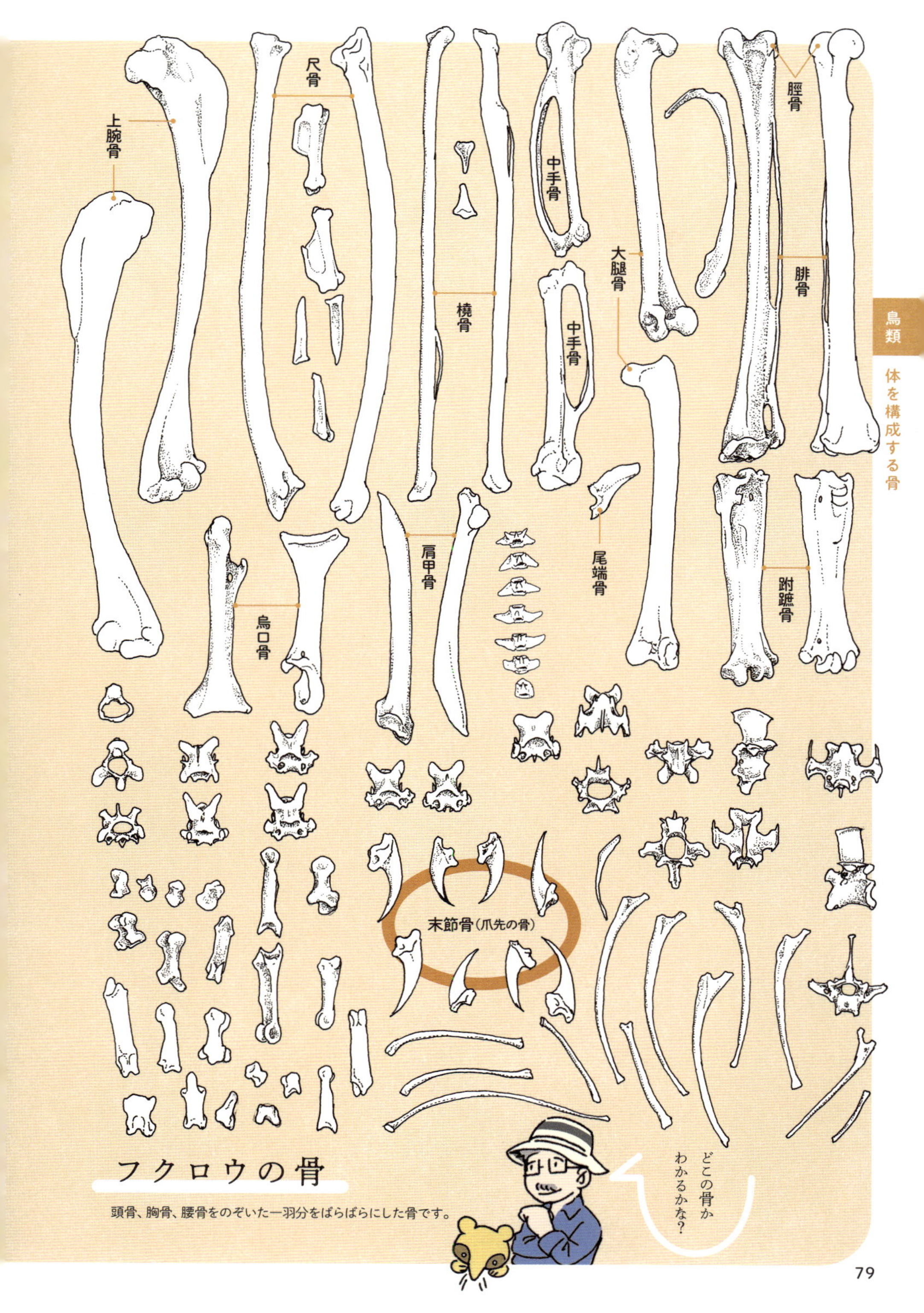
上腕骨
尺骨
橈骨
中手骨
中手骨
大腿骨
脛骨
腓骨
烏口骨
肩甲骨
尾端骨
跗蹠骨
末節骨（爪先の骨）
どこの骨かわかるかな？

フクロウの骨

頭骨、胸骨、腰骨をのぞいた一羽分をばらばらにした骨です。

昆虫ハンター

アオバズク

猛禽類と呼ばれる鳥でも、獲物はいろいろです。初夏に夏鳥として渡ってくるアオバズクの主な餌は昆虫類です。アオバズクの骨格は、小型哺乳類を獲物とするフクロウのそれと比べ、ほっそりして見えます。特に獲物をおさえつける足首の骨は、フクロウでは獲物をしめ殺すためにがっしりしたものですが、アオバズクではずっとスマートです。

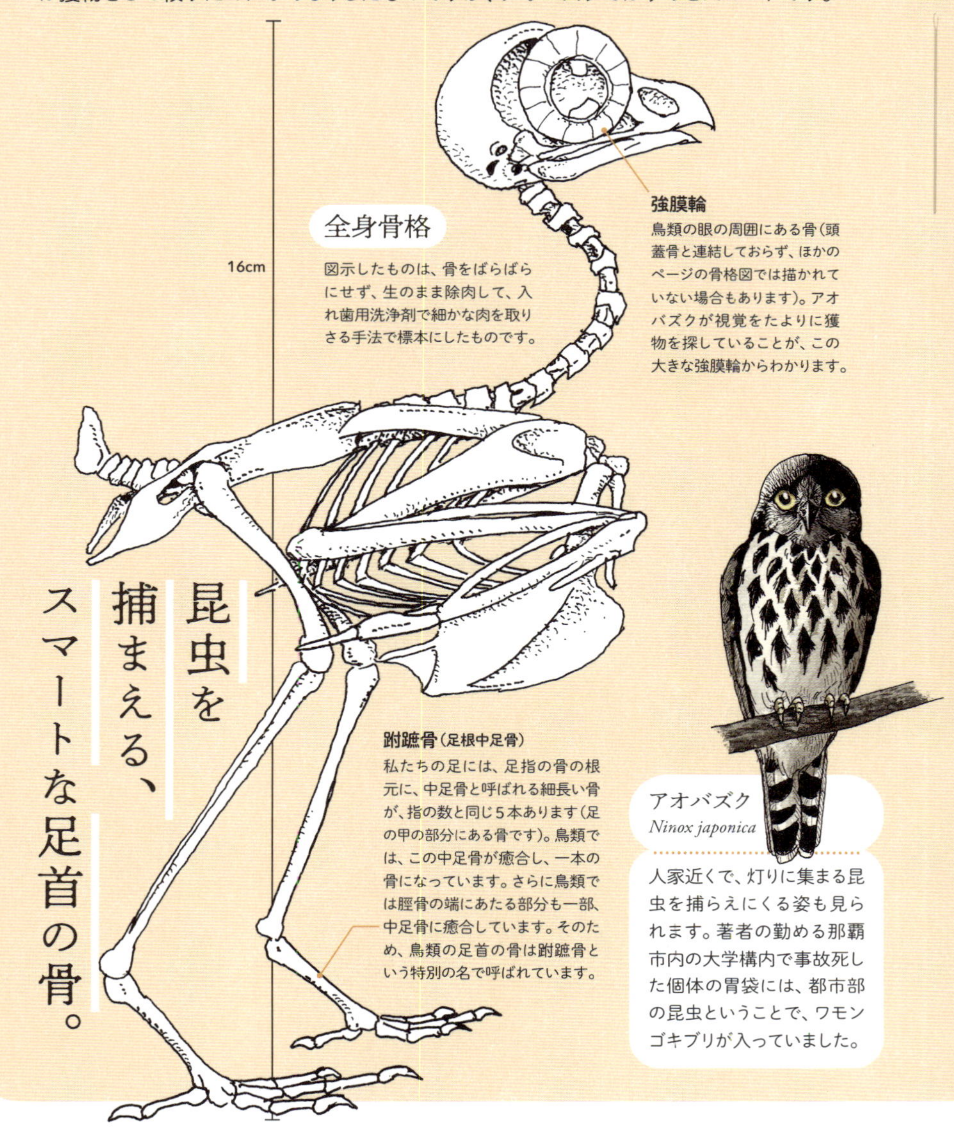
16cm

昆虫を捕まえる、スマートな足首の骨。

全身骨格

図示したものは、骨をばらばらにせず、生のまま除肉して、入れ歯用洗浄剤で細かな肉を取りさる手法で標本にしたものです。

強膜輪

鳥類の眼の周囲にある骨（頭蓋骨と連結しておらず、ほかのページの骨格図では描かれていない場合もあります）。アオバズクが視覚をたよりに獲物を探していることが、この大きな強膜輪からわかります。

跗蹠骨（足根中足骨）

私たちの足には、足指の骨の根元に、中足骨と呼ばれる細長い骨が、指の数と同じ５本あります（足の甲の部分にある骨です）。鳥類では、この中足骨が癒合し、一本の骨になっています。さらに鳥類では脛骨の端にあたる部分も一部、中足骨に癒合しています。そのため、鳥類の足首の骨は跗蹠骨という特別の名で呼ばれています。

アオバズク
Ninox japonica

人家近くで、灯りに集まる昆虫を捕らえにくる姿も見られます。著者の勤める那覇市内の大学構内で事故死した個体の胃袋には、都市部の昆虫ということで、ワモンゴキブリが入っていました。

跗蹠骨いろいろ

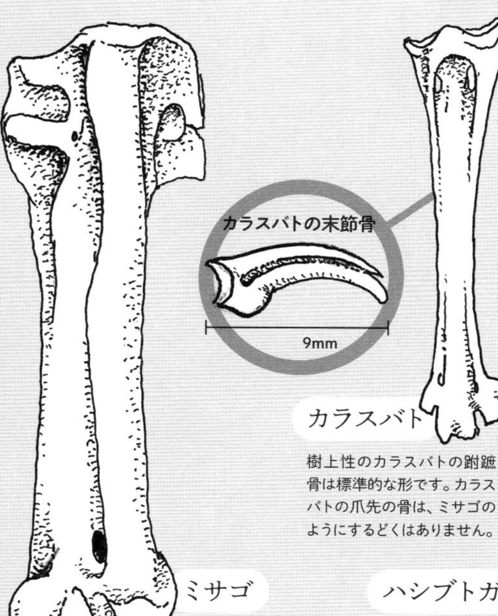
カラスバトの末節骨
9mm

カラスバト

樹上性のカラスバトの跗蹠骨は標準的な形です。カラスバトの爪先の骨は、ミサゴのようにするどくはありません。

ミサゴ

水中の魚をわしづかみにするミサゴの跗蹠骨はがっしりしています。ミサゴは爪先の骨もとてもするどくなっています。

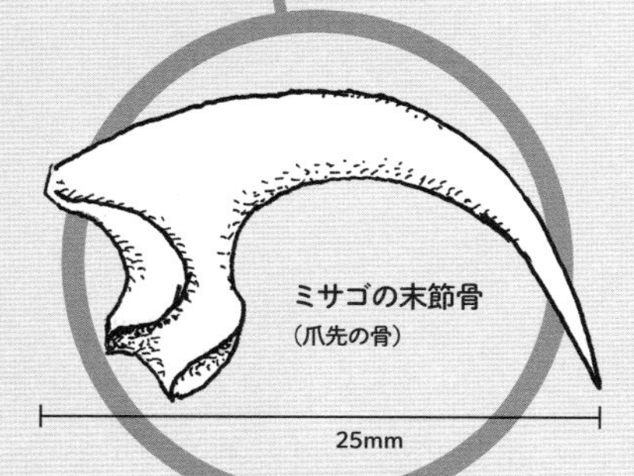
ミサゴの末節骨
（爪先の骨）
25mm

ハシブトガラス

樹上にも止まり、また地上をホッピングすることも多いハシブトガラスの跗蹠骨は発達しています。

ホロホロチョウ

地上性で、歩きまわってくらすホロホロチョウの跗蹠骨は、よく発達しています。

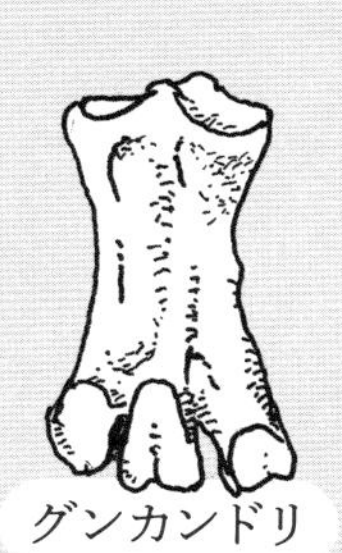

グンカンドリ

地上を歩くことがないグンカンドリの跗蹠骨は、発達していません。

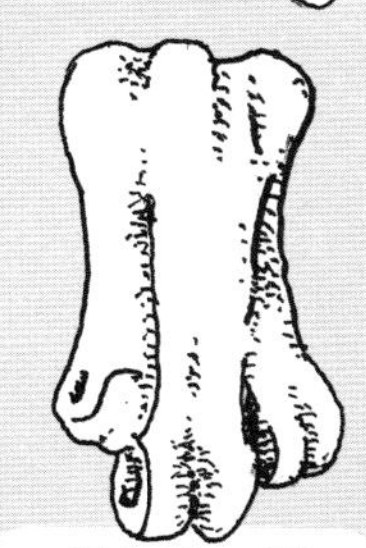

コガタペンギン

ペンギンはよく歩きますが、ほかの地上性の鳥と異なって、跗蹠骨は短いものとなっています。

ニワトリの跗蹠骨には、け爪の突起があるよ。

鳥固有の骨、叉骨

オカメインコ

鳥類の胸部には、特有の骨があります。それが叉骨です。わたしたちには2本の鎖骨があり、この骨が胴体と肩甲骨をつないでいます。鳥類では、この左右の鎖骨が一本に癒合し、「叉骨」というV字型をした独特の骨となっています。鳥類の先祖にあたるティラノサウルスなどの獣脚類にも叉骨があり、この骨は恐竜から受けついだ骨といえます。鳥類では翼で羽ばたくときのバネのような役割をしていると考えられ、鳥の種類によって、V字の開き具合や、骨の厚みなどにちがいがあります。

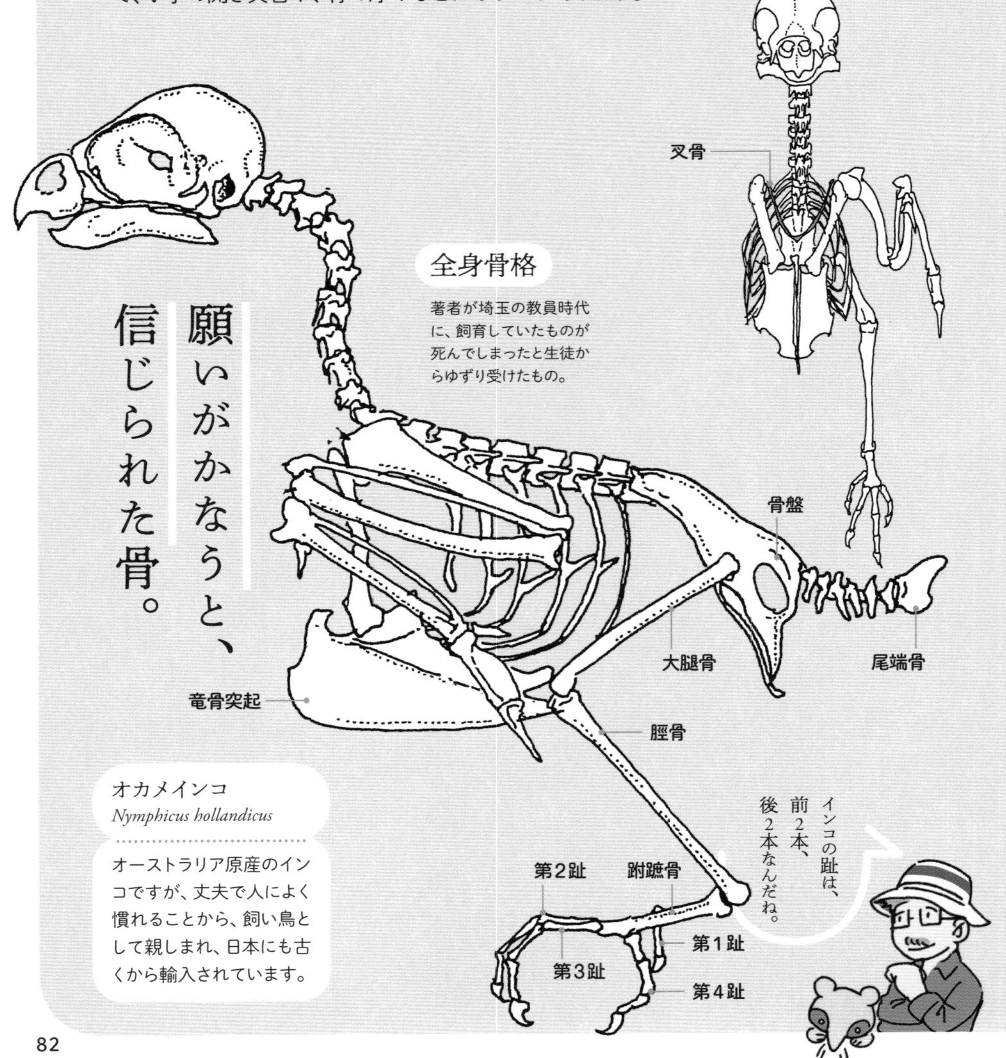
叉骨
骨盤
大腿骨
尾端骨
竜骨突起
脛骨
第2趾
跗蹠骨
第1趾
第3趾
第4趾
インコの趾は、前2本、後2本なんだね。

願いがかなうと、信じられた骨。

全身骨格

著者が埼玉の教員時代に、飼育していたものが死んでしまったと生徒からゆずり受けたもの。

オカメインコ
Nymphicus hollandicus

オーストラリア原産のインコですが、丈夫で人によく慣れることから、飼い鳥として親しまれ、日本にも古くから輸入されています。

叉骨いろいろ

西洋では、古く、ガチョウの叉骨が占いに使われていました。また、食卓に上がった家禽の叉骨を二人で引っぱりあい、手に残った骨がより長い方の願いがかなうという言い伝えもありました。そのため、叉骨のことを英語ではウイッシュ・ボーンとも呼びます。

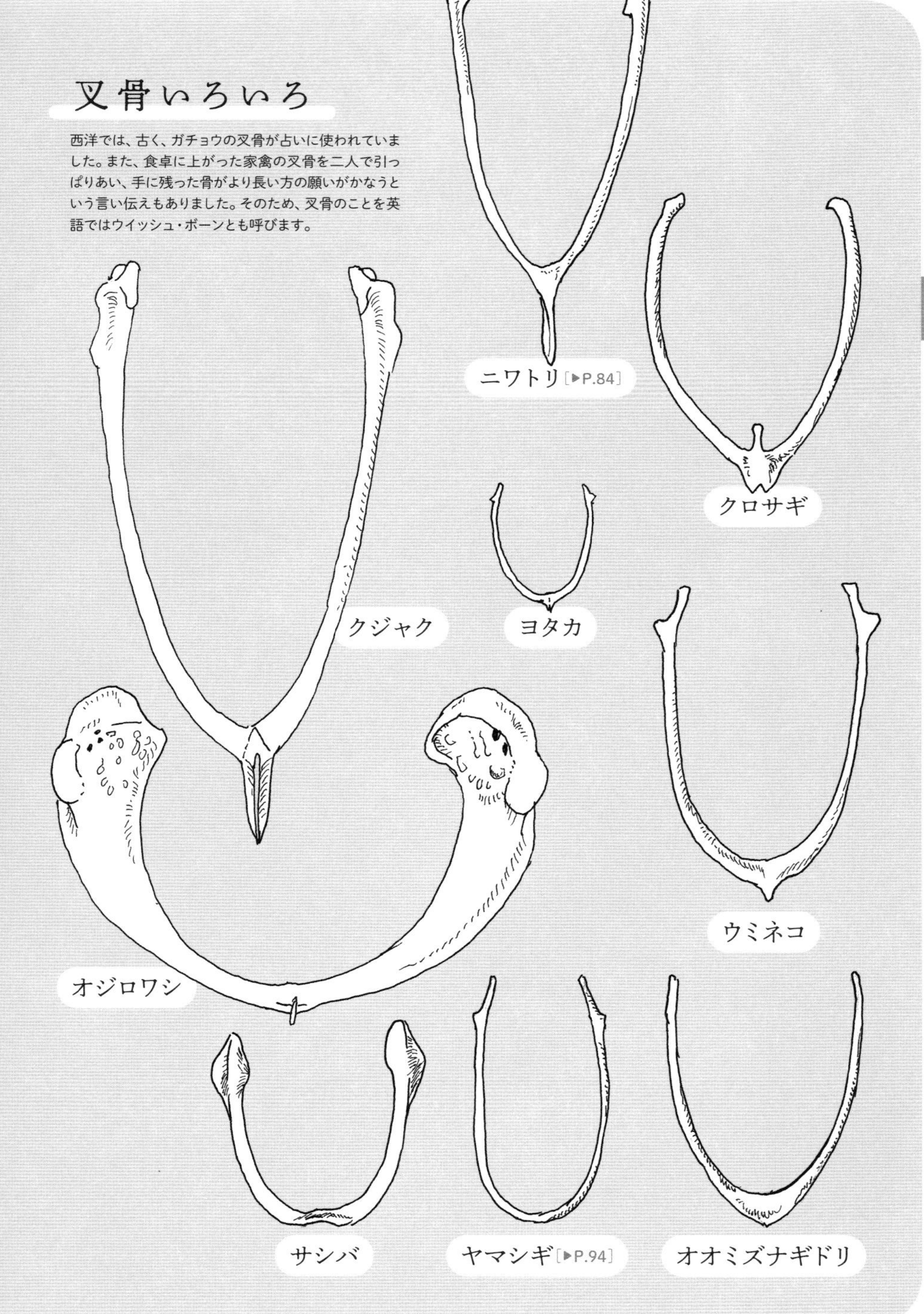
ニワトリ［▶P.84］
クロサギ
クジャク
ヨタカ
ウミネコ
オジロワシ
サシバ
ヤマシギ［▶P.94］
オオミズナギドリ

ニワトリ

私たちの耳は、空中を伝わってきた振動が鼓膜をふるわせ、その鼓膜の振動を中耳にある、ツチ骨、キヌタ骨、アブミ骨という3つの小さな骨（耳小骨）が内耳に伝え、そこから神経細胞が脳へと信号を伝えるという仕組みになっています。鳥類にも基本的に同じ仕組みが見られますが、鳥類の内耳にあるのはわたしたちのアブミ骨にあたる、耳小柱という骨だけです。両生類、爬虫類、鳥類はみな、耳の中にあるのは耳小柱だけで、哺乳類だけが3つの耳小骨［▶P.108］をもっています。じつは哺乳類では、顎の骨の一部が咀嚼の機能からはずれ、聴覚の働きをする骨へと変身したのです。

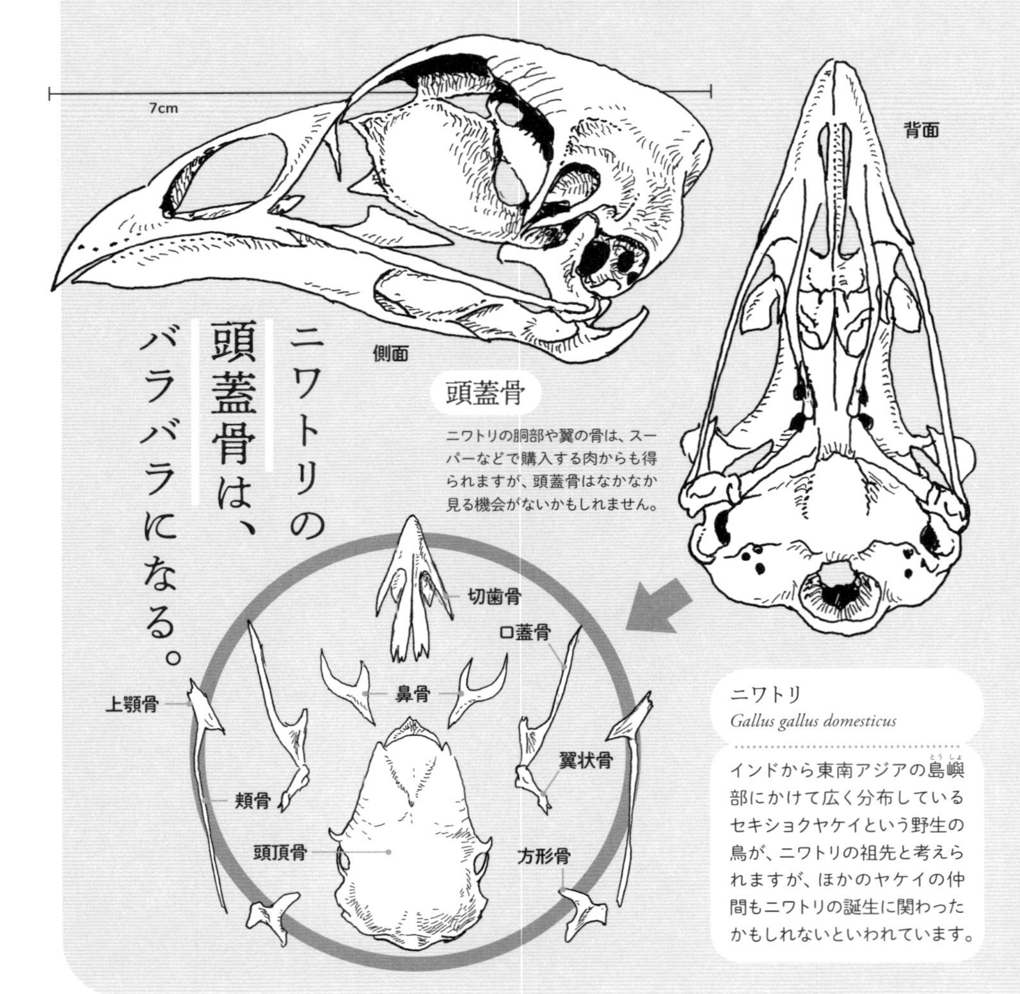
7cm
側面
背面
ニワトリの頭蓋骨は、バラバラになる。
切歯骨
口蓋骨
鼻骨
上顎骨
翼状骨
頬骨
頭頂骨
方形骨

頭蓋骨

ニワトリの胴部や翼の骨は、スーパーなどで購入する肉からも得られますが、頭蓋骨はなかなか見る機会がないかもしれません。

ニワトリ
Gallus gallus domesticus

インドから東南アジアの島嶼部にかけて広く分布しているセキショクヤケイという野生の鳥が、ニワトリの祖先と考えられますが、ほかのヤケイの仲間もニワトリの誕生に関わったかもしれないといわれています。

耳小柱いろいろ

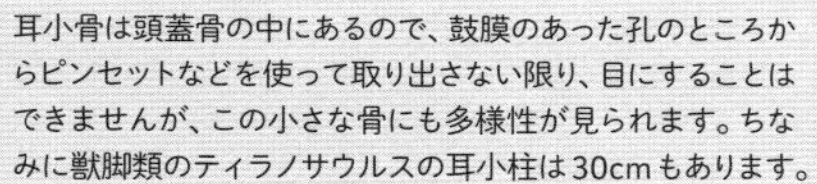

耳小骨は頭蓋骨の中にあるので、鼓膜のあった孔のところからピンセットなどを使って取り出さない限り、目にすることはできませんが、この小さな骨にも多様性が見られます。ちなみに獣脚類のティラノサウルスの耳小柱は30cmもあります。

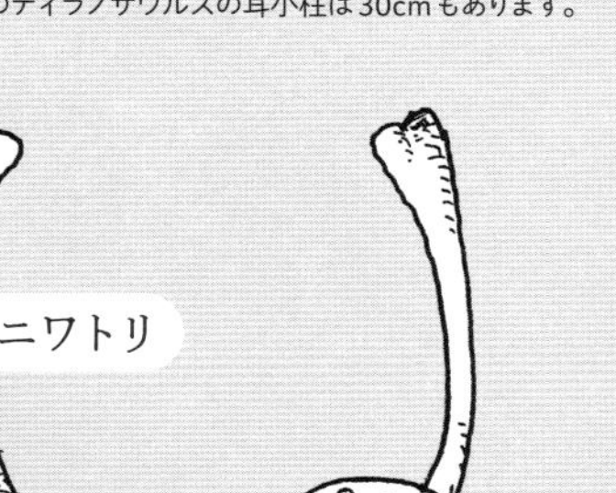
ニワトリ
アヒル

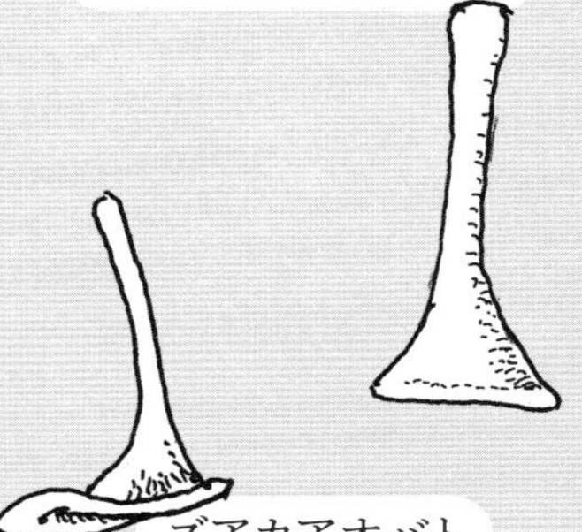
ハシボソミズナギドリ
ズアカアオバト

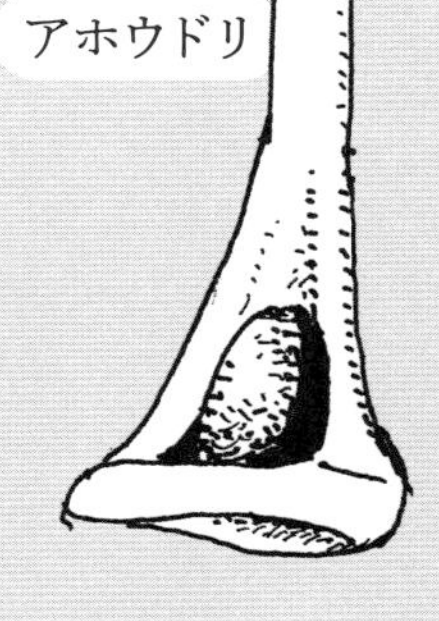
アホウドリ

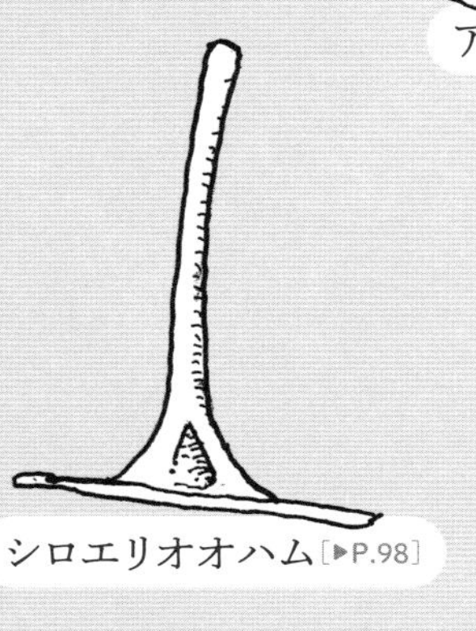
シロエリオオハム

［▶P.98］

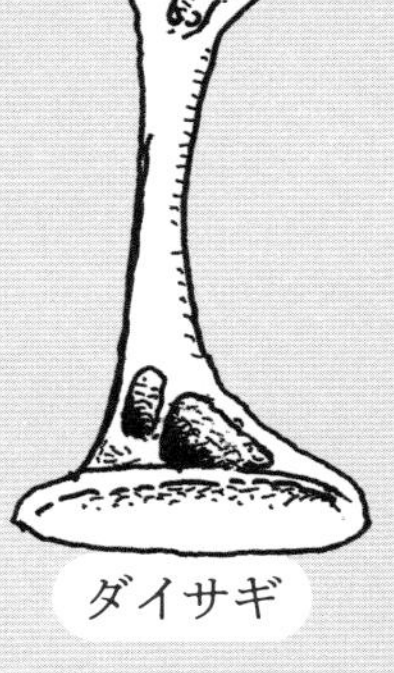
ダイサギ

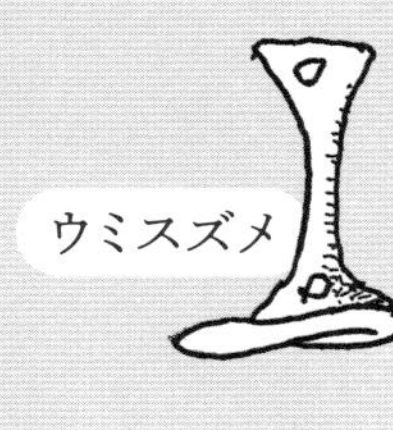
ウミスズメ

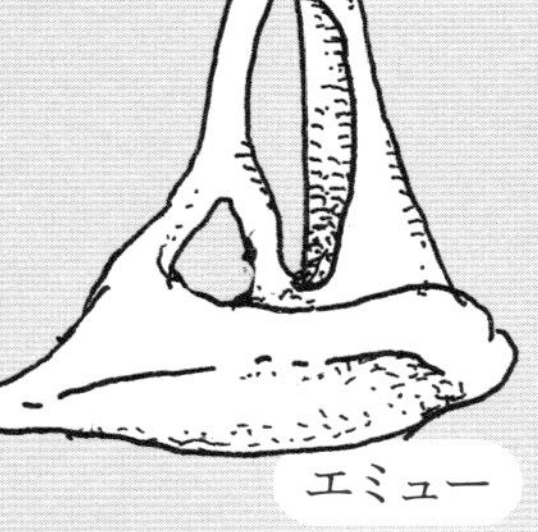
エミュー

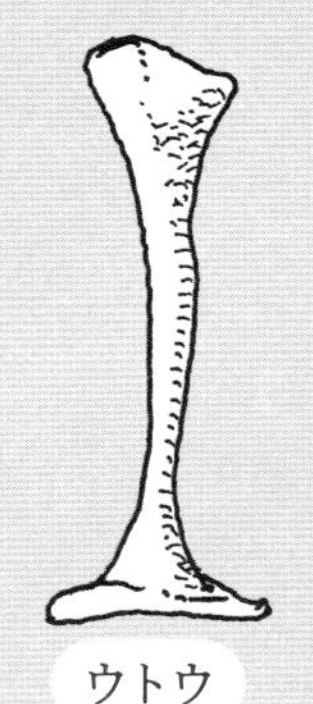
ウトウ

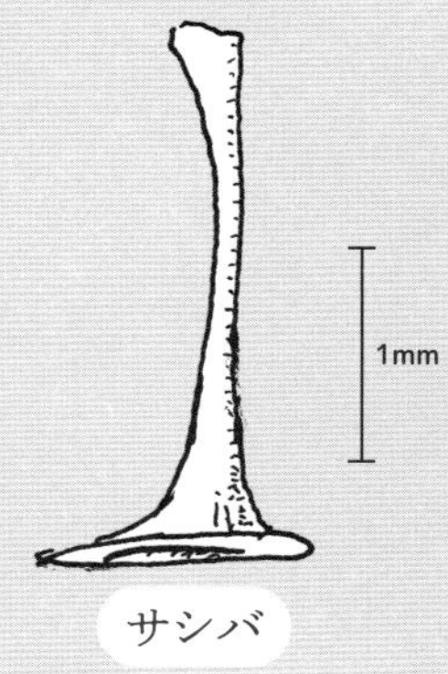
サシバ
1mm

耳小柱をこわさずに頭蓋骨から取り出すのは難しいよ。

「鵜呑み」にする骨

カワウ

人の話をまるっきり信じてしまうことを「鵜呑みにする」といいます。その言葉の元になったのは、ウが魚を丸のみにしてしまうこと。このウの性質を利用して魚を捕るのが鵜飼いです。日本にはカワウ、ウミウ、ヒメウ、チシマウガラスといったウの仲間が分布していますが、このうち鵜飼いに使われるのは、海岸の岩礁に営巣し、体の大きなウミウです。ただ、ウミウより姿を見る機会がよくあるのは、ここで紹介するカワウの方でしょう。

頭蓋骨

海岸で、ときにウの仲間の骨を拾うことがあります。白骨化し、ばらけた頭骨の場合、特徴的な後頭剣骨（矢印）ははずれていることがありますが、長いくちばしの先端が鉤状に曲がっているなど、頭骨の独特のフォルムから、ウの仲間であることはすぐにわかります。ただし、骨だけだと、ウミウとカワウの区別は難しいです。ウミウの方がサイズは大きいのですが、両者の重なるサイズがあるからです。

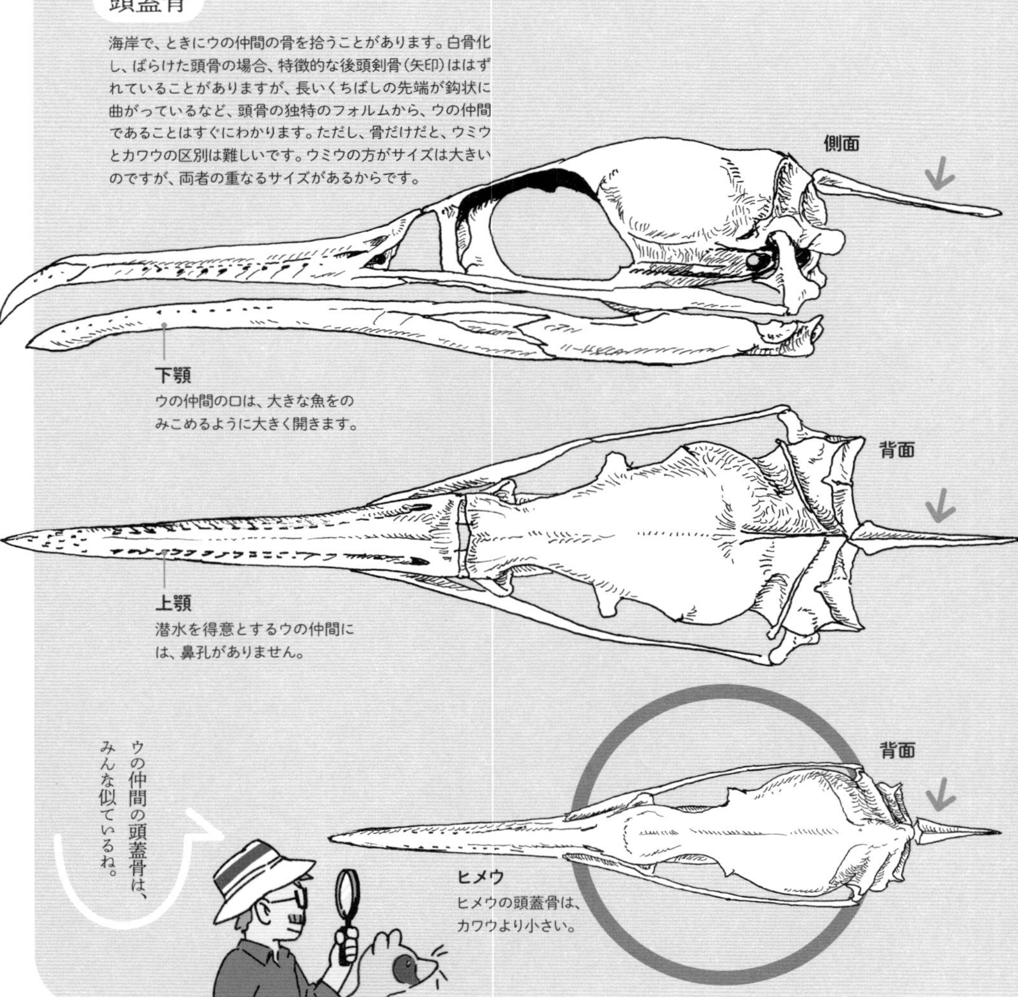

側面
下顎
ウの仲間の口は、大きな魚をのみこめるように大きく開きます。
背面
上顎
潜水を得意とするウの仲間には、鼻孔がありません。
背面
ヒメウ
ヒメウの頭蓋骨は、カワウより小さい。
ウの仲間の頭蓋骨は、みんな似ているね。

泳ぎはもっぱら足こぎ潜水(せんすい)。

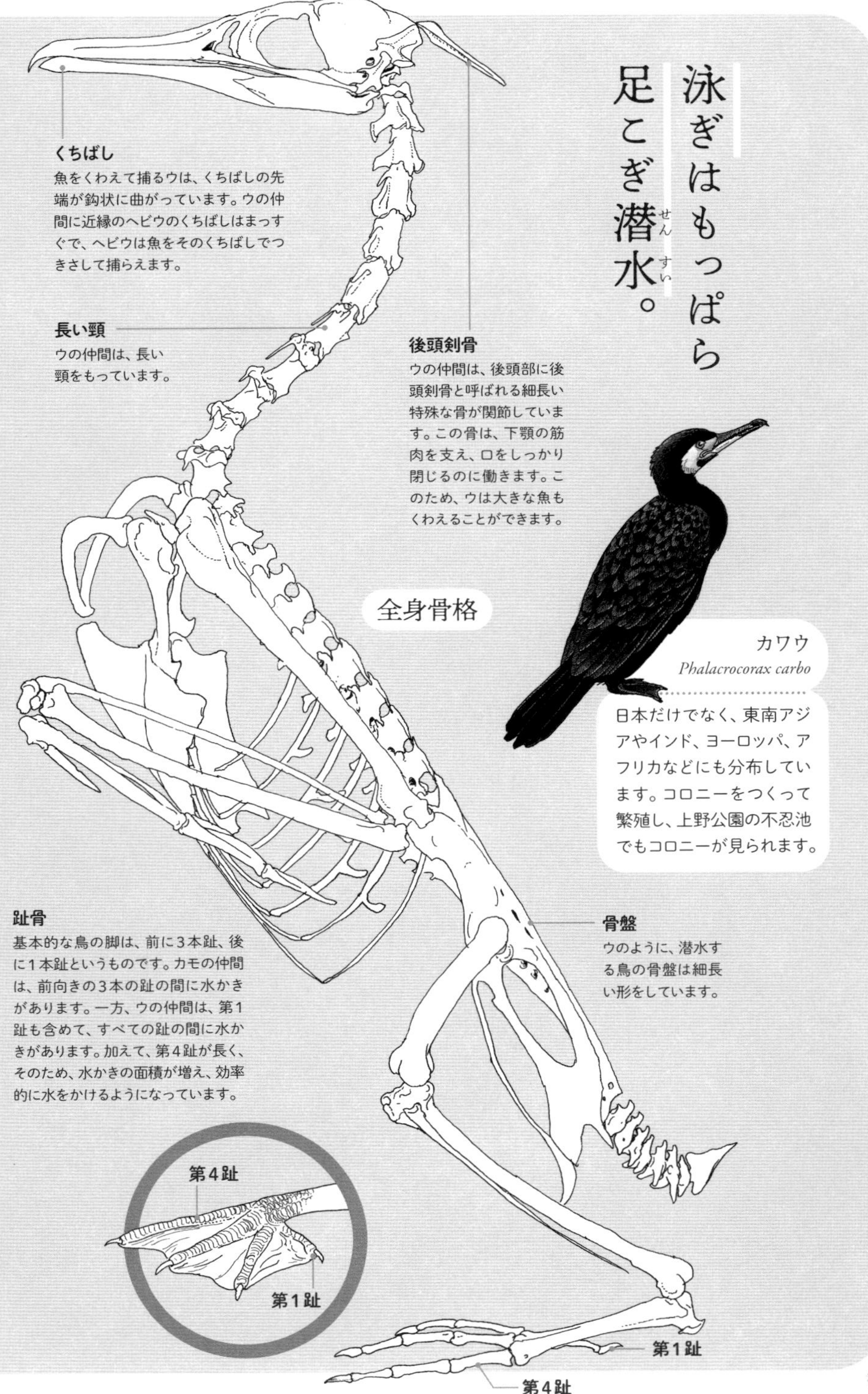
全身骨格
第4趾
第1趾
第1趾
第4趾

くちばし

魚をくわえて捕るウは、くちばしの先端が鉤状に曲がっています。ウの仲間に近縁のヘビウのくちばしはまっすぐで、ヘビウは魚をそのくちばしでつきさして捕らえます。

長い頸

ウの仲間は、長い頸をもっています。

後頭剣骨

ウの仲間は、後頭部に後頭剣骨と呼ばれる細長い特殊な骨が関節しています。この骨は、下顎の筋肉を支え、口をしっかり閉じるのに働きます。このため、ウは大きな魚もくわえることができます。

カワウ
Phalacrocorax carbo

日本だけでなく、東南アジアやインド、ヨーロッパ、アフリカなどにも分布しています。コロニーをつくって繁殖し、上野公園の不忍池でもコロニーが見られます。

趾骨

基本的な鳥の脚は、前に3本趾、後に1本趾というものです。カモの仲間は、前向きの3本の趾の間に水かきがあります。一方、ウの仲間は、第1趾も含めて、すべての趾の間に水かきがあります。加えて、第4趾が長く、そのため、水かきの面積が増え、効率的に水をかけるようになっています。

骨盤

ウのように、潜水する鳥の骨盤は細長い形をしています。

決死のダイブで魚を捕らえる

カツオドリ

カツオドリの仲間は、海上を飛びながら、餌の魚を探します。そして目当ての魚が見つかると、10m以上の高さから、翼をすぼめ、海中に飛びこみ、魚を捕らえます。ときには羽ばたくことで加速し、時速100km以上のスピードで飛びこむこともあります。カツオドリのおもな餌は、トビウオやサヨリ、アジ、サバなどですが、自分の体の半分近い大きさの魚ものみこむことができます。

シロカツオドリ
Morus bassanus

北大西洋に分布するカツオドリの仲間で、翼の先端が黒いほかは、全身が白く、全長100cmほどになります。

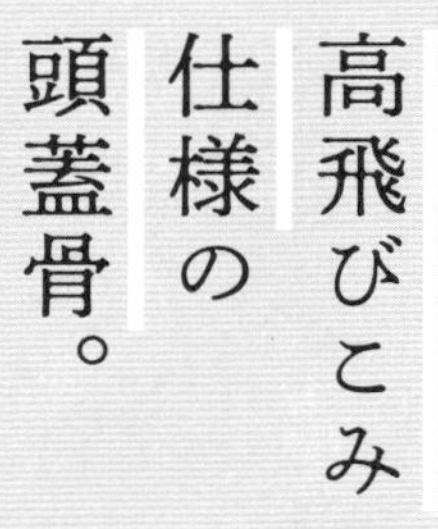
高飛びこみ
仕様の
頭蓋骨。

前後方向の浅い溝
カツオドリは両眼で立体的に物を見ることができるので、対象物までの距離を正確にはかることができます。くちばしにある浅い溝は獲物を正確にとらえるための照準線の役目を果たしているという説もあります。

シロカツオドリ
頭部

海中への飛びこみ採食への適応の結果、外鼻孔はありません。

ぎざぎざ
くちばしの両側のへりのぎざぎざで、暴れる魚も逃しません。

アイサ類
魚を主食としているカモ科のアイサの仲間のくちばしにも、ぎざぎざがあります。

カツオドリ 頭蓋骨

海に突入したときの抵抗を減らすよう、くちばしの先端から後頭部まで、段差のない直線的なラインとなっています。

図示したものは、沖縄島の海岸で拾ったカツオドリという種の頭骨です。くちばしの特徴からカツオドリであることがわかりました。シロカツオドリよりも小型で、全長は70cmほどです。

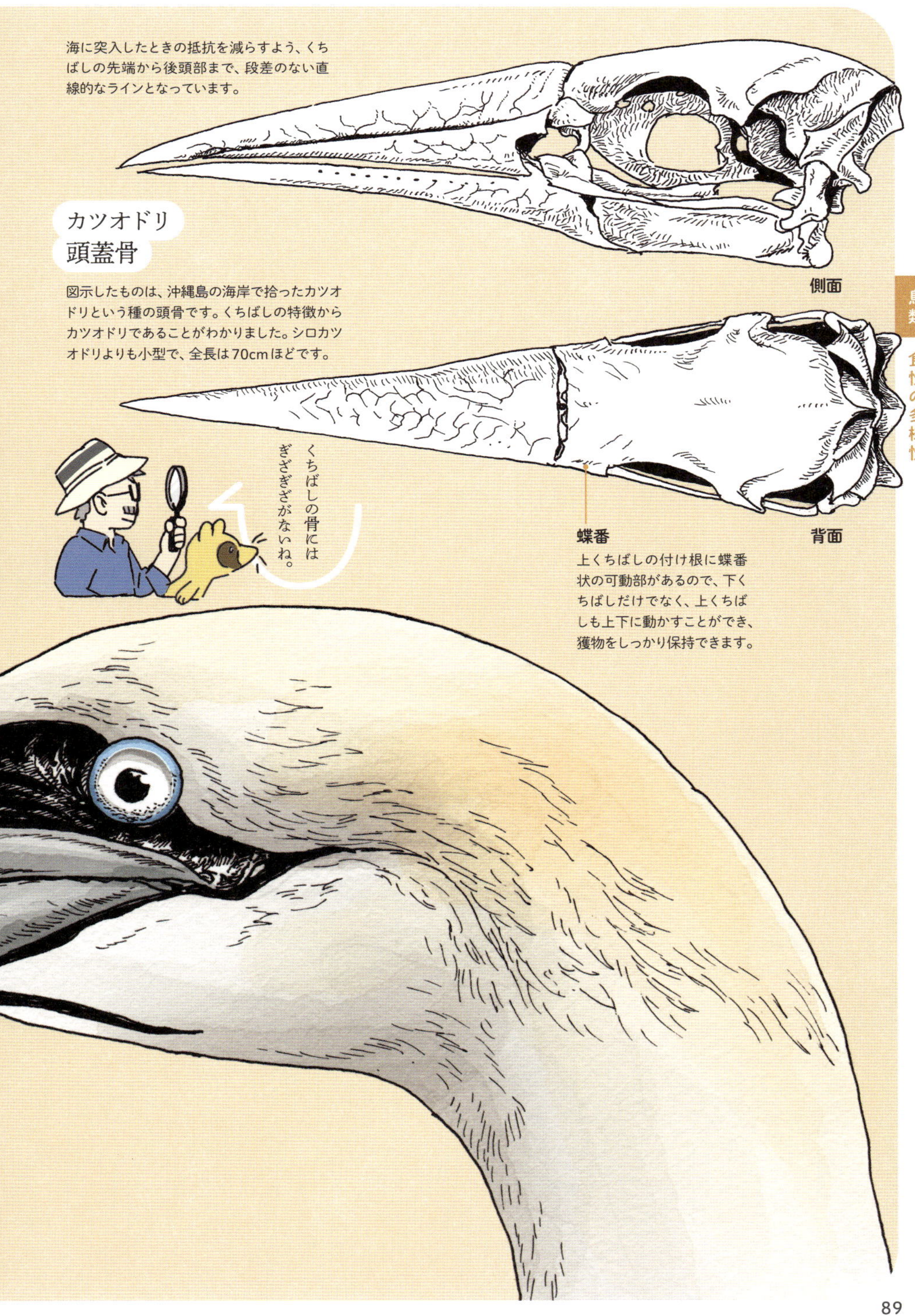
側面
背面
蝶番
くちばしの骨にはぎざぎざがないね。

上くちばしの付け根に蝶番状の可動部があるので、下くちばしだけでなく、上くちばしも上下に動かすことができ、獲物をしっかり保持できます。

こしとるくちばし

フラミンゴ

フラミンゴが見られるのは、塩分濃度が高く、水深の浅い湖という、特殊な環境です。このような湖には、そうした環境に適応した微少な藻類や甲殻類などが大量に生息しています。フラミンゴは、それらの小さな生きものを、特殊なくちばしでこしとって食べます。オオフラミンゴのおもな餌は甲殻類や昆虫の幼虫で、コフラミンゴのおもな餌は藻類です。このため、この2種は競合することなく、同じ生息地でくらすことができます。フラミンゴの体色は、この餌にふくまれるカロテノイドによっています。

頭蓋骨背面 下くちばしに対して、上くちばしは小さく、ふたのように見えます。

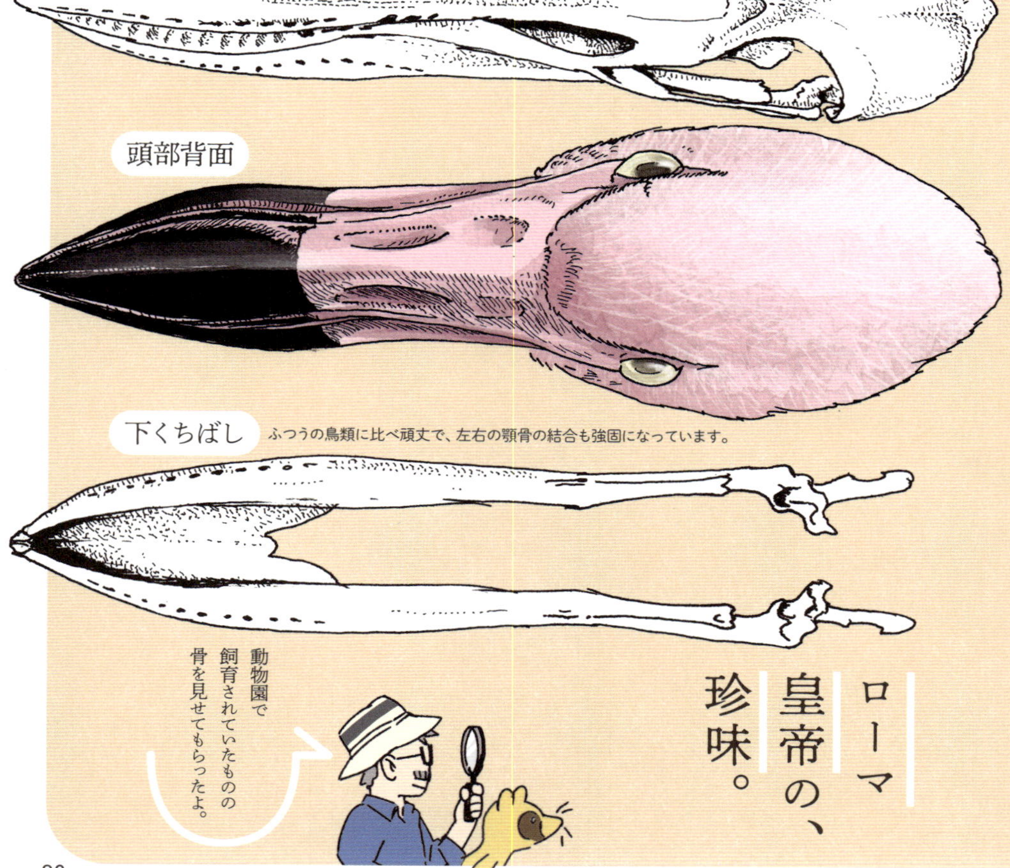

頭部背面
下くちばし
ふつうの鳥類に比べ頑丈で、左右の顎骨の結合も強固になっています。
動物園で飼育されていたものの骨を見せてもらったよ。
ローマ皇帝の、珍味。

フラミンゴ

Phoenicopterus sp.

長い首と脚をもつ大型の水鳥で、巨大な群れを作って生活します。世界に6種いますが、この仲間だけで独自のフラミンゴ目に分類されています。また、カイツブリの仲間に比較的近縁だと考えられています。

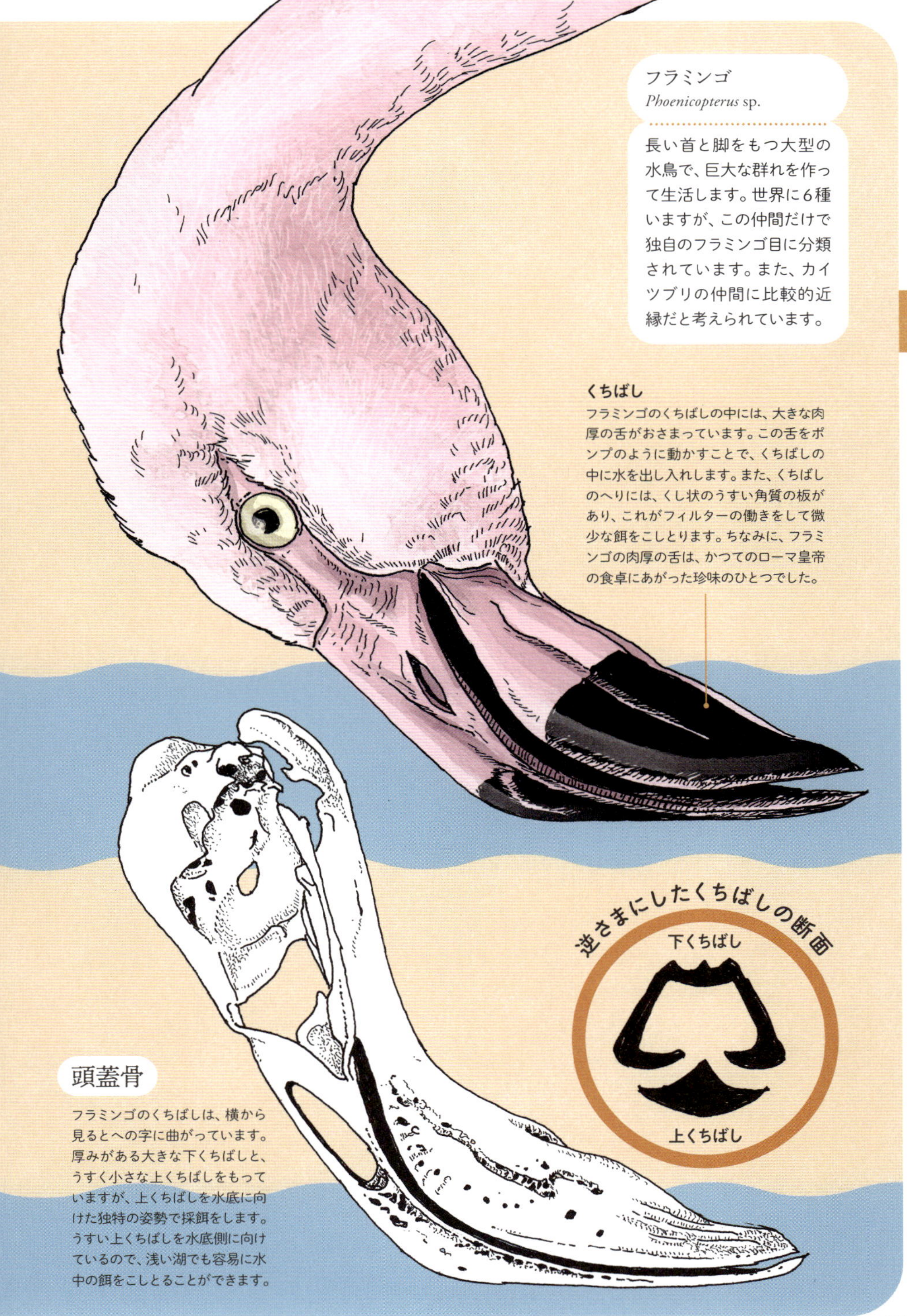
逆さまにしたくちばしの断面
下くちばし
上くちばし

くちばし

フラミンゴのくちばしの中には、大きな肉厚の舌がおさまっています。この舌をポンプのように動かすことで、くちばしの中に水を出し入れします。また、くちばしのへりには、くし状のうすい角質の板があり、これがフィルターの働きをして微少な餌をこしとります。ちなみに、フラミンゴの肉厚の舌は、かつてのローマ皇帝の食卓にあがった珍味のひとつでした。

頭蓋骨

フラミンゴのくちばしは、横から見るとへの字に曲がっています。厚みがある大きな下くちばしと、うすく小さな上くちばしをもっていますが、上くちばしを水底に向けた独特の姿勢で採餌をします。うすい上くちばしを水底側に向けているので、浅い湖でも容易に水中の餌をこしとることができます。

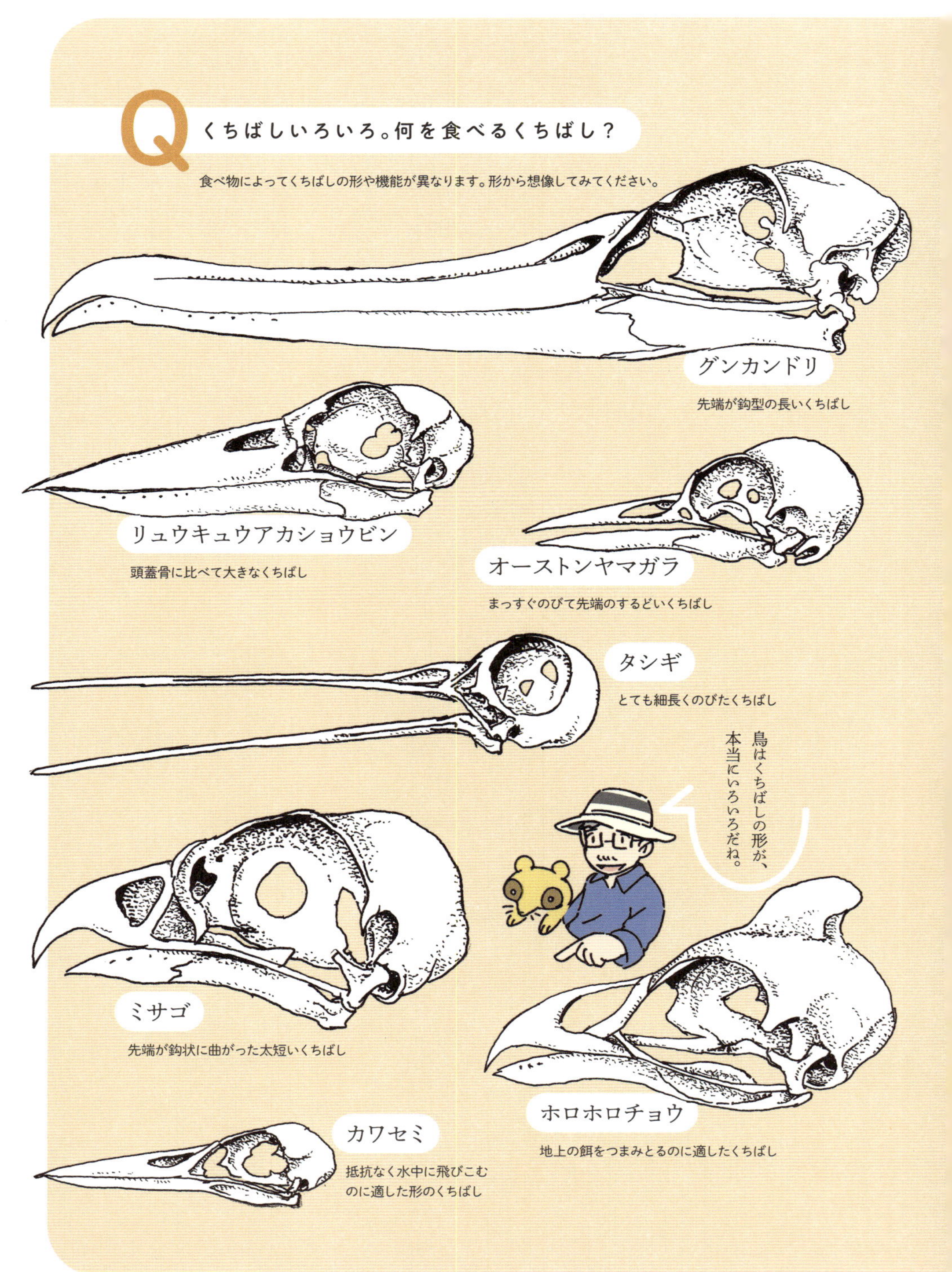
Q くちばしいろいろ。何を食べるくちばし？
食べ物によってくちばしの形や機能が異なります。形から想像してみてください。
グンカンドリ
先端が鉤型の長いくちばし
リュウキュウアカショウビン
頭蓋骨に比べて大きなくちばし
オーストンヤマガラ
まっすぐのびて先端のするどいくちばし
タシギ
とても細長くのびたくちばし
鳥はくちばしの形が、本当にいろいろだね。
ミサゴ
先端が鉤状に曲がった太短いくちばし
ホロホロチョウ
地上の餌をつまみとるのに適したくちばし
カワセミ
抵抗なく水中に飛びこむのに適した形のくちばし

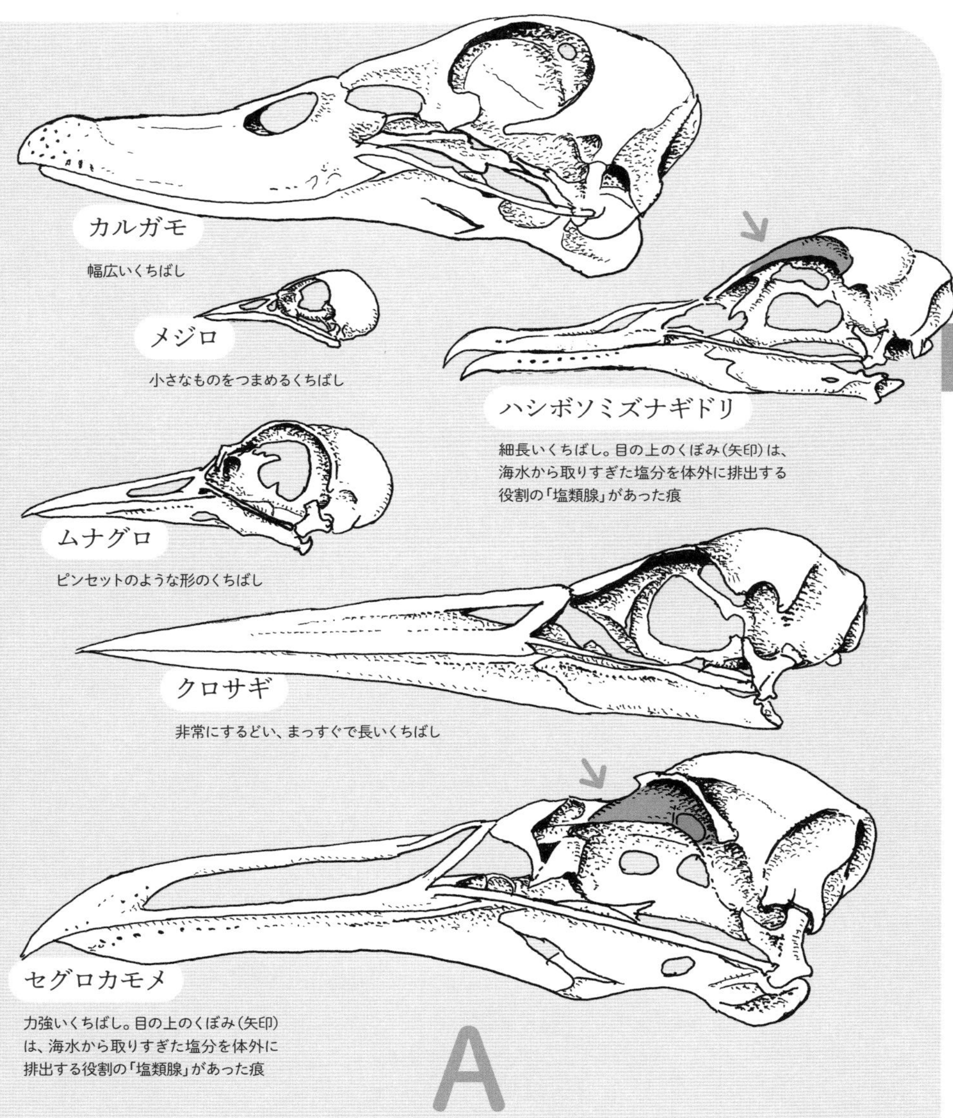
カルガモ
幅広いくちばし
メジロ
小さなものをつまめるくちばし
ハシボソミズナギドリ
細長いくちばし。目の上のくぼみ（矢印）は、海水から取りすぎた塩分を体外に排出する役割の「塩類腺」があった痕
ムナグロ
ピンセットのような形のくちばし
クロサギ
非常にするどい、まっすぐで長いくちばし
セグロカモメ
力強いくちばし。目の上のくぼみ（矢印）は、海水から取りすぎた塩分を体外に排出する役割の「塩類腺」があった痕

A

グンカンドリは、水面を飛びながら魚やイカをさらいます。リュウキュウアカショウビンは、昆虫やトカゲ、魚などを捕食。オーストンヤマガラは、昆虫やクモ、植物の種子を食べ、種子はくちばしで割ります。タシギは、泥の中のミミズや昆虫をはさんで捕らえます。ミサゴは、魚を捕らえ、身を引きちぎって食べます。カワセミは、水中で魚をくわえて捕らえます。ホロホロチョウは、植物の種子や昆虫などを食べます。カルガモは、おもに水生植物の葉などを食べます。メジロは、昆虫やクモ、花のみつを食べます。ハシボソミズナギドリは、海中のプランクトンや小魚を食べます。ムナグロは、水辺や草地で昆虫類や甲殻類を捕食。クロサギは、海岸の岩場で魚やカニ、貝などを捕食。セグロカモメは、おもに海で魚を捕食します。

舌の形もさまざま

ヤマシギ

鳥の口の中にも舌がありますが、私たちのような肉質の舌と異なり、鳥類の多くは硬質の舌をもちます。鳥類の舌の形はさまざまで、長舌型、小舌型、蜜吸型、穀食型、フラミンゴ型などに分けられています。くちばしの長いヤマシギは、くちばしと同じように長い舌をもっていて、舌の付け根には舌骨という骨があります。

指のように敏感なくちばしで、地中を探る。

ヤマシギ
Scolopax rusticola

多くのシギは海岸や水辺に見られますが、ヤマシギは林内を生息地にしています。ミミズを好んで食べますが、著者が事故死したヤマシギを解剖した際は、胃の中からジムカデが見つかりました。このほかに、昆虫類なども餌にしています。

神経孔

ヤマシギのくちばしの先端には、多数の小さい孔が開いています。この孔は神経が通る孔です。くちばしの先端に神経の孔がたくさんあるのは、昼間は薄暗い林内で、夜間には道端や湿地などで、ミミズなどの土壌動物を餌とするヤマシギにとって、視覚よりもくちばしの先の感覚が餌を探すのに有効に働くからです。

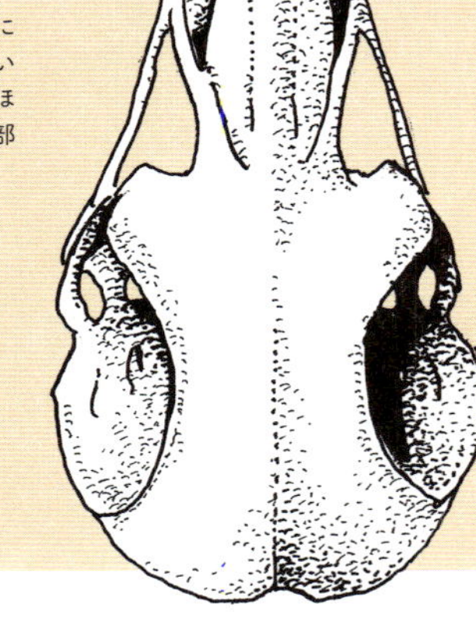

頭蓋骨（背面）

丸い頭に、まっすぐにのびたくちばしがついています。眼窩は、ほかの鳥に比べ、頭頂部よりにあります。

くちばしの先端には、小さい孔がたくさん開いているね。

鳥の舌いろいろ

舌の付け根に細長くのびているものが、舌をささえる舌骨です。数字は、舌の長さ（単位mm）です。

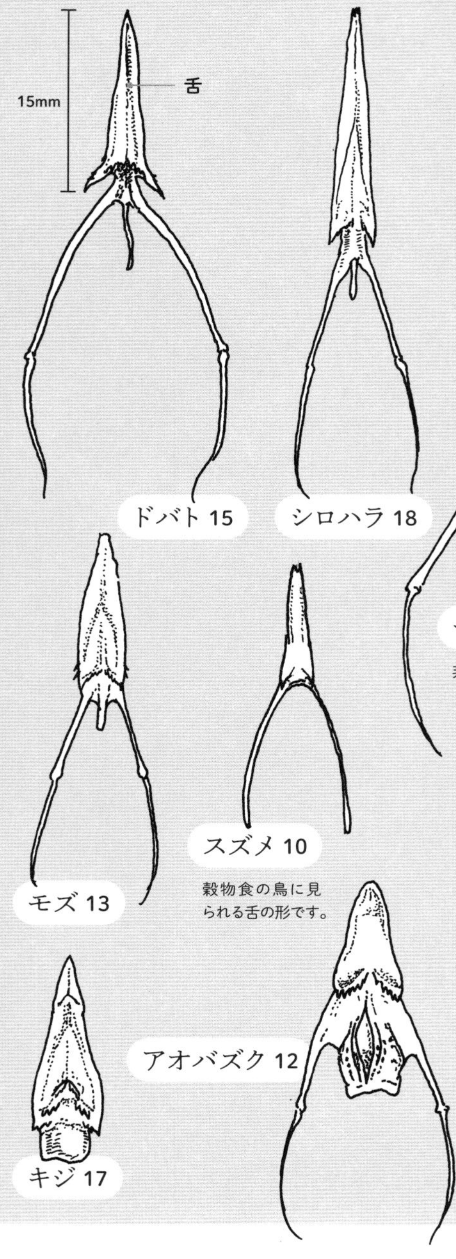

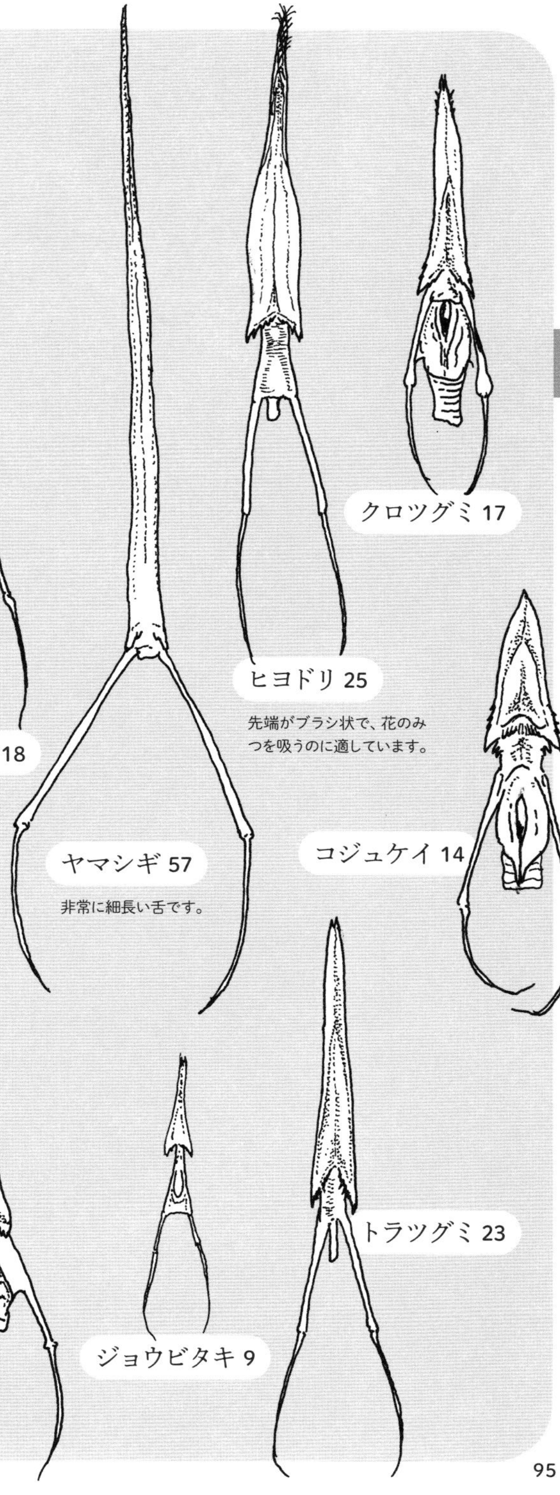

15mm

舌

ドバト 15

シロハラ 18

ヤマシギ 57

非常に細長い舌です。

ヒヨドリ 25

先端がブラシ状で、花のみつを吸うのに適しています。

クロツグミ 17

コジュケイ 14

モズ 13

スズメ 10

穀物食の鳥に見られる舌の形です。

アオバズク 12

キジ 17

ジョウビタキ 9

トラツグミ 23

滑空専門の省エネ飛翔

コアホウドリ

アホウドリの仲間は、ほとんど羽ばたくことなく、海面上の風を利用してグライダーのような細長い翼で、海面すれすれを滑るように飛翔します。アホウドリは風のある限り、数日間飛びつづけることができます。外洋を生活場所とし、海面近くのイカや甲殻類、魚類を餌にします。また、時期になると絶海の孤島に集まって繁殖します。

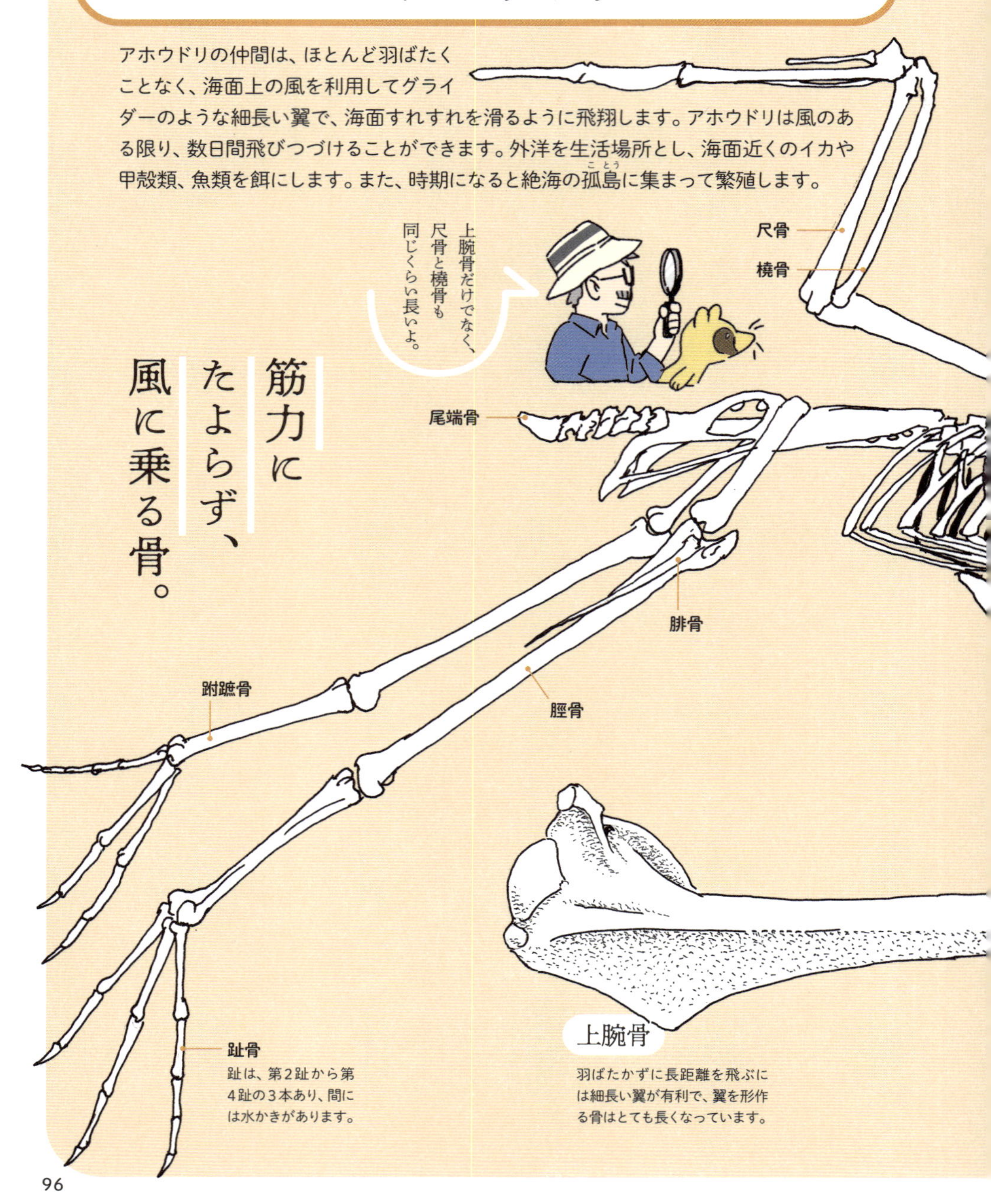

筋力にたよらず、風に乗る骨。
上腕骨だけでなく、尺骨と橈骨も同じくらい長いよ。
尺骨
橈骨
尾端骨
腓骨
跗蹠骨
脛骨
趾骨
趾は、第2趾から第4趾の3本あり、間には水かきがあります。
上腕骨
羽ばたかずに長距離を飛ぶには細長い翼が有利で、翼を形作る骨はとても長くなっています。

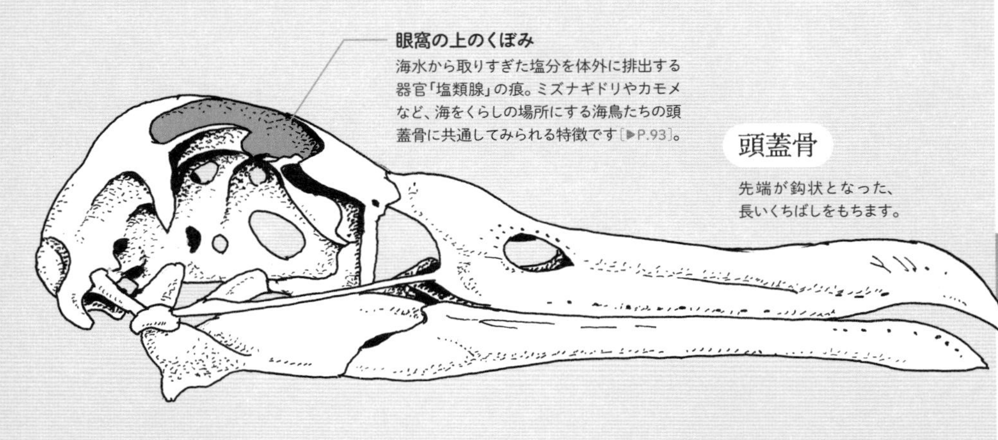

眼窩の上のくぼみ

海水から取りすぎた塩分を体外に排出する器官「塩類腺」の痕。ミズナギドリやカモメなど、海をくらしの場所にする海鳥たちの頭蓋骨に共通してみられる特徴です［▶P.93］。

頭蓋骨

先端が鈎状となった、長いくちばしをもちます。

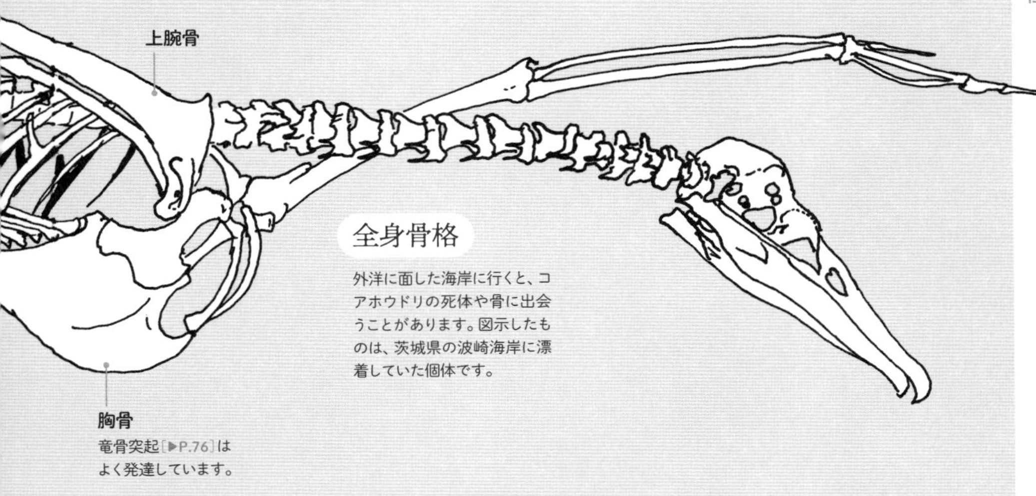

上腕骨

全身骨格

外洋に面した海岸に行くと、コアホウドリの死体や骨に出会うことがあります。図示したものは、茨城県の波崎海岸に漂着していた個体です。

胸骨

竜骨突起［▶P.76］はよく発達しています。

コアホウドリ

Phoebastria immutabilis

コアホウドリは小笠原諸島でもわずかに繁殖していますが、日本近海で見られる個体のほとんどはハワイ諸島を繁殖地としているものです。

力強く泳ぐ骨格

シロエリオオハム

シロエリオオハムなど、アビの仲間は、一生を水中や水上で過ごし、岸に上がるのは繁殖のときだけです。アビの仲間の骨格は、そうした生活に適応した形となっています。胴体はボートのような形ですし、脚はその胴体の後端近くについています。こうした体は陸上では思うように動けませんが、水上や水中では、後端部近くにつく脚が強力な遊泳器官となります。

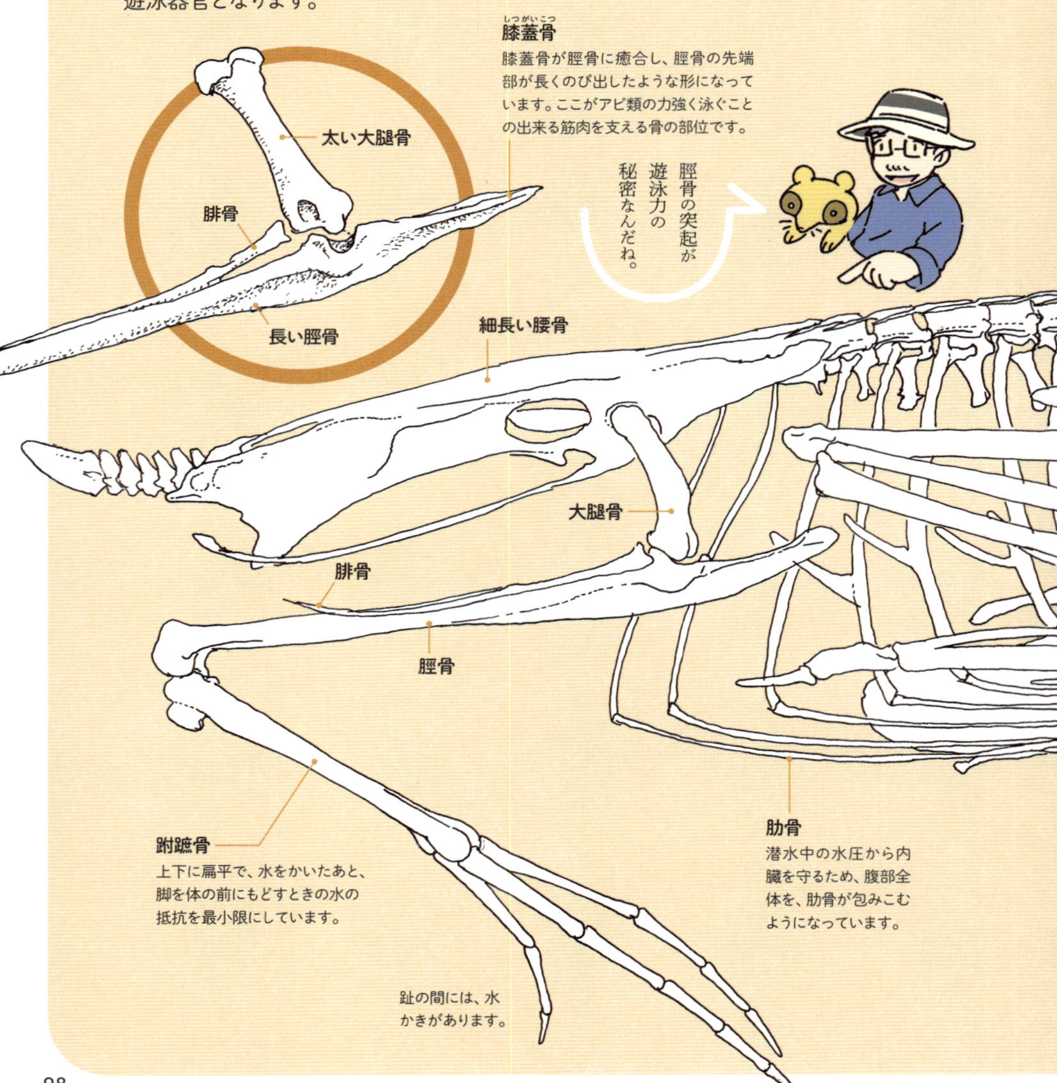

膝蓋骨
膝蓋骨が脛骨に癒合し、脛骨の先端部が長くのび出したような形になっています。ここがアビ類の力強く泳ぐことの出来る筋肉を支える骨の部位です。
太い大腿骨
腓骨
長い脛骨
脛骨の突起が遊泳力の秘密なんだね。
細長い腰骨
大腿骨
腓骨
脛骨
跗蹠骨
上下に扁平で、水をかいたあと、脚を体の前にもどすときの水の抵抗を最小限にしています。
肋骨
潜水中の水圧から内臓を守るため、腹部全体を、肋骨が包みこむようになっています。
趾の間には、水かきがあります。

陸は腹ばい、水に入ればみごとな潜水。

シロエリオオハム
Gavia pacifica

日本には冬鳥として飛来し、群れで小魚を捕らえます。かつて瀬戸内地方では、この習性を利用して、シロエリオオハムが追う小魚に集まるタイやスズキを釣りあげる鳥持網代（とりもちあじろ）という漁法がありました。

全身骨格
太い大腿骨と、それに関節する長い脛骨は胴体の中にかくれていて、体の外に出ているのは、足首から先にあたる部分です。

くちばし
細長く、先端がするどくとがったくちばしをもっています。

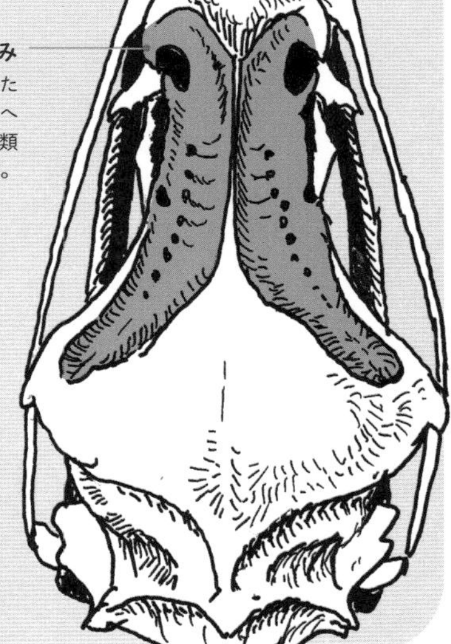

頭蓋骨（背面）

眼窩の上のくぼみ
海水から取りすぎた余分な塩分を体外へ排出する器官「塩類腺」の痕があります。

潜水する体
潜水する鳥にも、泳ぎ方にいくつかのタイプがあります。ウミスズメやペンギンの仲間は、翼を使い、水中を飛ぶようにして泳ぎます。一方、アビ類は翼を使わず、脚を使って泳ぎます。同じ脚を遊泳力源にする潜水性の鳥でも、カイツブリとアビ類では体型が異なっていて、アビ類の胴体は潜水艦（せんすいかん）を思わせるフォルムをしています。

海中を「飛ぶ」鳥

キングペンギン

ペンギンは漢字で書くと「人鳥」で、その字の通り、よちよち歩く姿は、どことなく人っぽさがあります。飛ぶことができないペンギンですが、その祖先は飛ぶことのできる鳥でした。ペンギンの骨を見ると、飛ぶことのできた祖先から引きついだ特徴が見られます。発達した竜骨突起です。ペンギンは空を飛ぶ代わりに、海中で翼を上下に動かし、水中を飛ぶようにして泳ぐのです。ペンギン目に近縁のミズナギドリ目には、空を飛ぶこともでき、また潜水中は翼を使って遊泳するモグリウミツバメという鳥がいて、ペンギンの祖先の姿をしのばせます。

頭蓋骨（下顎は省略）

眼窩の上に塩類腺の痕（矢印）が見られます［▶P.97］。塩類腺から排出された塩辛い液体は、鼻から流れでます。

くちばし

ペンギンの中では、もっとも細長いくちばしをしています。

19.5cm

全身骨格

大腿骨

脛骨

跗蹠骨（キングペンギン）

鳥は中足骨が癒合して跗蹠骨となっていますが、ペンギンでは、中足骨同士にすき間があり、穴が開いています。

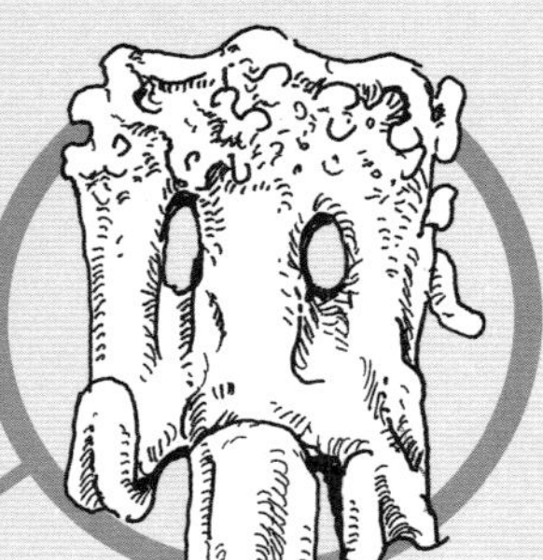

Column

ペンギンの脚は短いか？

ペンギンは、一見、短足に見えますが、大腿骨と脛骨の長さはほかの鳥とさほどかわりません。ただし、鳥の脚のうち、体の外に出ているのは、ほとんどが足首から先の部分です。ペンギンでは、足首から足の甲にあたる、跗蹠骨［▶P.80］がほかの鳥に比べて太く短いので短足に見えるのです。

ペンギンの骨密度は、鳥界一。

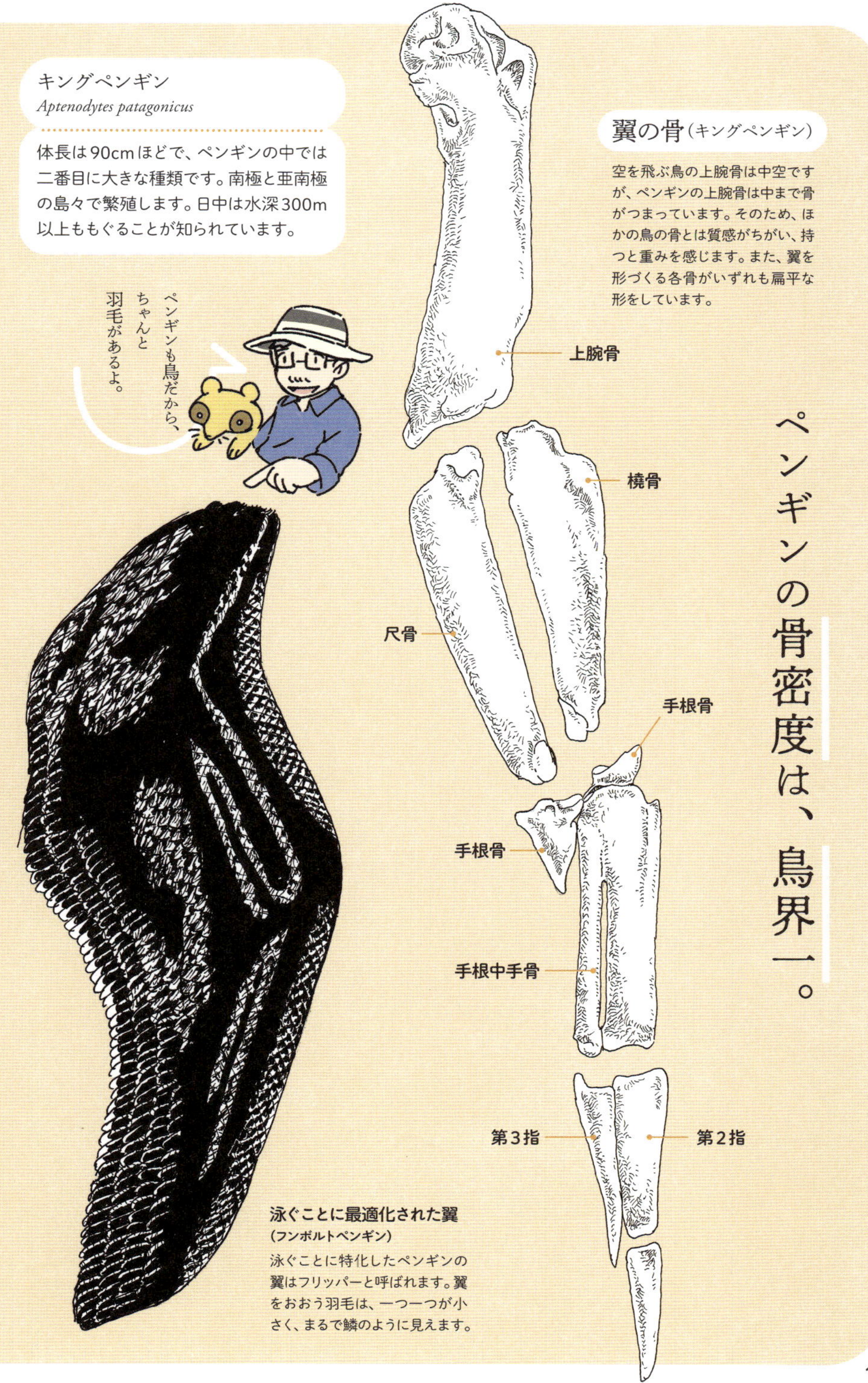

キングペンギン
Aptenodytes patagonicus
体長は90cmほどで、ペンギンの中では二番目に大きな種類です。南極と亜南極の島々で繁殖します。日中は水深300m以上ももぐることが知られています。
ペンギンも鳥だから、ちゃんと羽毛があるよ。
翼の骨（キングペンギン）
空を飛ぶ鳥の上腕骨は中空ですが、ペンギンの上腕骨は中まで骨がつまっています。そのため、ほかの鳥の骨とは質感がちがい、持つと重みを感じます。また、翼を形づくる各骨がいずれも扁平な形をしています。
上腕骨
橈骨
尺骨
手根骨
手根骨
手根中手骨
第3指
第2指
泳ぐことに最適化された翼
（フンボルトペンギン）
泳ぐことに特化したペンギンの翼はフリッパーと呼ばれます。翼をおおう羽毛は、一つ一つが小さく、まるで鱗のように見えます。

飛ばない体

ダチョウ

ダチョウ、エミュー、レアなど、飛ぶことのできない走鳥類と呼ばれる鳥たちがいます。ダチョウはアフリカ、エミューはオーストラリア、レアは南米と、それぞれはなれた大陸にいますが、近年、遺伝子の解析により、この仲間はみな、北半球に生息していた飛ぶことのできる共通の祖先から進化してきたと考えられるようになりました。ダチョウの祖先は走鳥類共通の祖先から、約7000万年前に分かれ、アジアからアフリカに渡り、やがて現在のダチョウと呼ばれる鳥になったというわけです。飛ぶことをやめた走鳥類は、胸筋の付着点の竜骨突起が退化した平たい胸骨をもつなど、飛ぶ鳥とは異なった体のつくりが見られます。

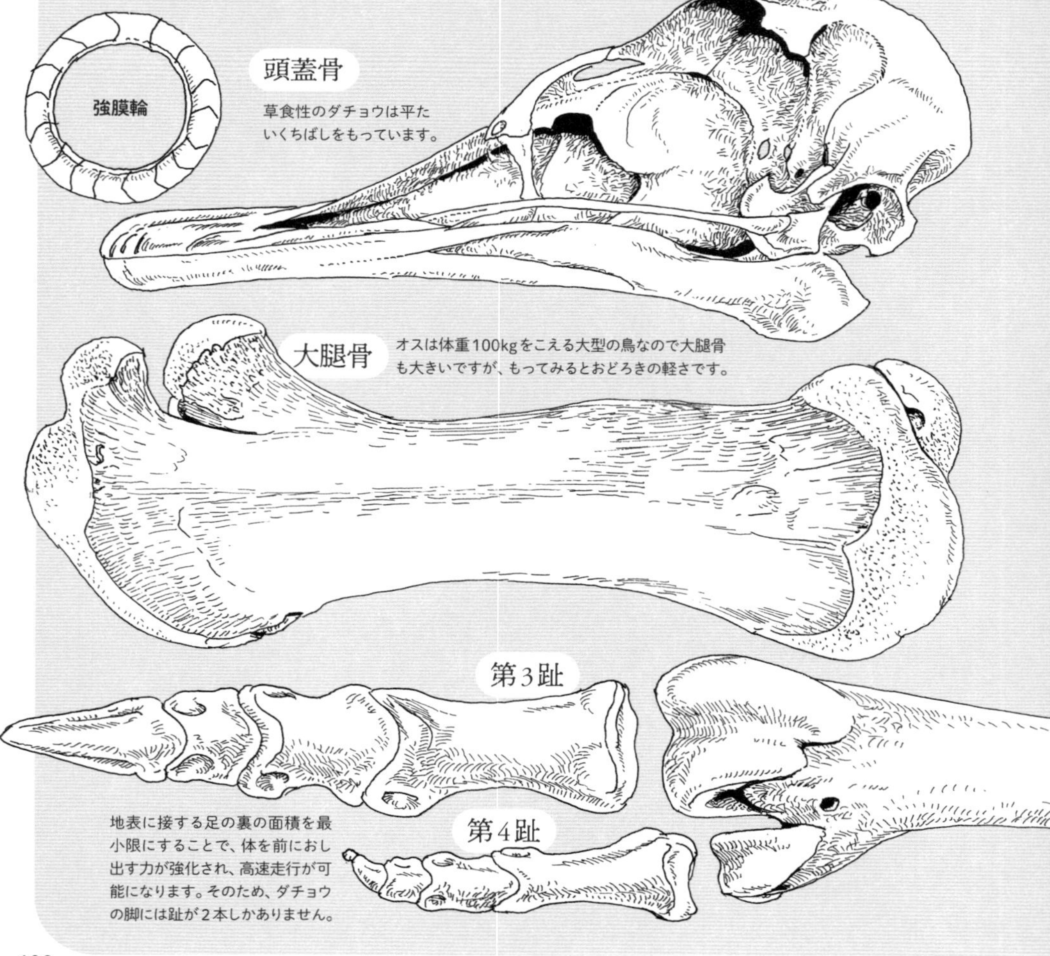
強膜輪
頭蓋骨
大腿骨
第3趾
第4趾

草食性のダチョウは平たいくちばしをもっています。

オスは体重100kgをこえる大型の鳥なので大腿骨も大きいですが、もってみるとおどろきの軽さです。

地表に接する足の裏の面積を最小限にすることで、体を前におし出す力が強化され、高速走行が可能になります。そのため、ダチョウの脚には趾が2本しかありません。

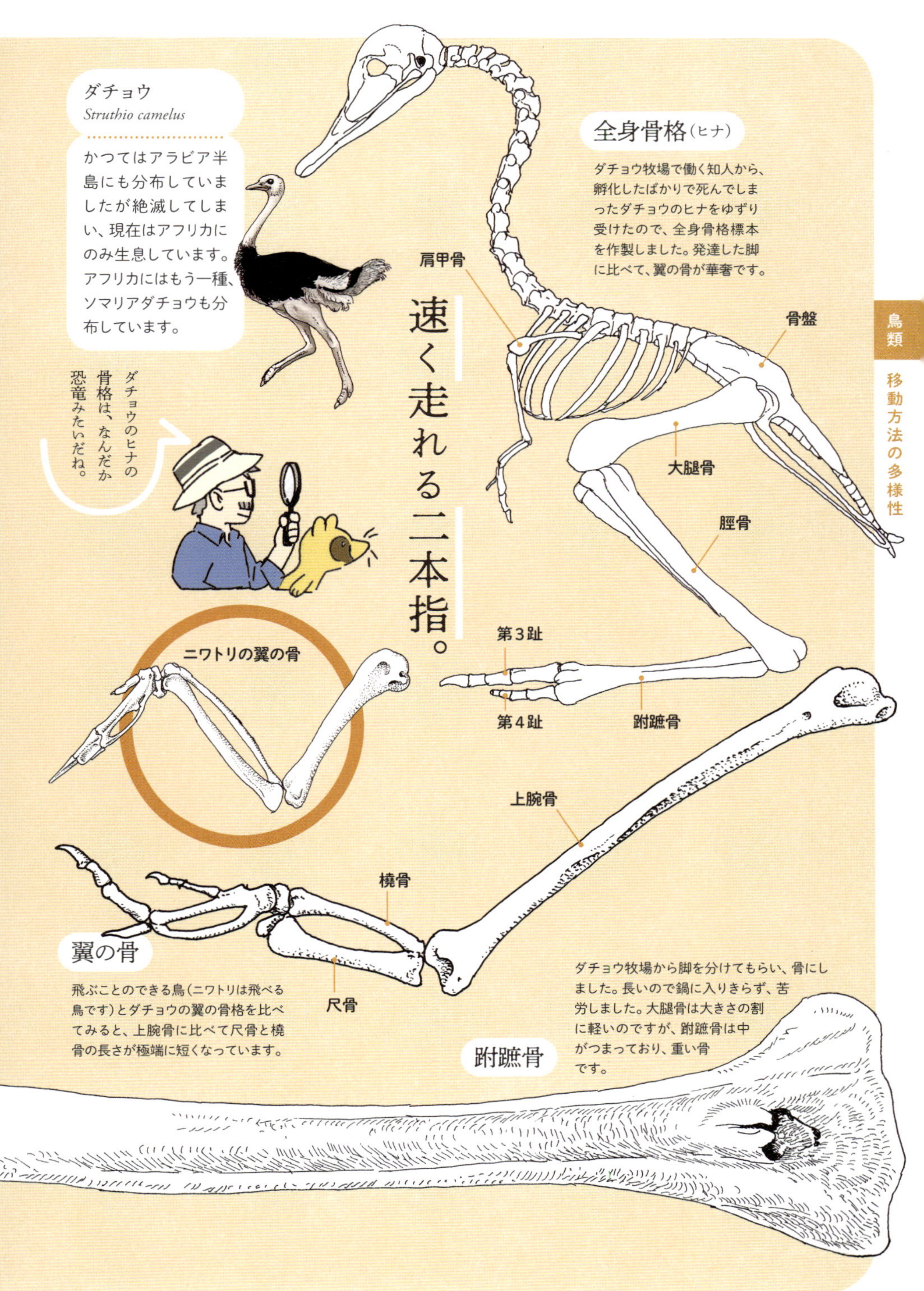

速く走れる二本指。
ダチョウ
Struthio camelus
かつてはアラビア半島にも分布していましたが絶滅してしまい、現在はアフリカにのみ生息しています。アフリカにはもう一種、ソマリアダチョウも分布しています。
ダチョウのヒナの骨格は、なんだか恐竜みたいだね。
全身骨格(ヒナ)
ダチョウ牧場で働く知人から、孵化したばかりで死んでしまったダチョウのヒナをゆずり受けたので、全身骨格標本を作製しました。発達した脚に比べて、翼の骨が華奢です。
肩甲骨
骨盤
大腿骨
脛骨
第3趾
第4趾
跗蹠骨
ニワトリの翼の骨
上腕骨
橈骨
尺骨
翼の骨
飛ぶことのできる鳥(ニワトリは飛べる鳥です)とダチョウの翼の骨格を比べてみると、上腕骨に比べて尺骨と橈骨の長さが極端に短くなっています。
跗蹠骨
ダチョウ牧場から脚を分けてもらい、骨にしました。長いので鍋に入りきらず、苦労しました。大腿骨は大きさの割に軽いのですが、跗蹠骨は中がつまっており、重い骨です。
鳥類
移動方法の多様性

骨しか残されていない鳥の復元

僕が子供時代の恐竜の復元図と現在の恐竜の復元図には、大きなちがいが見られる。昔の恐竜は尾をひきずって歩く姿が描かれていたし、羽毛恐竜なんていうものもまだ知られていなかった。恐竜ほどではないけれど、絶滅した鳥であるドードーについても、その復元には時代による変化が見られる。

マダガスカル島の沖に浮かぶモーリシャス島のドードーが発見されたのは、1598年にオランダのファン・ネック率いる艦隊が島を訪れたときである。一方、1662年にモーリシャス島に隣接した小島でドードーと思われる鳥を見たというのが最後の記録であり、おそらくこのころに絶滅したのではないかと考えられている。つまり、発見後、60年あまりで絶滅が起こっているわけである。絶滅の原因は、人の捕獲のほか、モーリシャス島に人が持ちこんだネズミやブタなどによって、卵やヒナが捕食されたためではないかといわれている。

ドードーは特異な風貌の鳥であるので、当時のスケッチが残されている。ドードー自体の標本も存在する。ただ、生きたドードーのいた時代は、まだ、剥製の技術が進んでいなかった。現在、オックスフォード大学自然史博物館には、世界で唯一、皮膚の残るドードーの頭部の標本があるけれど、これは17世紀に作られた剥製が私設の博物館に収蔵されたものの、標本のいたみがはげしくなったため、頭部と脚を除いて捨てられたものの残りである。19世紀になって、モーリシャス島の沼地からドードーの骨が見つかり、この骨を組み立てて、全身骨格が復元されることになった。当初、ドードーはでっぷりと太った、鈍重な鳥として復元された。『不思議の国のアリス』に登場するドードーの挿絵は、こうした初期の復元に基づく姿である。

数年前、イギリスを訪れた。ロンドンの大英自然史博物館に、ドードーの「剥製」があった。むろん、本物の剥製ではなく、ほかの鳥の羽毛を使って作られた復元「剥製」だ。つづいて、オックスフォード大学自然史博物館も訪れた。こちらの復元「剥製」は、大英自然史博物館のものに比べて、いくぶんスリムでやや、精かんな顔つきをしていた（本書の図は、オックスフォードの「剥製」のスケッチである）。当初、20kgほどあると考えられていた体重は、最近の研究では10kgほどでなかったかと推定されるようになり、オックスフォードの「剥製」より、さらにスリムな姿であったろうと考えられるようになっている。

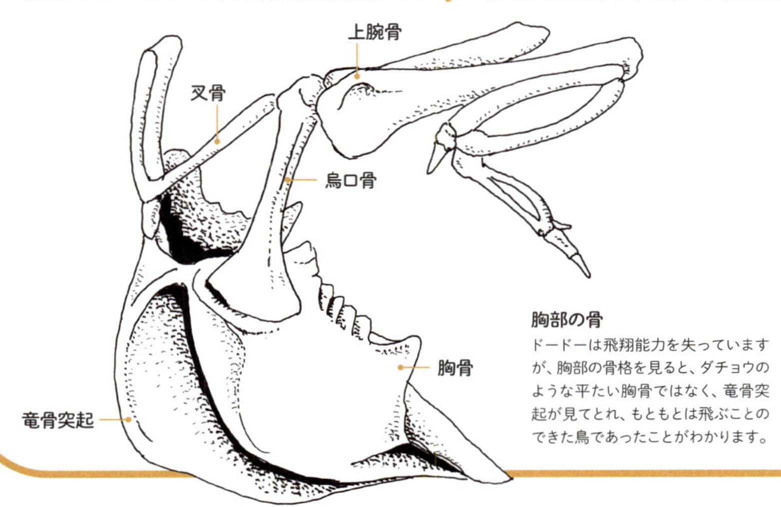
上腕骨
叉骨
烏口骨
胸骨
竜骨突起

胸部の骨
ドードーは飛翔能力を失っていますが、胸部の骨格を見ると、ダチョウのような平たい胸骨ではなく、竜骨突起が見てとれ、もともとは飛ぶことのできた鳥であったことがわかります。

キジバトの頭蓋骨
ドードーの頭蓋骨

ドードー／絶滅した飛べない鳥

Raphus cucullatus

モーリシャス島に生息していたドードーはハトの仲間で、遺伝子の解析では東南アジアの島嶼部に分布するミノバトに近縁でした。ミノバトとドードーの祖先が分かれたのは、約420万年前と推定されています。飛翔能力のある祖先がモーリシャスに渡り定着したのちに、飛翔能力を失ったわけです。

骨の資料集めと正体探し

骨格標本を作る・集めるには、まず骨をもつ動物の死体を入手しなければならない。魚なら、自分で釣るなり、魚屋で買うなりして手に入れられる。哺乳類や鳥類の場合はどうしたらよいだろう。交通事故にあったタヌキや、窓ガラスに追突したキジバトなどを入手して骨にするというのが一つの方法だ。もう一つの方法は、海岸に行くというものである。海岸には、さまざまな動物の死体が漂着している。もちろん、魚が打ち上がる。ウミガメや海鳥の死体も、しばしば流れ着く。それだけでなく、陸上でくらす動物たちの死体も、川などに流されてのち、海岸に漂着していることがある。

海岸での死体拾いは何が流れ着いているかは、その場に行くまでわからない。持っていくのは、大小のビニール袋だ。腐敗した動物を拾い上げ、持ち帰る際には新聞紙でくるむと若干、においなどを封じこめられる(砂にうめて持ち帰ることもある)。あると便利なのはハサミやカッターで、これは腐敗している動物の、骨以外の部分を切り取るのに必須だ。以前、与那国島の海岸で、大きなシュウダの死体を見付けたとき、こうした刃物を持っていなかった。そこで、海岸に落ちていたガラスの破片を使って頭だけ切りはなし、持ち帰って骨にしたこともある(62ページで紹介している頭蓋骨がそれだ)。

海岸歩きでは、すでに白骨化した骨を拾うことも多い。これなら、拾って帰る際もにおいは気にならない。ただし、拾った骨がだれのどこの骨か迷うことはしばしばだ。逆に言えば、海岸で見つけたひとかけらの骨が、何の骨か正体がわかったときはとてもうれしい。一方、部分の骨がだれのどこの骨かわかるようになるには、はっきり種類のわかる全身分の骨の標本が手元にあることが早道であるということも言いそえておきたい。

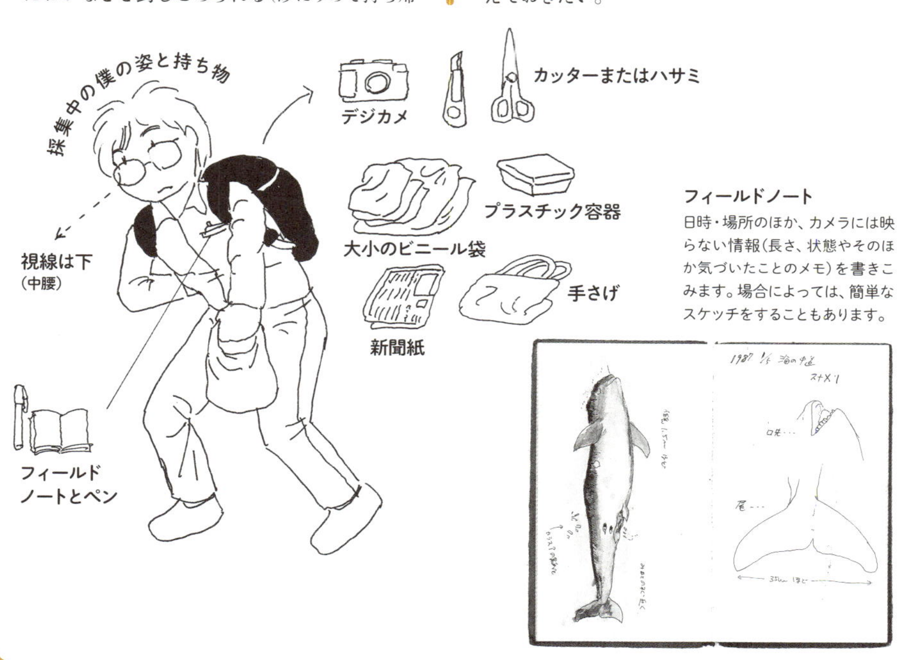
採集中の僕の姿と持ち物
デジカメ
カッターまたはハサミ
プラスチック容器
大小のビニール袋
視線は下
(中腰)
手さげ
新聞紙
フィールドノートとペン
フィールドノート
日時・場所のほか、カメラには映らない情報(長さ、状態やそのほか気づいたことのメモ)を書きこみます。場合によっては、簡単なスケッチをすることもあります。

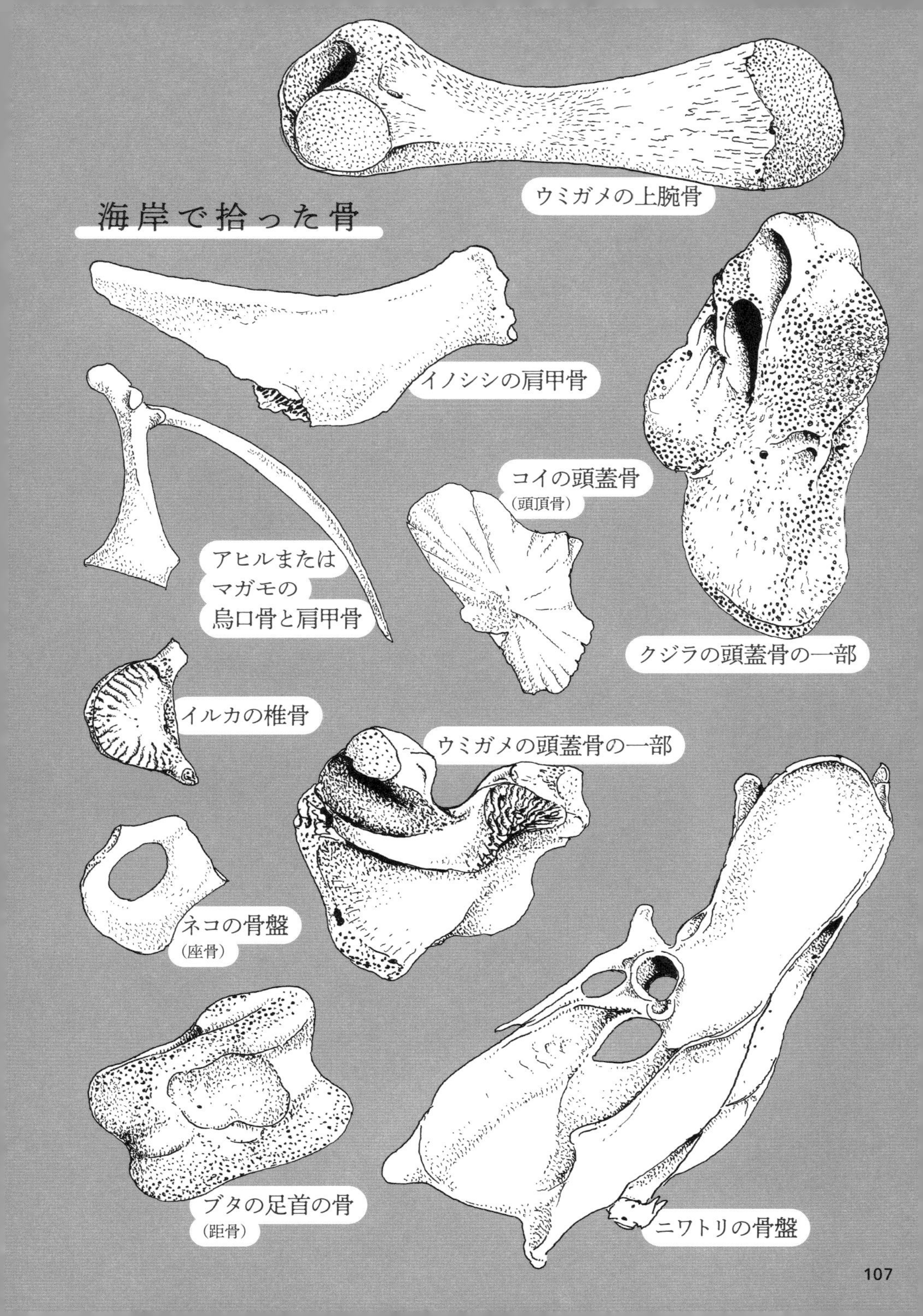
海岸で拾った骨
ウミガメの上腕骨
イノシシの肩甲骨
アヒルまたは
マガモの
烏口骨と肩甲骨
コイの頭蓋骨
(頭頂骨)
クジラの頭蓋骨の一部
イルカの椎骨
ウミガメの頭蓋骨の一部
ネコの骨盤
(座骨)
ブタの足首の骨
(距骨)
ニワトリの骨盤

第4章 哺乳類

異なる歯をもつ動物

内温性で、体表を毛皮でおおわれ、胎生で生まれた子を母乳で育てる哺乳類は、古生代の有羊膜類の一グループである単弓類から進化しました。恐竜の栄えていた中生代には目立つ存在ではありませんでしたが、6500万年前に恐竜が絶滅後、さまざまな環境に進出し、多様な種が登場しました。内温性の哺乳類は寒冷な気候にも進出できます。そしてその内温性を支えるのが、哺乳類ならではの歯の仕組みです。

哺乳類だけの特徴

耳小骨

爬虫類では、聴覚に関係しているのは耳小柱ひとつだけです。ところが哺乳類では、顎の関節を形成していた関節骨と方形骨が、顎の骨を構成することから外れ、耳小柱とともに、聴覚に働く耳小骨となりました。

タヌキ全身骨格

図示したものは、交通事故死したタヌキから取りだした骨を組みあげて作った全身骨格標本をスケッチしたものです。

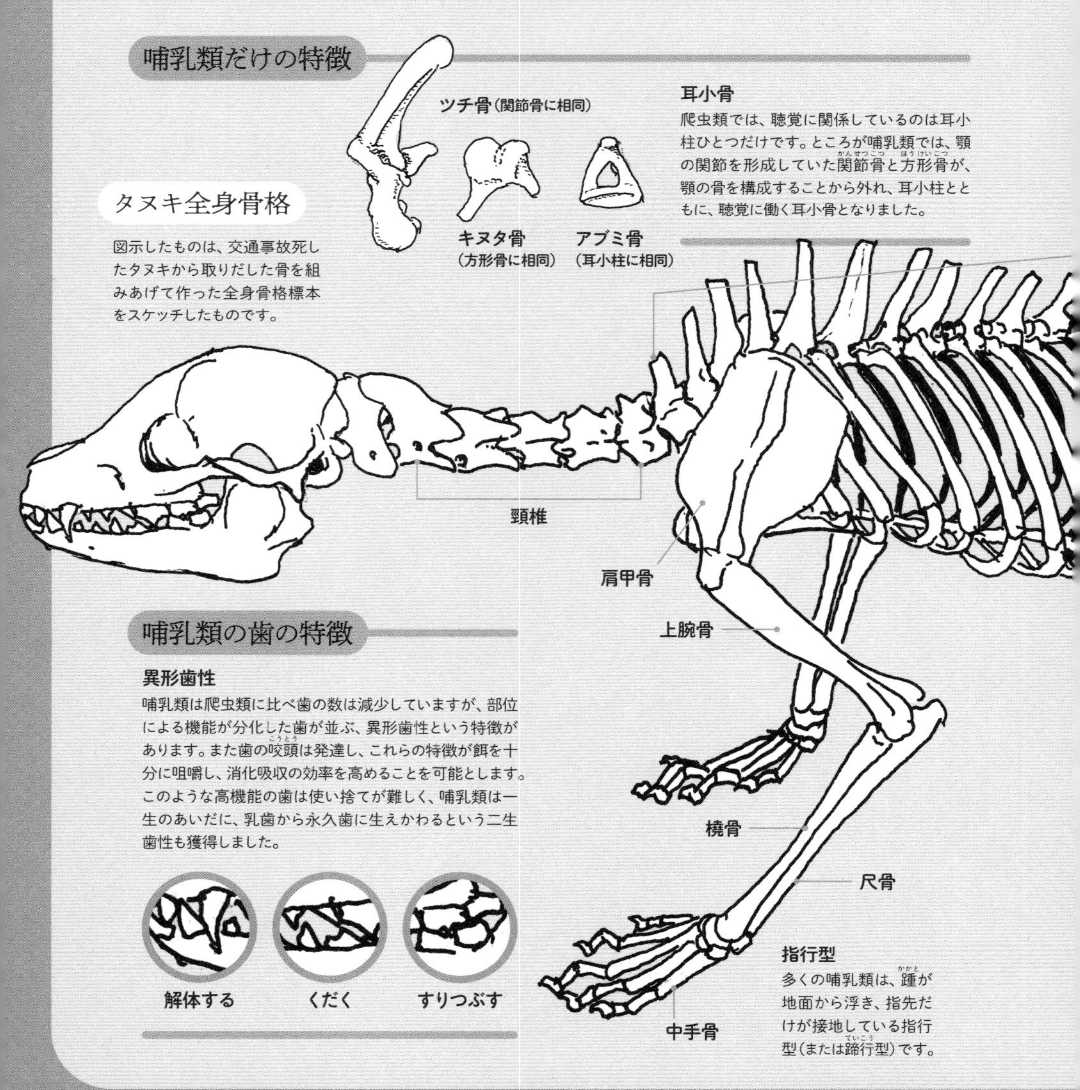

ツチ骨（関節骨に相同）
キヌタ骨
（方形骨に相同）
アブミ骨
（耳小柱に相同）
頸椎
肩甲骨
上腕骨
橈骨
尺骨
中手骨
解体する
くだく
すりつぶす

哺乳類の歯の特徴

異形歯性

哺乳類は爬虫類に比べ歯の数は減少していますが、部位による機能が分化した歯が並ぶ、異形歯性という特徴があります。また歯の咬頭は発達し、これらの特徴が餌を十分に咀嚼し、消化吸収の効率を高めることを可能とします。このような高機能の歯は使い捨てが難しく、哺乳類は一生のあいだに、乳歯から永久歯に生えかわるという二生歯性も獲得しました。

指行型

多くの哺乳類は、踵が地面から浮き、指先だけが接地している指行型（または蹄行型）です。

タヌキ

Nyctereutes procyonoides

里山だけでなく、都市部でも姿を見かけるイヌ科の雑食性の哺乳類で、木の実、昆虫、ミミズなどのほか、人里近くでは残飯もよく餌にしています。決まった場所に糞をする、ため糞という習性があります。

毛皮の下に、かくされた骨。

Column

おちんちんに骨はある？

おちんちん（陰茎）に骨のある哺乳類と、骨のない哺乳類がいます。陰茎骨はイヌ、サル、コウモリなどにはありますが、ウシやウマ、ゾウなどにはありません。またサルの仲間であっても、ヒトには陰茎骨はありません。イヌ科のタヌキの陰茎骨は、図のように細長い骨です。

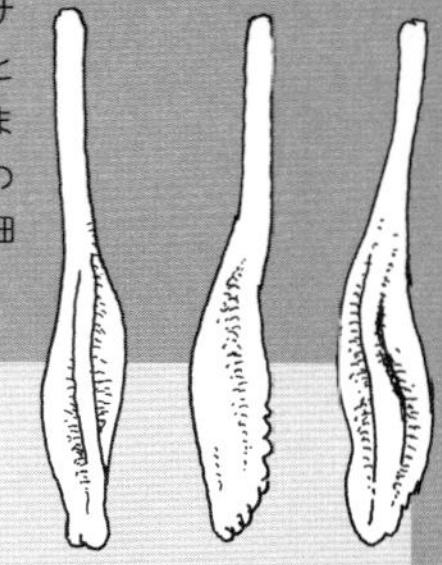

胸椎
腰椎
尾椎
骨盤
肋骨
大腿骨
ひざ
腓骨
脛骨
踵骨
中足骨

骨だけ見ると、タヌキとすぐわからないかもしれないね

ネコ類の狩人

ライオン

食肉類の中でもネコ科は、獲物を捕らえ、殺し、解体するということにきわめて特化している仲間です。両眼が前を向いているため、立体視により獲物までの距離を測ることができます。このように視覚を発達させた捕食行動のため、頭蓋骨は全体的に丸みをおびています。顎に目を向けると、獲物を捕殺するのに働く強大な犬歯と、肉を切りさく裂肉歯が目立ちます。また、ライオンの頭骨を前から見ると、強力な咬筋をおさめるために横に張りだした頬骨弓が目をひきます。

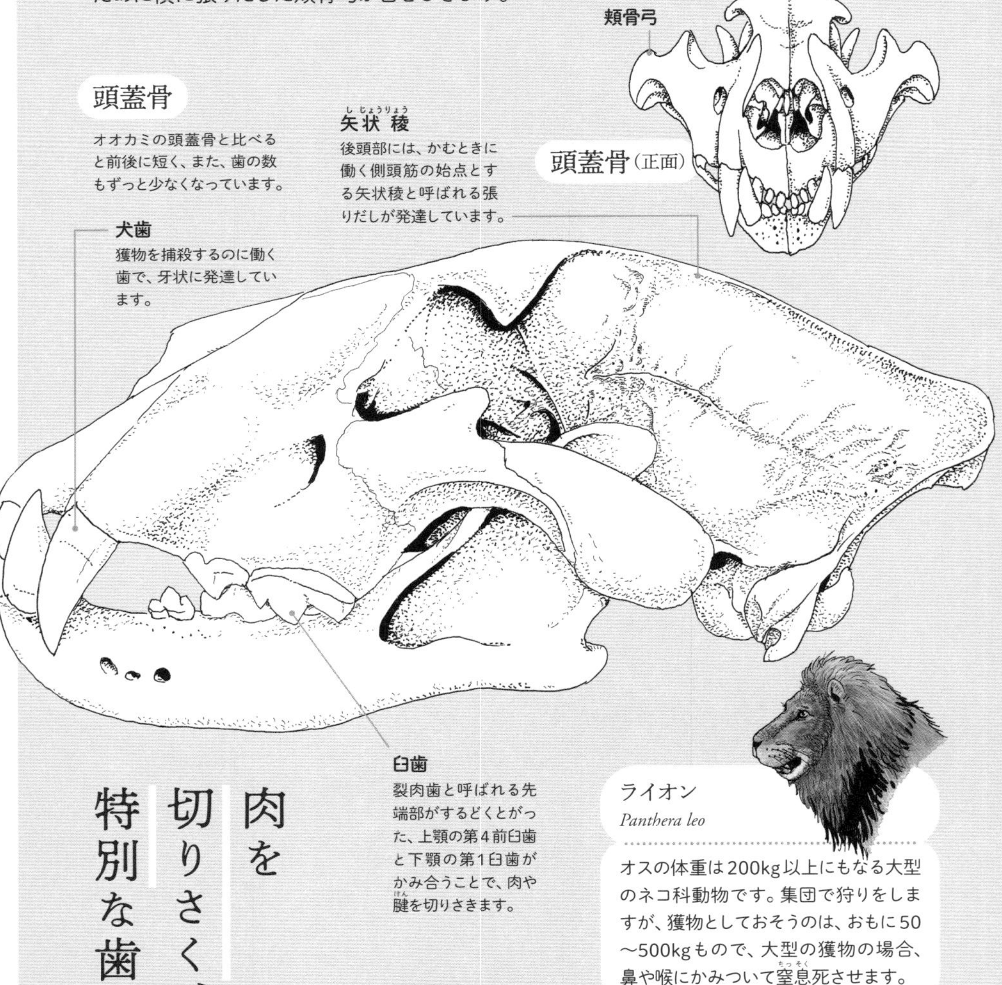

頬骨弓
頭蓋骨（正面）
頭蓋骨
オオカミの頭蓋骨と比べると前後に短く、また、歯の数もずっと少なくなっています。
矢状稜
後頭部には、かむときに働く側頭筋の始点とする矢状稜と呼ばれる張りだしが発達しています。
犬歯
獲物を捕殺するのに働く歯で、牙状に発達しています。
臼歯
裂肉歯と呼ばれる先端部がするどくとがった、上顎の第4前臼歯と下顎の第1臼歯がかみ合うことで、肉や腱を切りさきます。

肉を切りさく、特別な歯。

ライオン
Panthera leo

オスの体重は200kg以上にもなる大型のネコ科動物です。集団で狩りをしますが、獲物としておそうのは、おもに50～500kgもので、大型の獲物の場合、鼻や喉にかみついて窒息死させます。

イヌ類の狩人

オオカミ

イヌ科は嗅覚を使い獲物を追跡し、捕殺します。このため頭蓋骨は、鼻先の長い形となっています。また、イヌ科の動物も上顎の第４前臼歯と下顎の第１臼歯が裂肉歯として働きますが、ネコ科に比べると歯の数は多く、ものをすりつぶす働きの臼歯ももち合わせています。そのため、イヌ科の動物たちの食性は、より雑食性を帯びています。

鼻先が長いのが、ネコ類とのちがい。

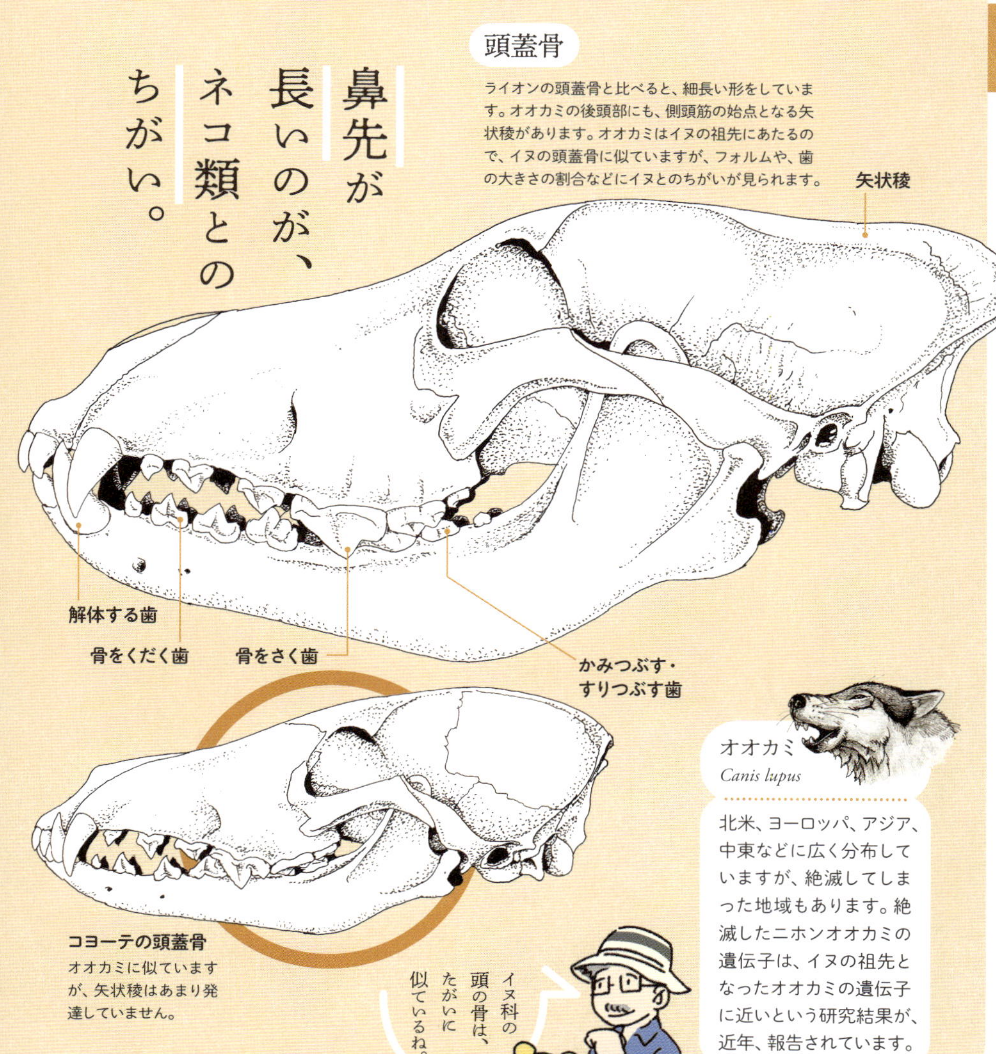
頭蓋骨
ライオンの頭蓋骨と比べると、細長い形をしています。オオカミの後頭部にも、側頭筋の始点となる矢状稜があります。オオカミはイヌの祖先にあたるので、イヌの頭蓋骨に似ていますが、フォルムや、歯の大きさの割合などにイヌとのちがいが見られます。
矢状稜
解体する歯
骨をくだく歯
骨をさく歯
かみつぶす・すりつぶす歯
コヨーテの頭蓋骨
オオカミに似ていますが、矢状稜はあまり発達していません。
イヌ科の頭の骨は、たがいに似ているね。

オオカミ
Canis lupus

北米、ヨーロッパ、アジア、中東などに広く分布していますが、絶滅してしまった地域もあります。絶滅したニホンオオカミの遺伝子は、イヌの祖先となったオオカミの遺伝子に近いという研究結果が、近年、報告されています。

いろいろ食べる派

イリオモテヤマネコ

西表島に生息するイリオモテヤマネコは、発見当初は新属新種のヤマネコとして記載されましたが、その後、遺伝子の研究などから、大陸に広く分布するベンガルヤマネコの亜種と考えられるようになりました。分類学的な位置づけはさておき、イリオモテヤマネコが特異であるのは、野生のネコ科の動物として、世界で一番せまい生息範囲でくらしているということです。小さな島で、なおかつ在来のネズミもウサギもいないため、イリオモテヤマネコの食性は、移入されたクマネズミをはじめ、昆虫、甲殻類、両生類、爬虫類、鳥など多種多様です。

イリオモテヤマネコ
Prionailurus bengalensis iriomotensis

西表島固有亜種とされ、毛色などは、他の地域のベンガルヤマネコと異なった特徴が見られます。西表島で、ヤマネコのことを「ヤマピカリャー(山で光るもの)」と呼んだのは、夜、ヤマネコの眼が光りを反射させるからでしょう。

ヤマピカリャーとはわたしのことです。

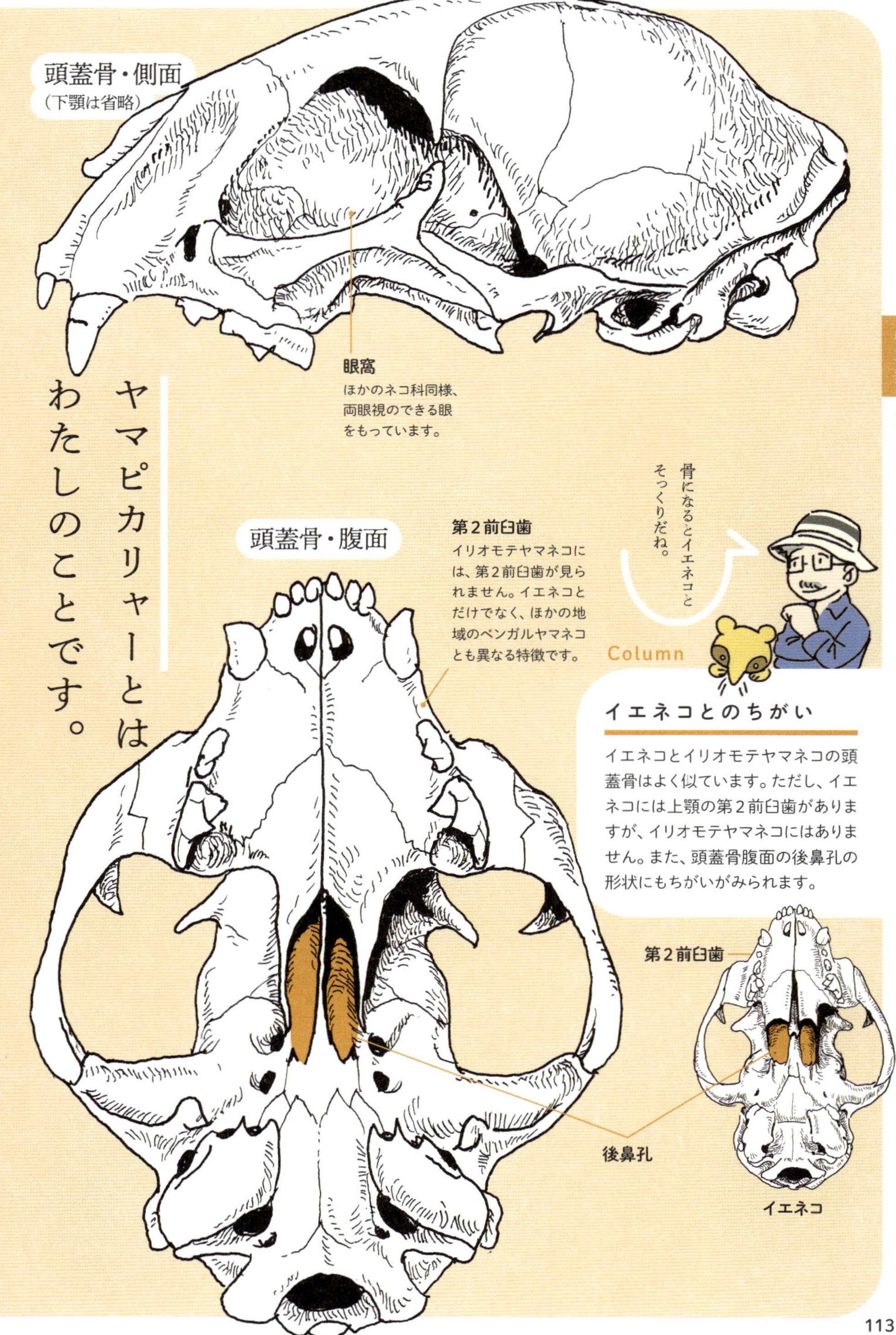
頭蓋骨・側面
（下顎は省略）
眼窩
ほかのネコ科同様、両眼視のできる眼をもっています。
頭蓋骨・腹面
第２前臼歯
イリオモテヤマネコには、第２前臼歯が見られません。イエネコとだけでなく、ほかの地域のベンガルヤマネコとも異なる特徴です。
骨になるとイエネコとそっくりだね。
後鼻孔
第２前臼歯
イエネコ

Column

イエネコとのちがい

イエネコとイリオモテヤマネコの頭蓋骨はよく似ています。ただし、イエネコには上顎の第２前臼歯がありますが、イリオモテヤマネコにはありません。また、頭蓋骨腹面の後鼻孔の形状にもちがいがみられます。

巨大な山の主

ヒグマ

ヒグマは北米、アジアに広く分布し、日本では北海道に分布しています。クマの仲間は、同じ食肉類のネコ科の動物より雑食性に適応した仲間です。北海道のヒグマも、草やミズナラのどんぐりなどの植物質のほか、弱ったエゾジカ、河川を遡上するサケ類、セミの幼虫やアリなど、幅広い餌資源を利用しています。ヒグマは、オスとメスで体サイズに大きなちがいがあり、知床半島に生息するヒグマでは、最大、オスで416kg、メスで189kgという記録があります。

ヒグマ（メス）頭蓋骨

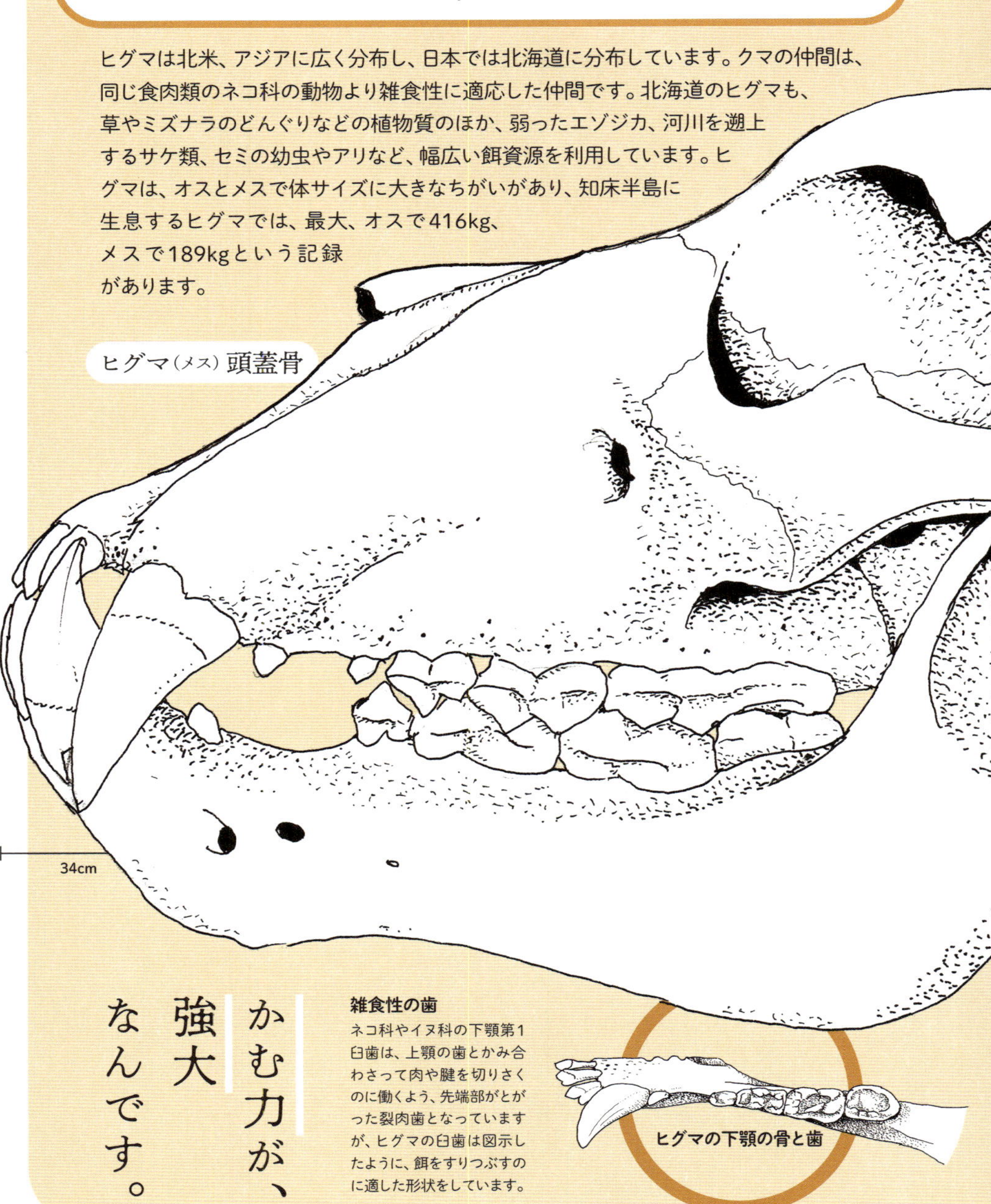

34cm
ヒグマの下顎の骨と歯

かむ力が、強大なんです。

雑食性の歯

ネコ科やイヌ科の下顎第1臼歯は、上顎の歯とかみ合わさって肉や腱を切りさくのに働くよう、先端部がとがった裂肉歯となっていますが、ヒグマの臼歯は図示したように、餌をすりつぶすのに適した形状をしています。

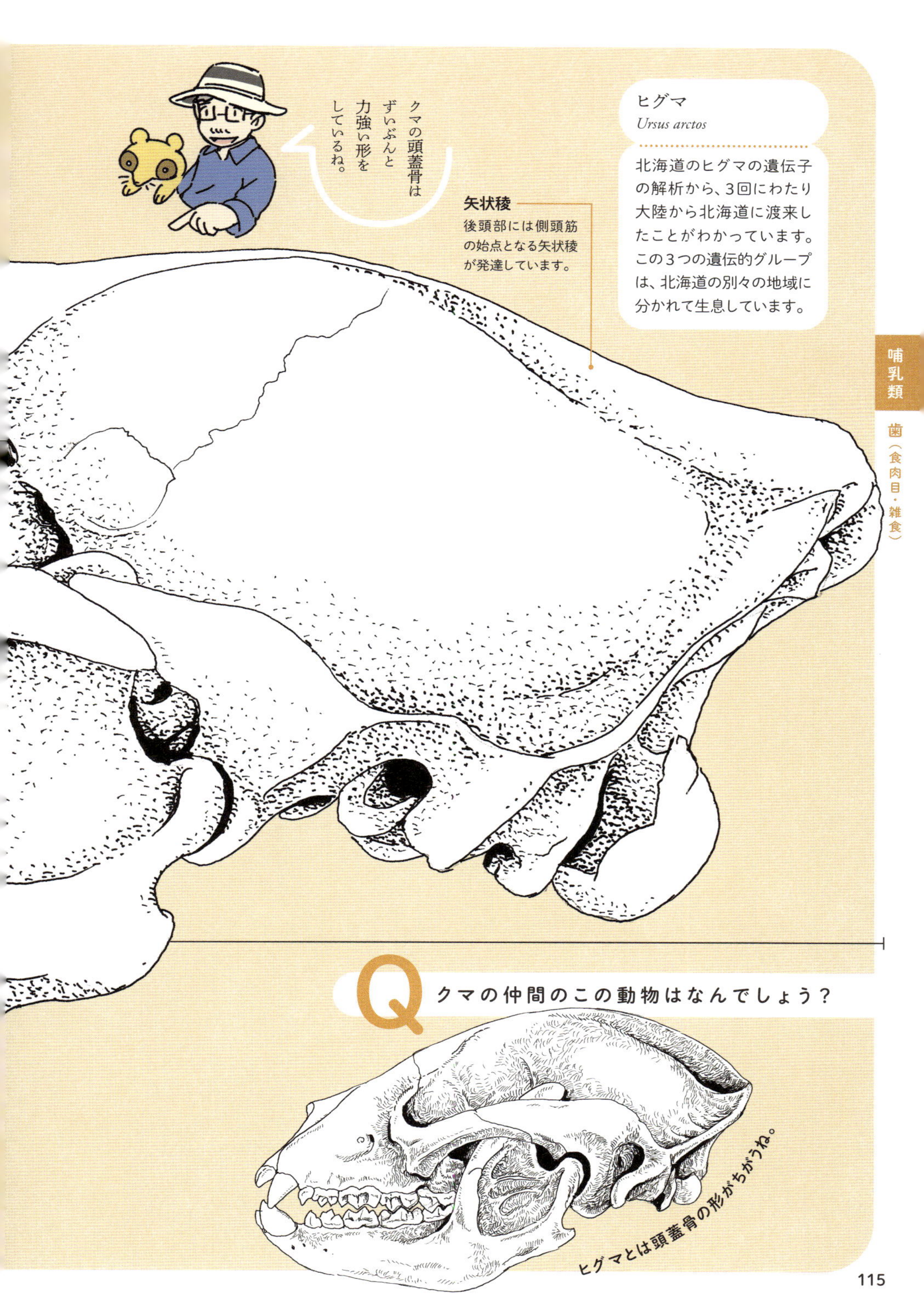
クマの頭蓋骨はずいぶんと力強い形をしているね。
矢状稜
後頭部には側頭筋の始点となる矢状稜が発達しています。
ヒグマとは頭蓋骨の形がちがうね。

ヒグマ

Ursus arctos

北海道のヒグマの遺伝子の解析から、3回にわたり大陸から北海道に渡来したことがわかっています。この3つの遺伝的グループは、北海道の別々の地域に分かれて生息しています。

Q クマの仲間のこの動物はなんでしょう？

雑食からタケ専食になったジャイアントパンダです。

ジャイアントパンダが学界に知られたとき、その少し前に学界に報告された、同じようにタケを食べるレッサーパンダの仲間だと考えられました。例えば1986年に出版された哺乳類を紹介する図鑑でも、両者はアライグマ科に属する動物として紹介されています。しかしその後、パンダは、雑食性のクマの仲間がタケを専食することで現在の姿になったと考えられるようになりました（レッサーパンダは、アライグマ科に近いレッサーパンダ科の動物に分類されています）。両「パンダ」は、別々のグループの動物が、タケを専食するように進化したもの同士であったわけです。

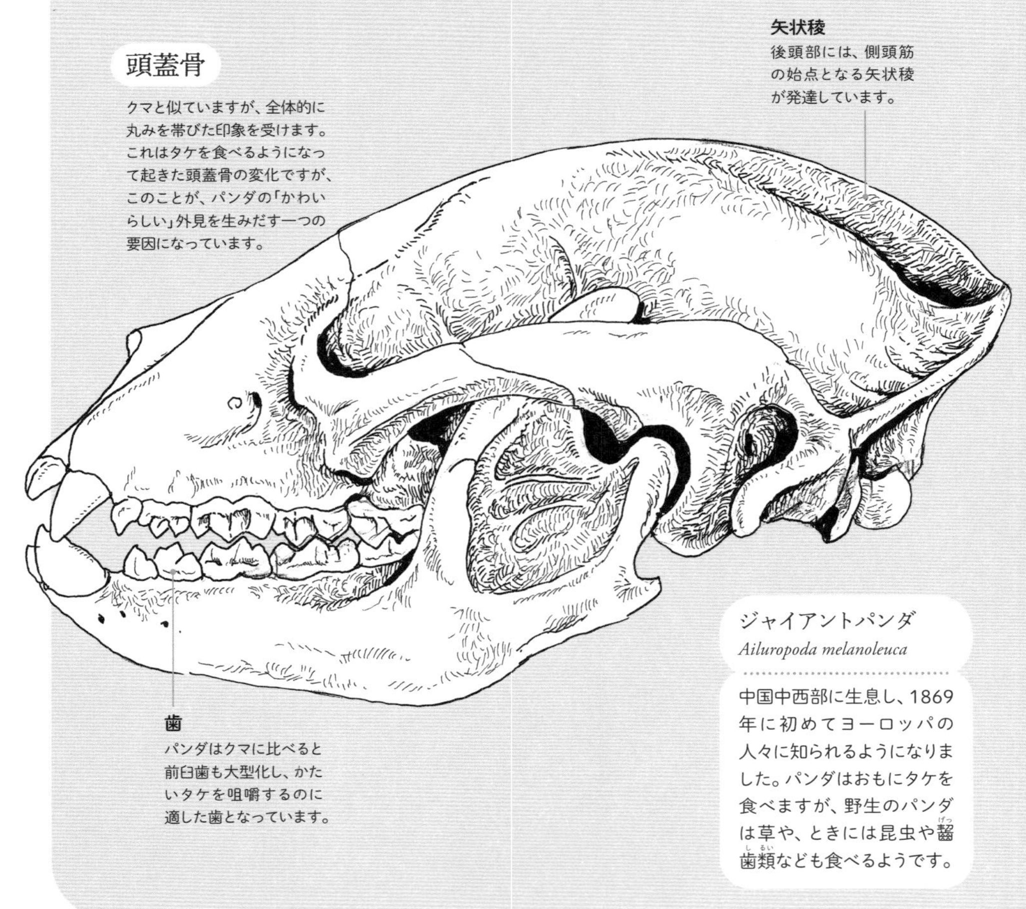

矢状稜
後頭部には、側頭筋の始点となる矢状稜が発達しています。

頭蓋骨
クマと似ていますが、全体的に丸みを帯びた印象を受けます。これはタケを食べるようになって起きた頭蓋骨の変化ですが、このことが、パンダの「かわいらしい」外見を生みだす一つの要因になっています。

歯
パンダはクマに比べると前臼歯も大型化し、かたいタケを咀嚼するのに適した歯となっています。

ジャイアントパンダ
Ailuropoda melanoleuca

中国中西部に生息し、1869年に初めてヨーロッパの人々に知られるようになりました。パンダはおもにタケを食べますが、野生のパンダは草や、ときには昆虫や齧歯類なども食べるようです。

細いタケをどうやってつかもうか？

Column

ヒグマは、指先だけでなく、掌や踵も地面につけて歩く「蹠行性」です。このような歩き方をするクマは、木にもなんなく登ることができます。しかし、クマの前肢は、サルのようにものをつかむようにはできていません。サルの場合、親指がほかの指と対向するので、物をつかむことができるわけです。パンダの場合、掌の付け根にある二つの骨（橈側種子骨、副手根骨）が長く伸び、この二つの骨と、折りまげた５本の指が対向することでタケをしっかりにぎることができるのです。

副手根骨

橈側種子骨

左前肢

顔の丸さが、かわいさの秘密。

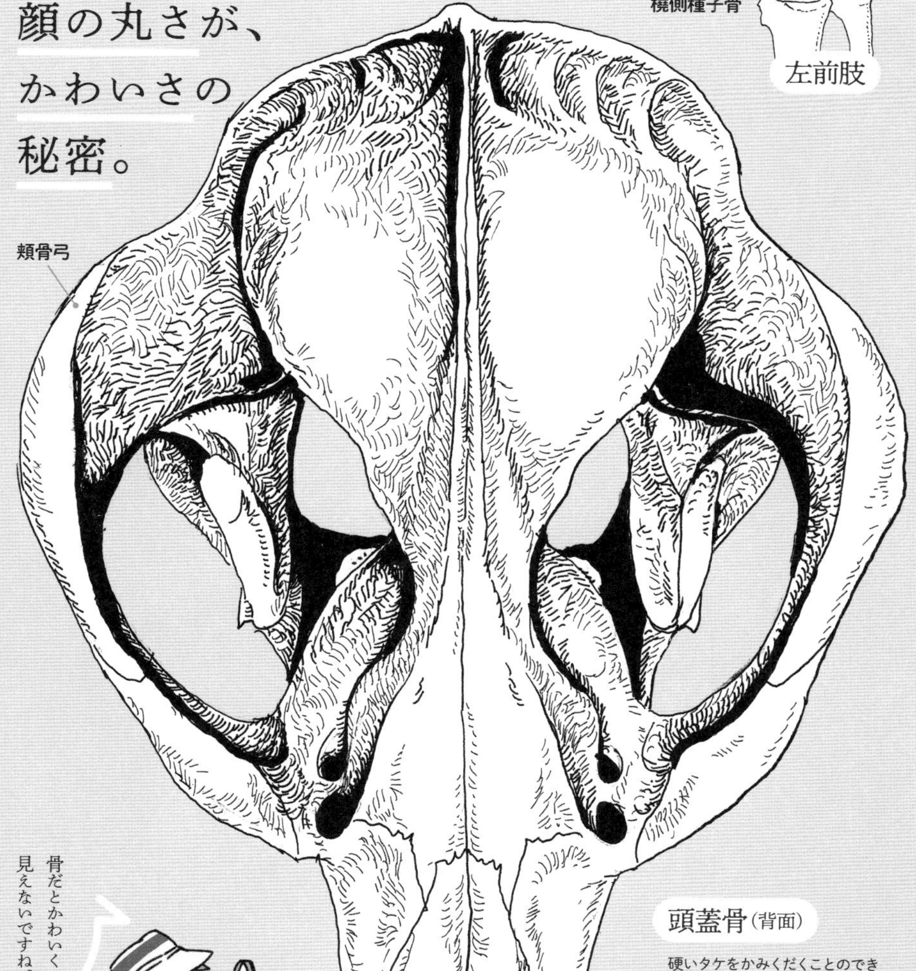
頬骨弓
骨だとかわいく見えないですね。

頭蓋骨（背面）

硬いタケをかみくだくことのできる筋肉が収まるスペースが広く必要なため、頬骨弓が広く張りだしています。このため頭蓋骨全体が丸みを帯びて見えます。

ヒトにもっとも近い動物・類人猿

ゴリラ

ヒトにもっとも近い動物は、チンパンジー、ゴリラ、オランウータン、テナガザルなどの類人猿と呼ばれる動物たちです。このうち、前三者はヒト科にふくまれます。ヒトともっとも近縁な類人猿はチンパンジーで、両者は共通祖先から約600万年前に分かれたと考えられています。ヒトとチンパンジーの共通祖先は、遺伝子の解析から、ゴリラの共通祖先と約800万年前に分かれたとされています。ゴリラは、地上性で草食に特化した類人猿で、頭蓋骨にも、そうしたくらしに適応した特徴が見てとれます。

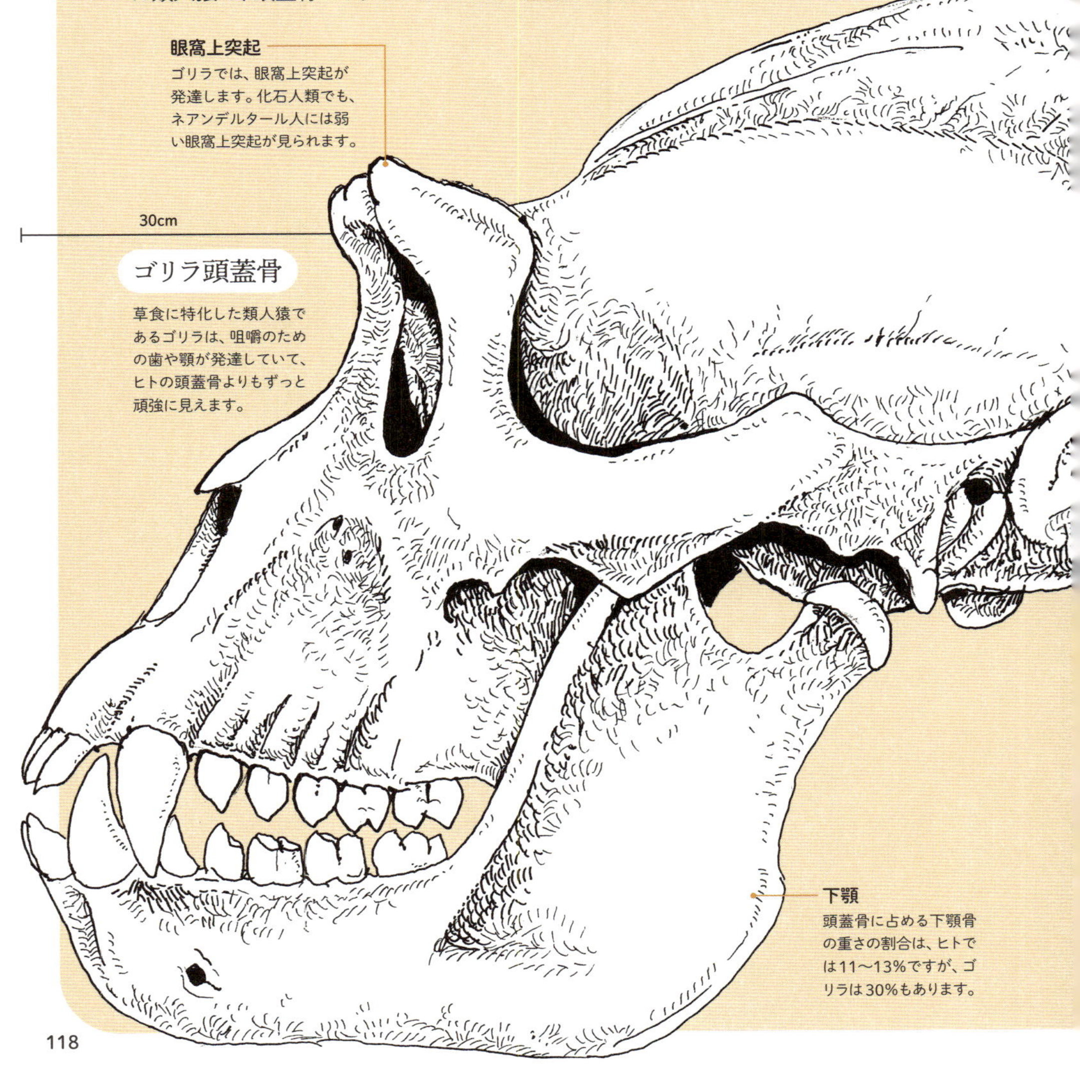
30cm

眼窩上突起
ゴリラでは、眼窩上突起が発達します。化石人類でも、ネアンデルタール人には弱い眼窩上突起が見られます。

ゴリラ頭蓋骨

草食に特化した類人猿であるゴリラは、咀嚼のための歯や顎が発達していて、ヒトの頭蓋骨よりもずっと頑強に見えます。

下顎
頭蓋骨に占める下顎骨の重さの割合は、ヒトでは11〜13%ですが、ゴリラは30%もあります。

2700万年前に分かれたニホンザル

ヒトに近いサルの仲間が類人猿（ヒト科とテナガザル科）ですが、類人猿と一番近縁なサルの仲間はオナガザル上科のサルたちで、類人猿の共通祖先とオナガザルの共通祖先は、約2700万年前に分かれたと考えられています。オナガザルの仲間には、ニホンザル…尾は短いですが…もいます。

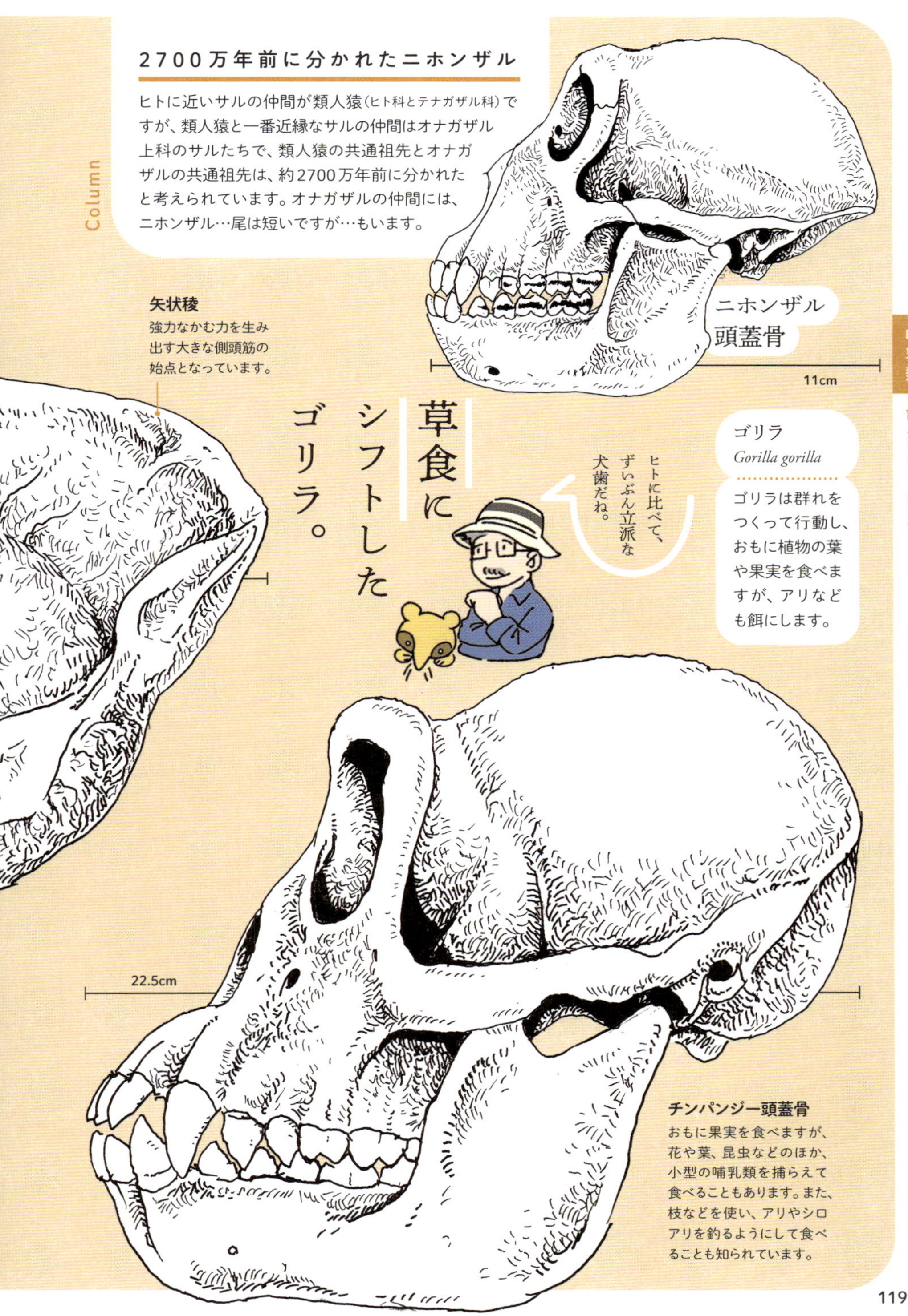

ニホンザル頭蓋骨
11cm
矢状稜
強力なかむ力を生み出す大きな側頭筋の始点となっています。
草食にシフトしたゴリラ。
ヒトに比べて、ずいぶん立派な犬歯だね。
ゴリラ
Gorilla gorilla
ゴリラは群れをつくって行動し、おもに植物の葉や果実を食べますが、アリなども餌にします。
22.5cm
チンパンジー頭蓋骨
おもに果実を食べますが、花や葉、昆虫などのほか、小型の哺乳類を捕らえて食べることもあります。また、枝などを使い、アリやシロアリを釣るようにして食べることも知られています。

装甲を背負ったケモノ

アルマジロ

アルマジロの仲間は、かつて体表が硬い鱗でおおわれたセンザンコウとあわせて貧歯類という一つのグループにまとめられていました。しかし、遺伝子解析の結果、センザンコウは食肉類に近く、アルマジロとはまったく別の仲間であることがわかりました。現在、センザンコウは有鱗目、アルマジロは被甲目(ひこうもく)という、別のグループに分けられています。アルマジロは貧弱な歯や顎の持ち主ですが、するどい嗅覚で、土中にひそむ昆虫などを探し、爪(つめ)でほりだして食べます。

頭部

アルマジロは、背だけでなく頭部にも甲があります。

甲(尾は欠けている)

アルマジロの甲は、皮膚が変化した鱗と骨質からできています。小ぶりなギターのような南米・アンデス地方の民俗楽器「チャランゴ」の胴に使われることがあります。図示した甲は南米のお土産物屋で販売されていたものです。

楽器にも
利用された
硬い甲。

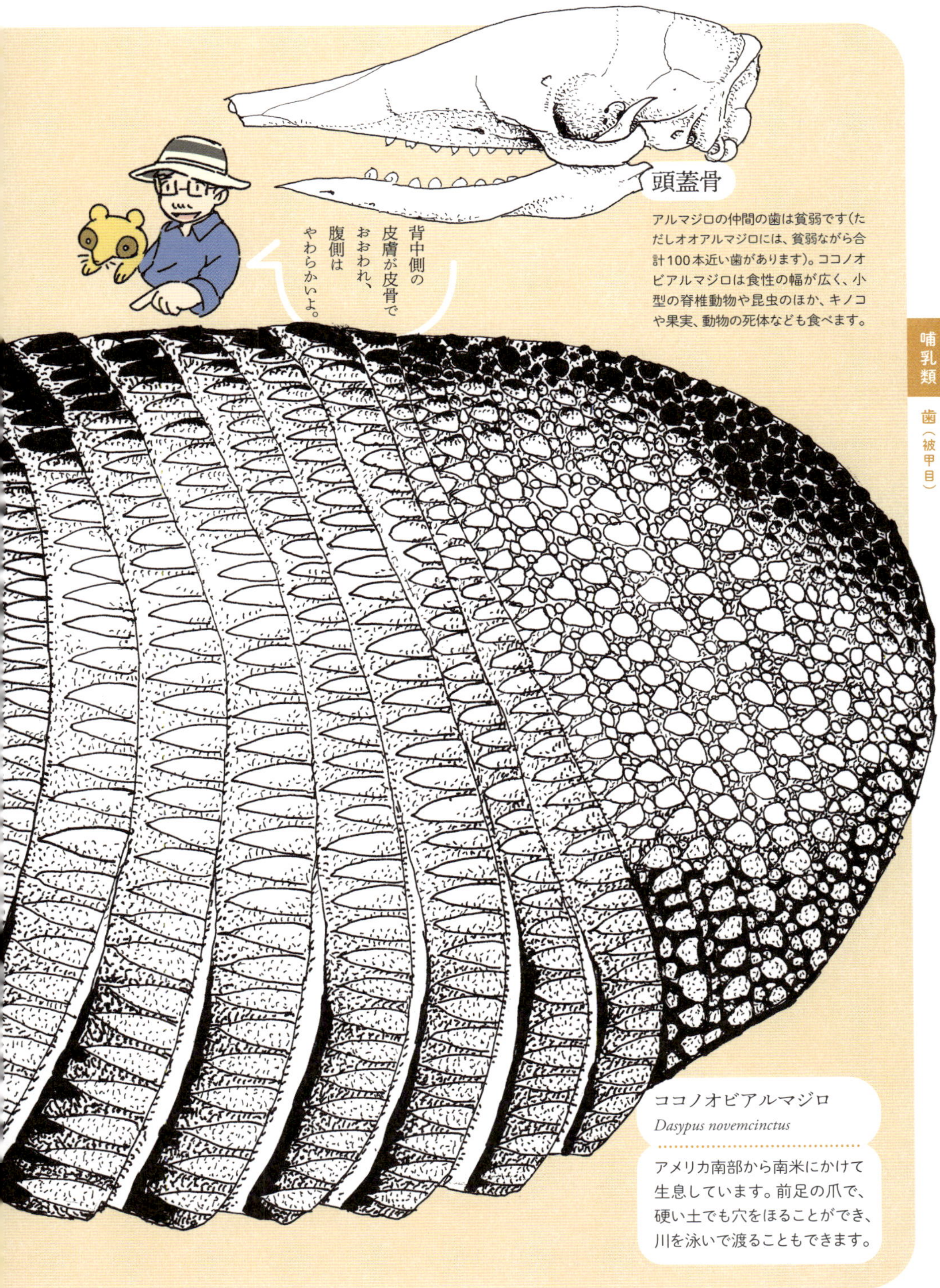
頭蓋骨
背中側の皮膚が皮骨でおおわれ、腹側はやわらかいよ。

アルマジロの仲間の歯は貧弱です（ただしオオアルマジロには、貧弱ながら合計100本近い歯があります）。ココノオビアルマジロは食性の幅が広く、小型の脊椎動物や昆虫のほか、キノコや果実、動物の死体なども食べます。

ココノオビアルマジロ
Dasypus novemcinctus

アメリカ南部から南米にかけて生息しています。前足の爪で、硬い土でも穴をほることができ、川を泳いで渡ることもできます。

歯はいらない

オオアリクイ

アリクイはナマケモノと同じ有毛目というグループに分類されています。有毛目は、アルマジロの仲間が所属する被甲目とあわせて、異節類と呼ばれています。異節類という呼び名は、脊椎の関節の仕方に、ほかの哺乳類には見られない特徴があるからです。南米に生息するオオアリクイの前肢の第2、第3指には、シロアリの巣をこわすのに適した強力な爪があり、これは防御の際にも使われます。

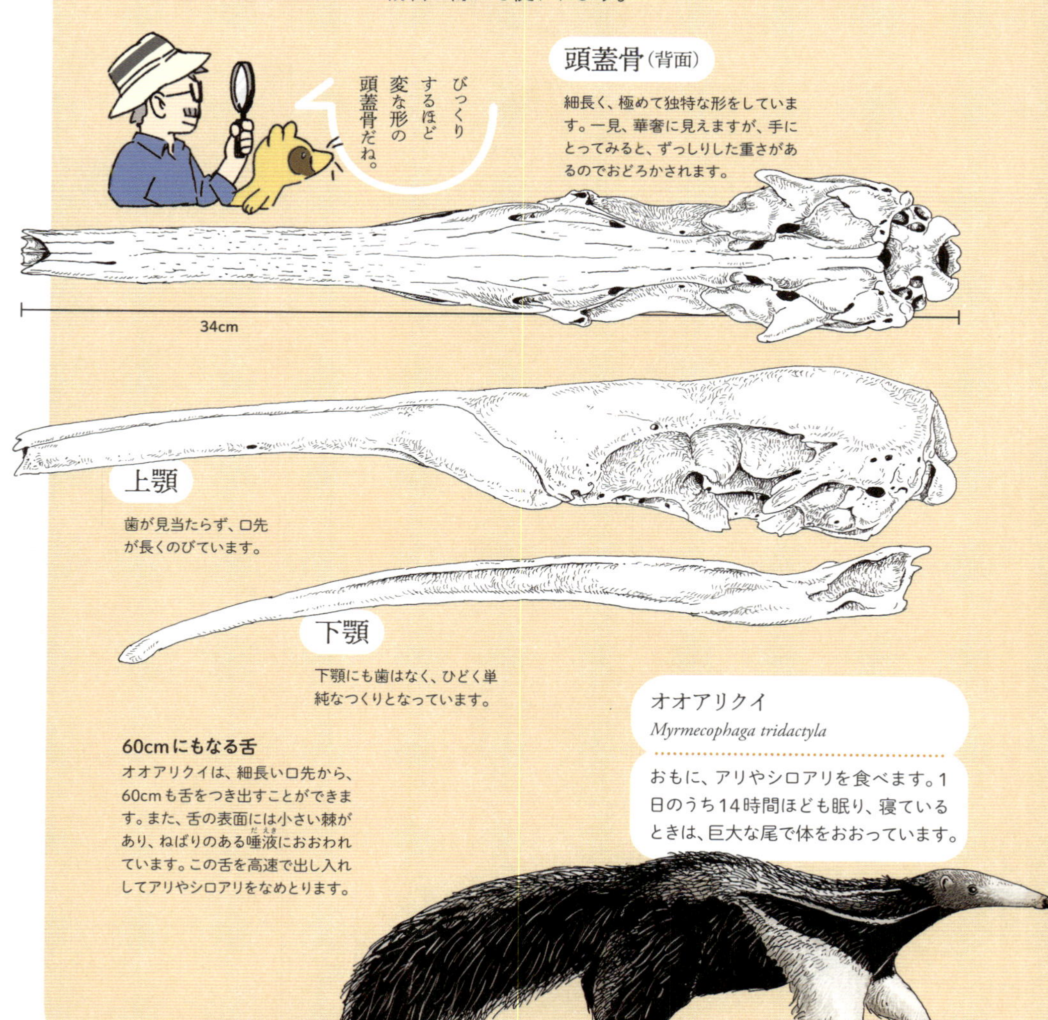

びっくりするほど変な形の頭蓋骨だね。
34cm

頭蓋骨（背面）

細長く、極めて独特な形をしています。一見、華奢に見えますが、手にとってみると、ずっしりした重さがあるのでおどろかされます。

上顎

歯が見当たらず、口先が長くのびています。

下顎

下顎にも歯はなく、ひどく単純なつくりとなっています。

60cmにもなる舌

オオアリクイは、細長い口先から、60cmも舌をつき出すことができます。また、舌の表面には小さい棘があり、ねばりのある唾液（だえき）におおわれています。この舌を高速で出し入れしてアリやシロアリをなめとります。

オオアリクイ
Myrmecophaga tridactyla

おもに、アリやシロアリを食べます。1日のうち14時間ほども眠り、寝ているときは、巨大な尾で体をおおっています。

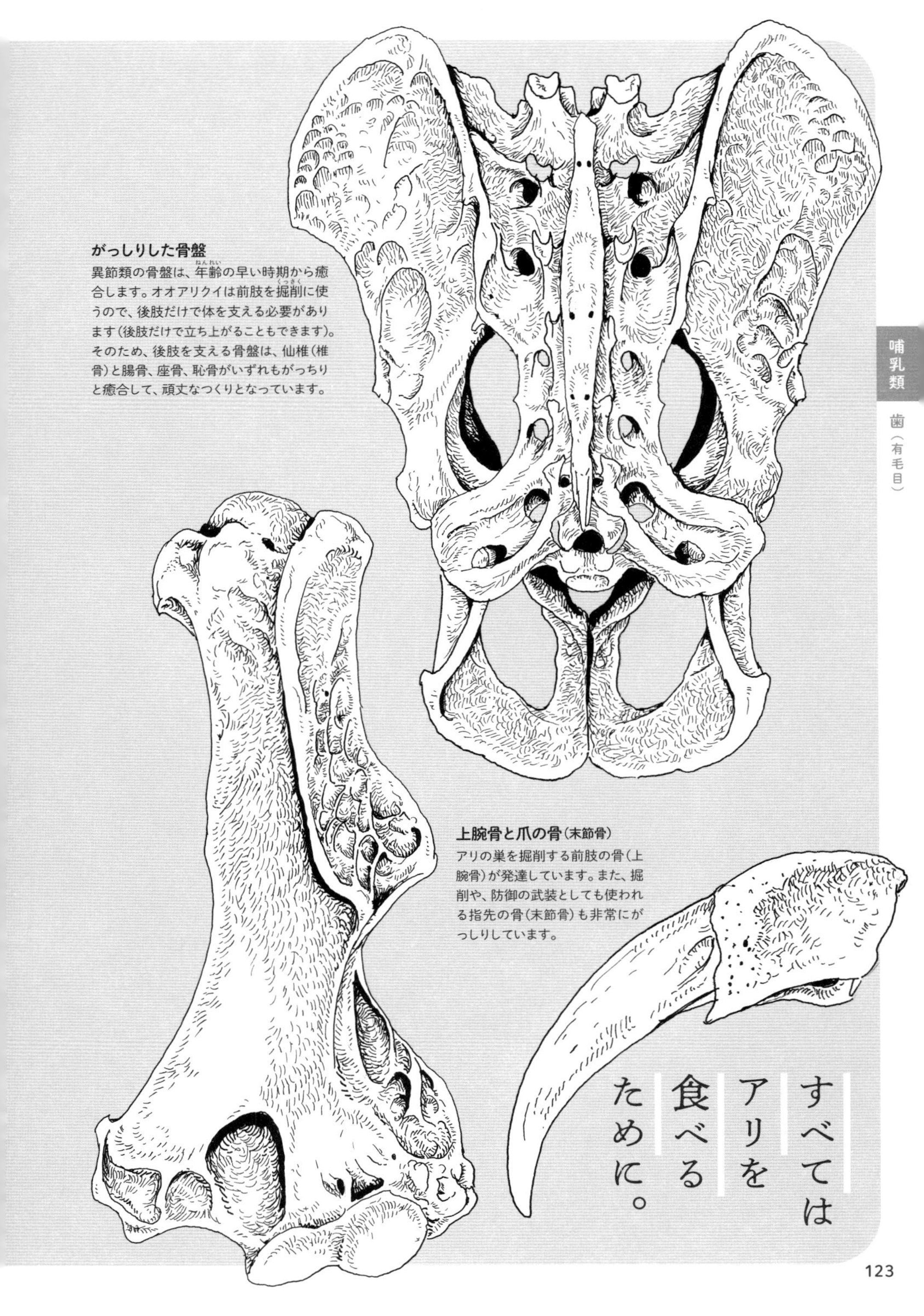

すべてはアリを食べるために。

がっしりした骨盤

異節類の骨盤は、年齢の早い時期から癒合します。オオアリクイは前肢を掘削に使うので、後肢だけで体を支える必要があります（後肢だけで立ち上がることもできます）。そのため、後肢を支える骨盤は、仙椎（椎骨）と腸骨、座骨、恥骨がいずれもがっちりと癒合して、頑丈なつくりとなっています。

上腕骨と爪の骨（末節骨）

アリの巣を掘削する前肢の骨（上腕骨）が発達しています。また、掘削や、防御の武装としても使われる指先の骨（末節骨）も非常にがっしりしています。

切歯が二重

カイウサギ

ウサギの頭蓋骨には、常生歯性（一生のび続ける歯）の切歯があり、犬歯がなく、臼歯と切歯の間にはすき間があるという、齧歯類［▶P.126］の頭骨とよく似た特徴をもっています。しかしウサギは、一対の切歯の後ろにもう一対の楔状（くさびじょう）切歯と呼ばれる歯をもつという特徴があります。そのため、ウサギはウサギ目という独自のグループに位置づけられています。なお、近年の遺伝子解析の結果では、ウサギ目は齧歯目とは近縁のグループであることがわかっています。

耳がないとわからない。

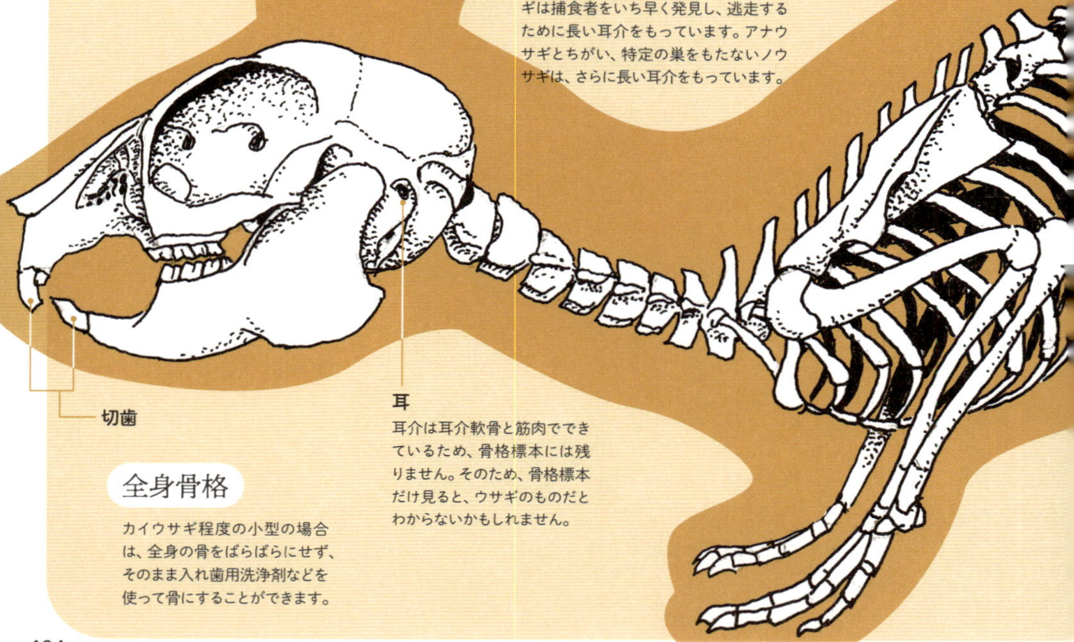

カイウサギ
Oryctolagus cuniculus

イベリア半島に生息していた野生のアナウサギを家畜化したものです。6世紀から10世紀ごろにヨーロッパで家畜化されたと考えられています。

耳介
ウサギは肉食獣や大型猛禽類にとって、重要な餌となっています。そのため、ウサギは捕食者をいち早く発見し、逃走するために長い耳介をもっています。アナウサギとちがい、特定の巣をもたないノウサギは、さらに長い耳介をもっています。

切歯

耳
耳介は耳介軟骨と筋肉でできているため、骨格標本には残りません。そのため、骨格標本だけ見ると、ウサギのものだとわからないかもしれません。

全身骨格

カイウサギ程度の小型の場合は、全身の骨をばらばらにせず、そのまま入れ歯用洗浄剤などを使って骨にすることができます。

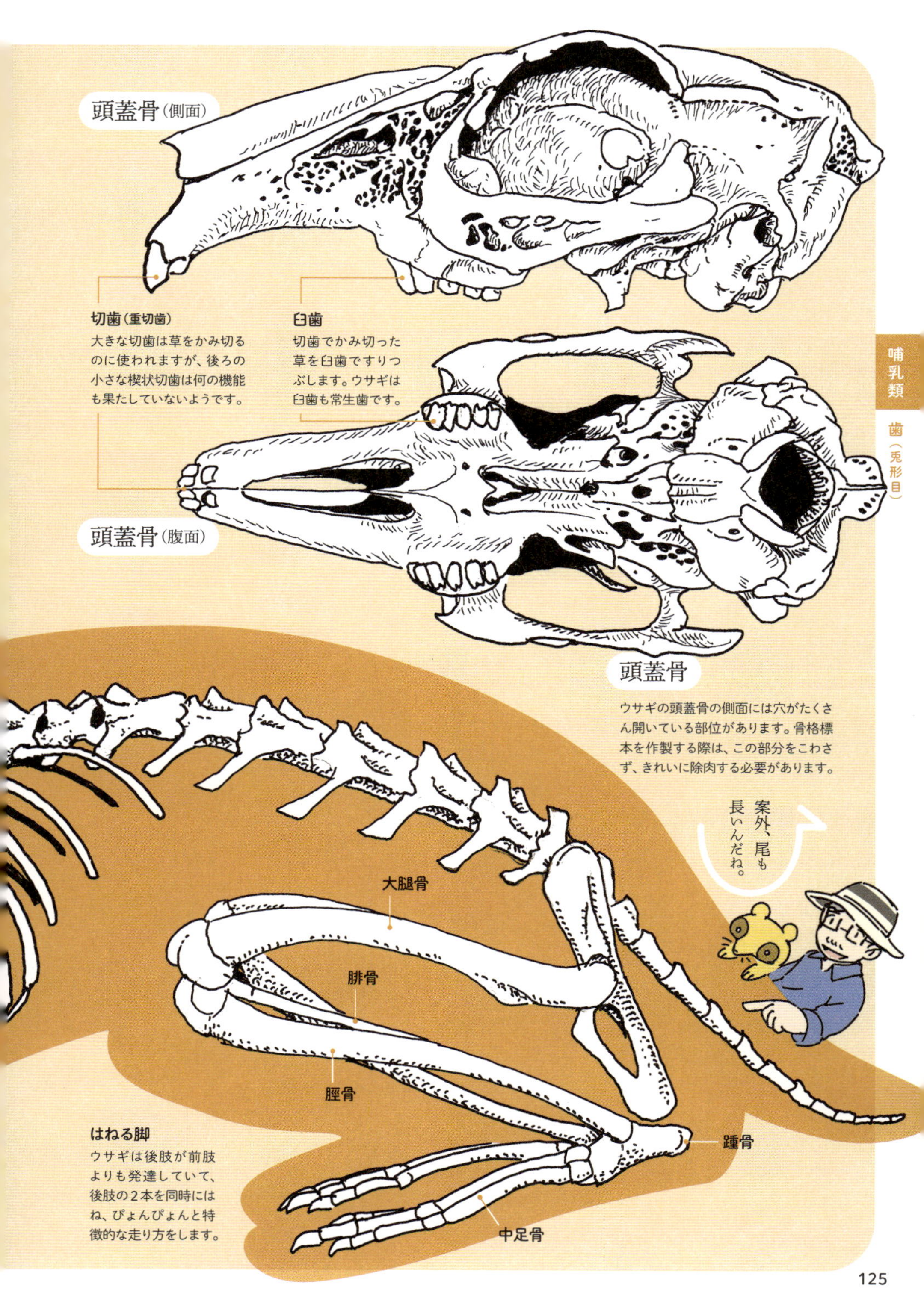
頭蓋骨（側面）
切歯（重切歯）
大きな切歯は草をかみ切るのに使われますが、後ろの小さな楔状切歯は何の機能も果たしていないようです。
臼歯
切歯でかみ切った草を臼歯ですりつぶします。ウサギは臼歯も常生歯です。
頭蓋骨（腹面）
頭蓋骨
ウサギの頭蓋骨の側面には穴がたくさん開いている部位があります。骨格標本を作製する際は、この部分をこわさず、きれいに除肉する必要があります。
案外、尾も長いんだね。
大腿骨
腓骨
脛骨
はねる脚
ウサギは後肢が前肢よりも発達していて、後肢の2本を同時にはね、ぴょんぴょんと特徴的な走り方をします。
踵骨
中足骨

この世でもっとも大きい齧歯類

カピバラ

全哺乳類約5400種のうち、2200種以上がネズミの仲間である齧歯類で占められています。すなわち齧歯類は、草原や森林だけでなく、ツンドラや砂漠、さらには都市の中まで、世界のあらゆる環境に適応している哺乳類だといえるでしょう。その大きさも体重6gから70kgまでの差があります。この多様な齧歯類は、ネズミ形亜目、ウロコオリス亜目、ビーバー形亜目、テンジクネズミ形亜目、リス形亜目の5グループに分けられています。世界最大の齧歯類であるカピバラは、テンジクネズミ形亜目に属します。

温泉好きの、巨大なネズミ。

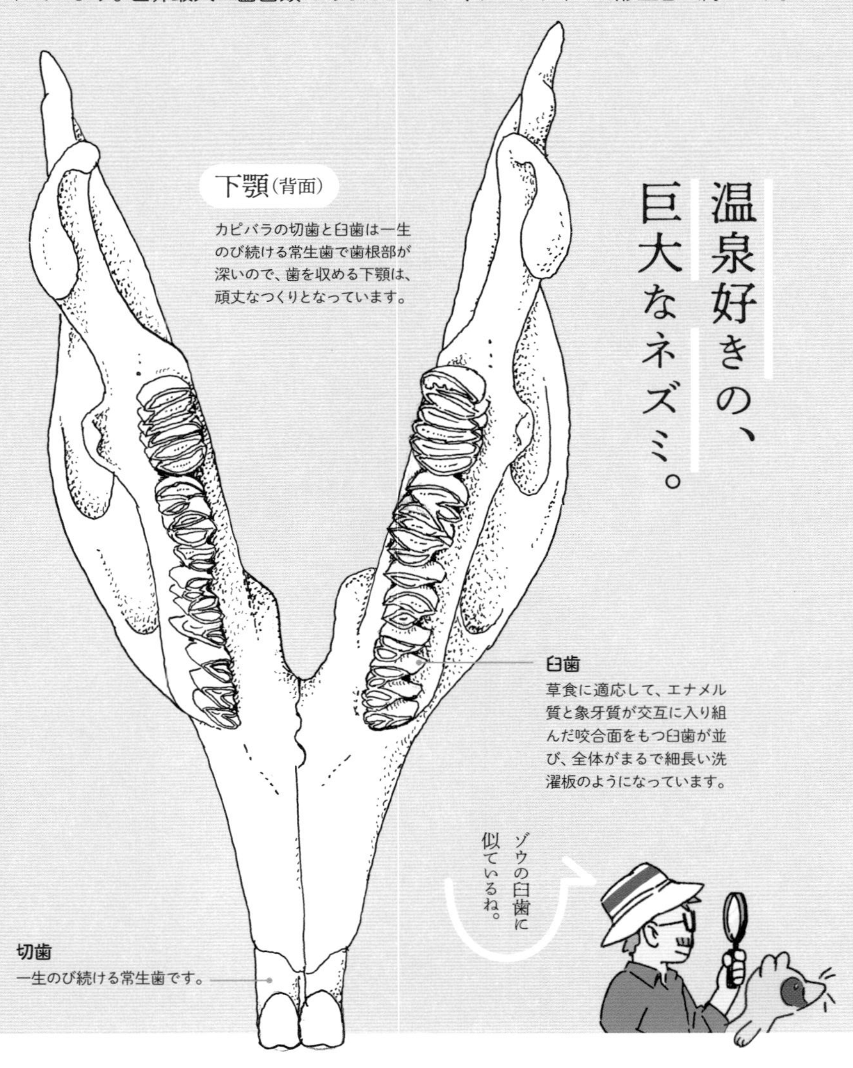
下顎（背面）
カピバラの切歯と臼歯は一生のび続ける常生歯で歯根部が深いので、歯を収める下顎は、頑丈なつくりとなっています。
臼歯
草食に適応して、エナメル質と象牙質が交互に入り組んだ咬合面をもつ臼歯が並び、全体がまるで細長い洗濯板のようになっています。
切歯
一生のび続ける常生歯です。
ゾウの臼歯に似ているね。

Column

カピバラ後肢の指の数

家に出没(しゅつぼつ)するクマネズミは、前肢に４本、後肢に５本の指をもっています。ところが、同じ齧歯類でもカピバラの場合、前肢は４本ありますが、後肢の指は３本しかありません。こうした指の数のちがいはテンジクネズミ形亜目に見られるもので、このグループに所属するモルモットも、同様の指の数となっています。

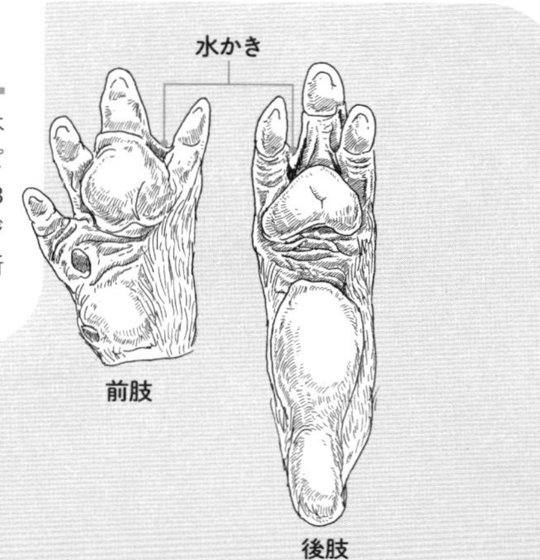

水かき
前肢
後肢

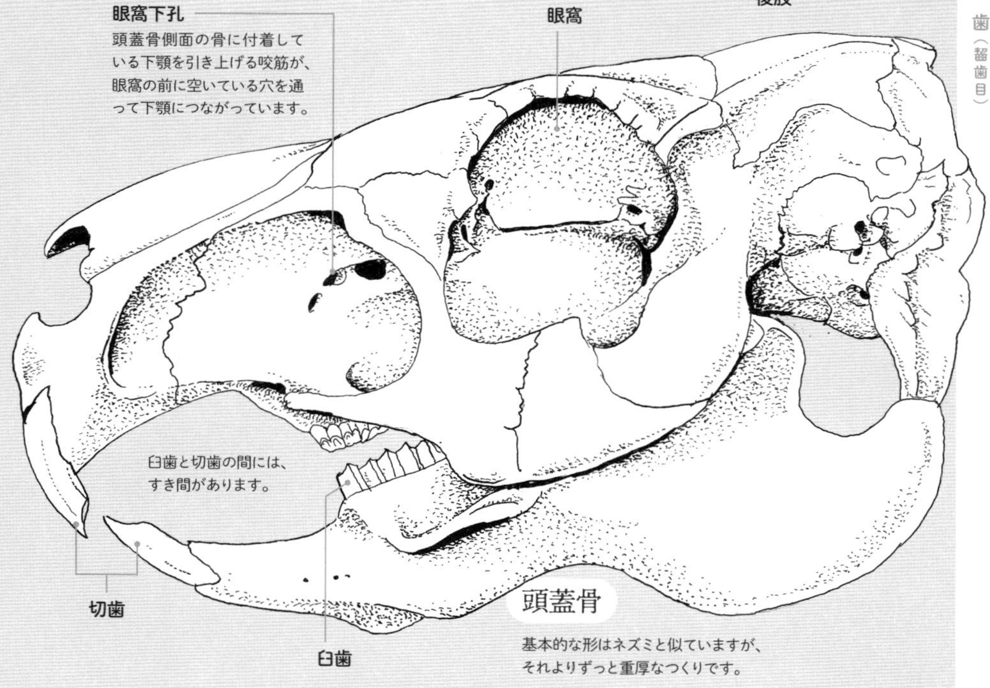

眼窩下孔
頭蓋骨側面の骨に付着している下顎を引き上げる咬筋が、眼窩の前に空いている穴を通って下顎につながっています。
眼窩
臼歯と切歯の間には、すき間があります。
切歯
臼歯

頭蓋骨

基本的な形はネズミと似ていますが、それよりずっと重厚なつくりです。

カピバラ
Hydrochoerus hydrochaeris

南米のアマゾン川流域などに生息し、イネ科の草を食べながら、水中や水辺で生活しています。水中生活にあわせ、前肢や後肢には水かきがあります。日本で飼育されているカピバラが温泉好きなのは、熱帯の水辺原産だからですね。

洗濯板のような臼歯が命

アジアゾウ

アジアゾウは体高が3〜3.4m、体重が4700〜5400kgと、アフリカゾウと並んで、陸上で最大の哺乳類です。体の大きなゾウは、ほかの草食動物が利用できない大きくて硬い木などの餌資源を利用できます。例えば、樹皮を食べるときは、牙の先で樹皮に切れ目をつけ、鼻で樹皮をはいで食べます。ただし、消化器官がウシやウマに比べると草食動物特有の発達をとげていないので、食物の栄養のうち、4〜5割程度しか吸収できません。結果、大量の餌を食べ、必要な栄養を確保することになります。

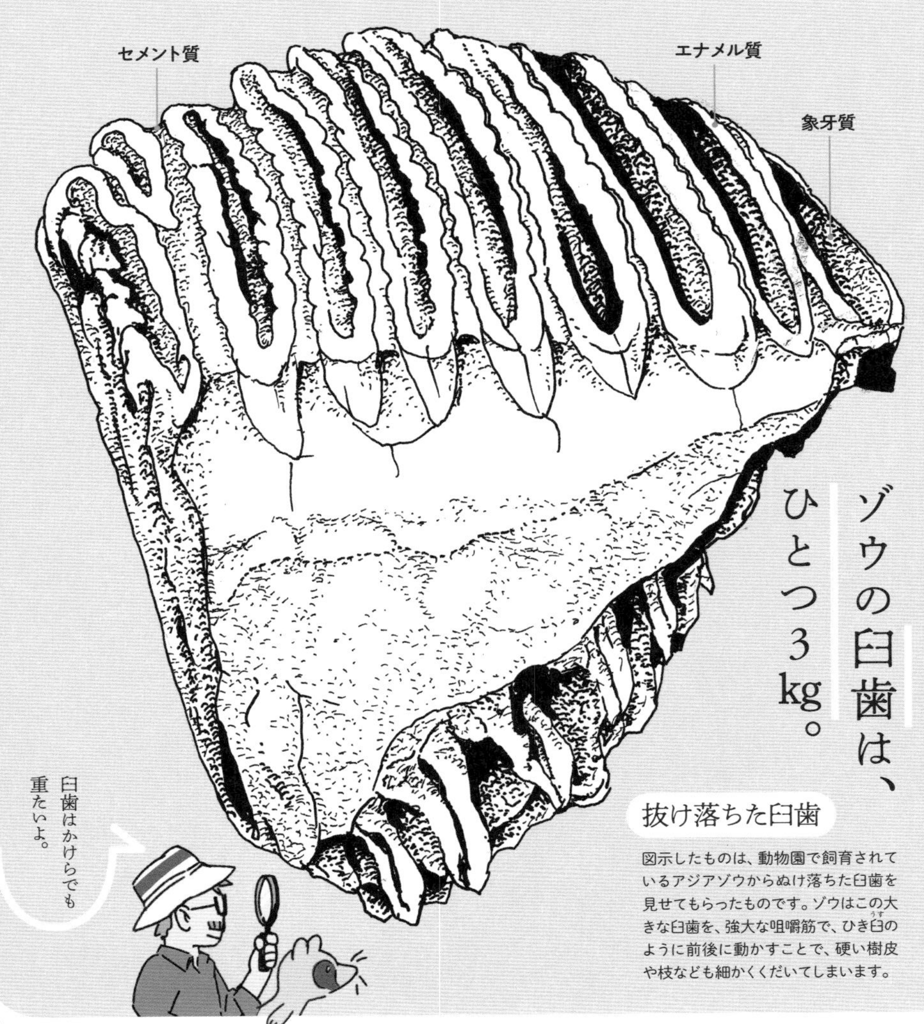
セメント質
エナメル質
象牙質
臼歯はかけらでも
重たいよ。

ゾウの臼歯は、ひとつ3kg。

抜け落ちた臼歯

図示したものは、動物園で飼育されているアジアゾウからぬけ落ちた臼歯を見せてもらったものです。ゾウはこの大きな臼歯を、強大な咀嚼筋で、ひき臼のように前後に動かすことで、硬い樹皮や枝なども細かくくだいてしまいます。

Column

ゾウの臼歯は入れかえ式

ゾウの上顎、下顎には、片側にそれぞれ6本ずつの臼歯（乳臼歯3本、臼歯3本）があります。ただし、これらの臼歯は一度に生えているわけではありません。ゾウの場合、臼歯は一生の間に、次々に生えかわっていくのです。おもに使っている要の臼歯がすり減ると、その歯は次第に口の先の方へ移動し、顎の奥から次の臼歯が顔を出します。やがて前に移動した歯は、新たな歯におされるようにしてぬけ落ちます。6本目の臼歯がすり減りきる、60〜70歳がゾウの寿命ということになります。

臼歯が生えていく方向

第3臼歯

第2臼歯

第1臼歯

頭蓋骨

象牙は第二切歯がのびたものです。アジアゾウの場合、メスには長くのびた象牙は見られませんが、オスでは長さ3mの記録があります。ゾウの頭蓋骨の正面中央には鼻の孔があるので、古代には、小型のゾウの頭蓋骨化石が一つ目巨人の頭の骨と思われたことがありました。

アジアゾウ

Elephas maximus

東南アジア、中国南部、インドに分布。アフリカゾウに比べるとやや小型で、耳介も小さいです。

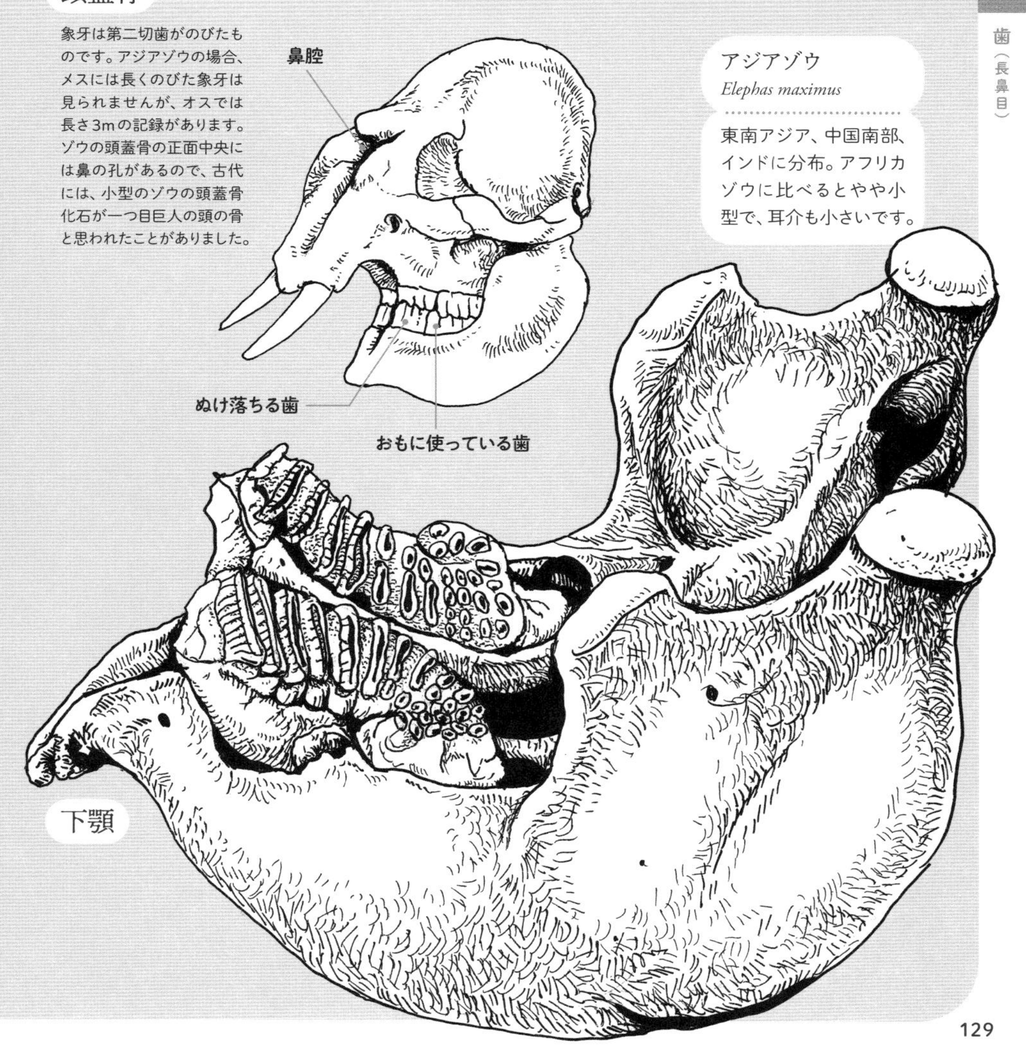

鼻腔
ぬけ落ちる歯
おもに使っている歯

下顎

海にもどったゾウの親戚

ジュゴン

人魚のモデルともいわれるジュゴンは、陸上で進化した哺乳類のうち、海にもどったカイギュウ目と呼ばれるグループの一員です。カイギュウ目には、ジュゴンのほかに3種類のマナティーと、絶滅したステラーカイギュウがふくまれます。ジュゴンは、後肢が退化して尾びれをもつなど、クジラ類と同様の体型ですが縁は遠く、一番近い哺乳類のグループはゾウの仲間です。ゾウの臼歯の生えかわり方は、水平交換と呼ばれる形式ですが［▶P.129］、ジュゴンの臼歯の生えかわり方も水平交換なのです。

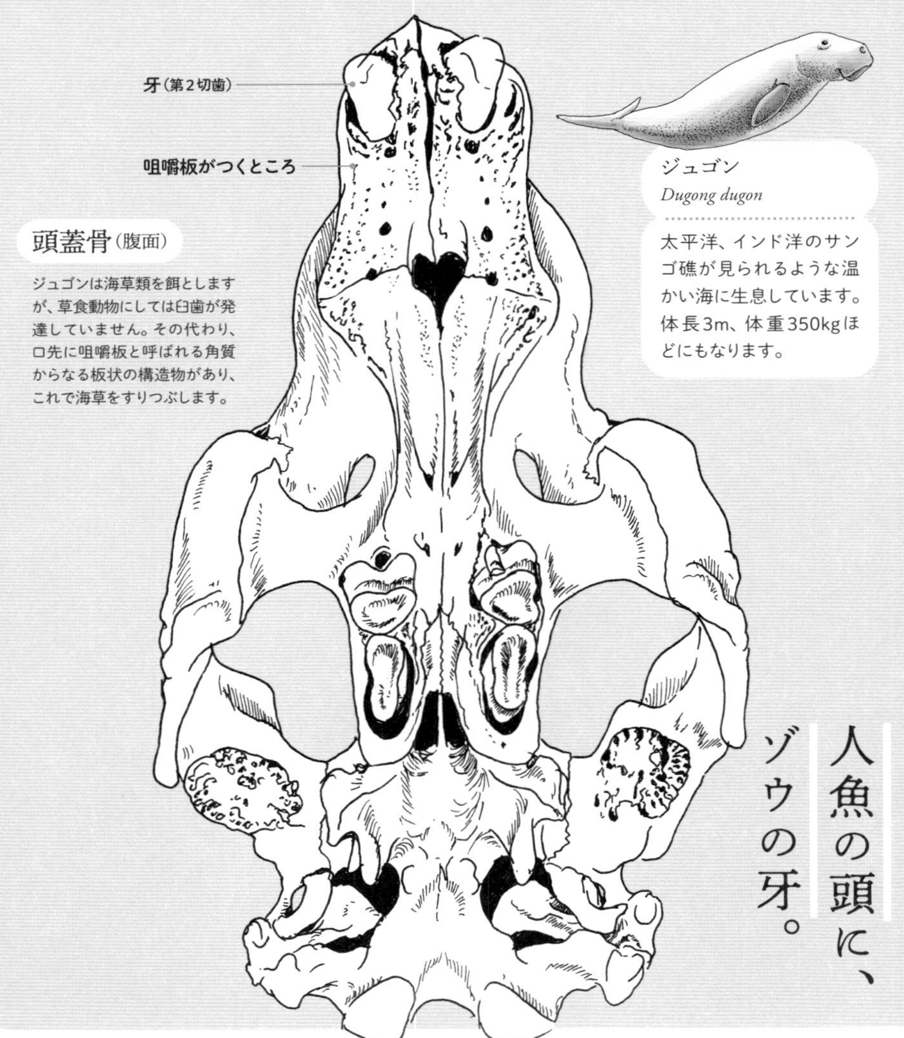
牙（第2切歯）
咀嚼板がつくところ

頭蓋骨（腹面）

ジュゴンは海草類を餌としますが、草食動物にしては臼歯が発達していません。その代わり、口先に咀嚼板と呼ばれる角質からなる板状の構造物があり、これで海草をすりつぶします。

ジュゴン
Dugong dugon

太平洋、インド洋のサンゴ礁が見られるような温かい海に生息しています。体長3m、体重350kgほどにもなります。

人魚の頭に、ゾウの牙。

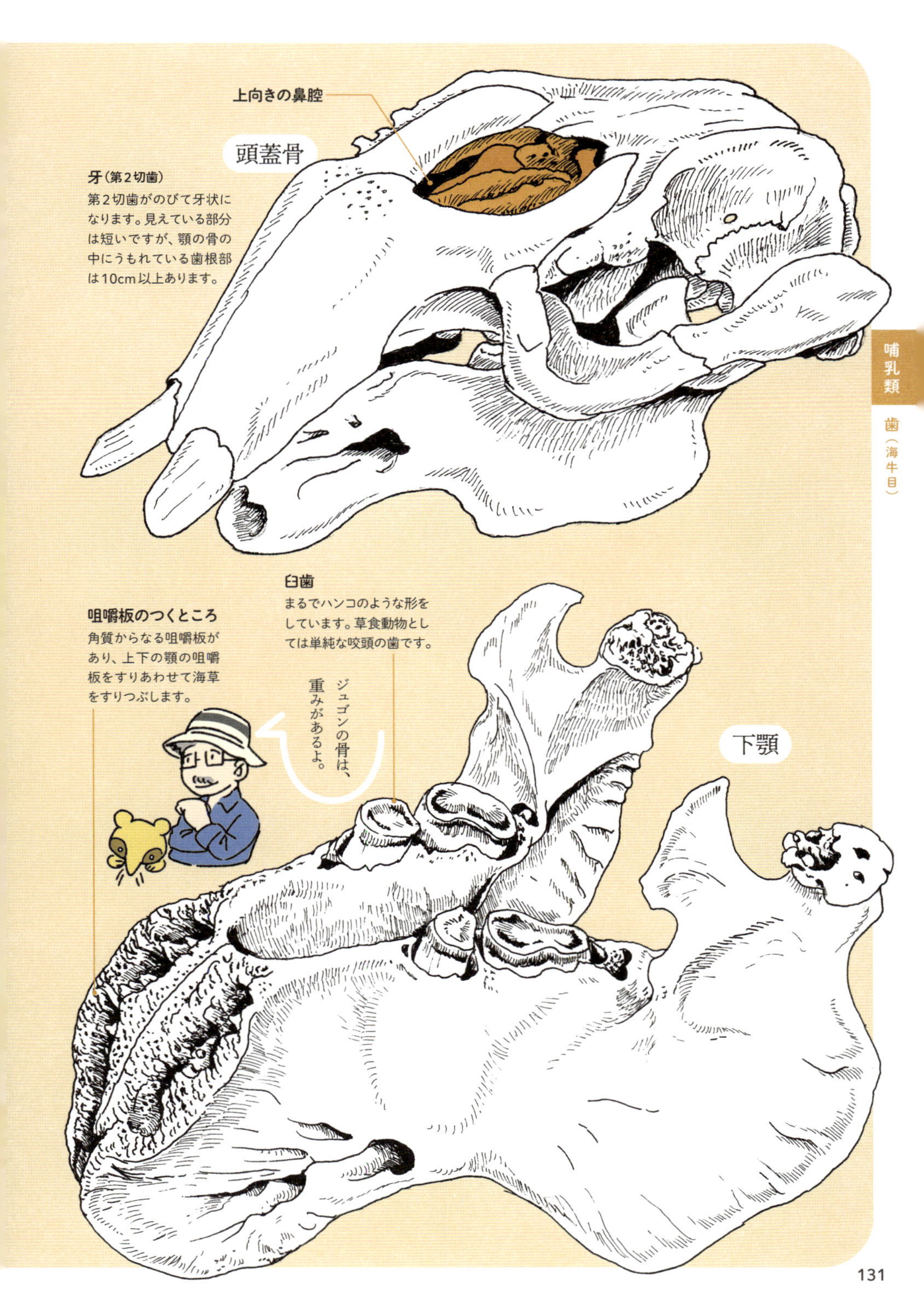
上向きの鼻腔
頭蓋骨
牙（第2切歯）
第2切歯がのびて牙状になります。見えている部分は短いですが、顎の骨の中にうもれている歯根部は10cm以上あります。
臼歯
まるでハンコのような形をしています。草食動物としては単純な咬頭の歯です。
咀嚼板のつくところ
角質からなる咀嚼板があり、上下の顎の咀嚼板をすりあわせて海草をすりつぶします。
ジュゴンの骨は、重みがあるよ。
下顎
哺乳類
歯（海牛目）

貝塚とジュゴンの骨

最初にジュゴンの骨を拾ったのは、干潮時、西表島の河口部に広がる干潟で、海の生きものを探しているときのことだった。泥の上に顔を出している茶色く変色した骨。形からすると肩甲骨だが、見たことがない形をしていた。拾いあげてみると、ずっしりと重い。瞬間、「ジュゴンだ」と思った。

ジュゴンの餌は海底に生える海草である。植物に多量にふくまれる繊維質は、容易に消化吸収できないため、草食動物は、餌を胃や腸で発酵させる。このとき、ガスが発生する。水中でくらすジュゴンの場合、発生したガスが浮力を生んでしまい、潜水を困難にする可能性がある。そうしたことから、ジュゴンは体内に、ほかの哺乳類に比べて重い骨をかくしもっている。ダイバーが潜水する際に鉛のおもりを腰につけるようなものだ。だから、見たことがない骨でも、そのずっしりした質感を感じたとき、僕は拾いあげた骨がジュゴンであることを確信したのである。

かつて、西表島をふくむ八重山の島々の近海には、ジュゴンが豊富に見られた。ジュゴンは潮の満ち干にあわせ、サンゴ礁の内側に広がる浅瀬（沖縄でイノーという）の砂地に生える海草を食べにやってきた。貝塚時代の人々はジュゴンを捕獲し、食べたあとの骨を貝塚に捨てていた。そして、波や雨によって削られた貝塚遺跡から洗い出されたその骨が、干潟の上に転がっていたというわけである。

その後は、意識的に海岸でジュゴンの骨を探すようになった。すると、ぽつり、ぽつりであったけれど、同じように貝塚由来の骨が落ちていることに気がついた。一番多く見つかるのは肋骨のかけらである。ジュゴンは肋骨も厚みがあって重いため、すぐにそれとわかる。

八重山の貝塚時代は14世紀ごろまで続いたが、その後、琉球王府の統治下に入り、ジュゴンは王家の管理するところとなった。西表島の沖に浮かぶ、新城島の人々がジュゴン猟を行い、税の一部としてジュゴンを王府に納めることになったのである。王府に納めたのは捕獲したジュゴンの皮を干したもので、これは王府にとって貴重な客人が来たときなどに、鰹節のようにけずって供されたという。

僕は沖縄に移住する以前から、年に一度は西表島に訪れていた。その定宿の主人が新城島の出身であった。明治期に琉球王府が廃されると、ジュゴンの捕獲管理もなくなり、結果、乱獲が引きおこされ、八重山からジュゴンの姿は消えた。それでも、新城の人々には、ジュゴン猟の歌が伝承されている。僕は宿の主人から、その歌を教えてもらう機会を得た。

歌の大意は「防潮林でオオハマボウやアダンから繊維を取りだして、ジュゴン猟の網を作って、それを舟に乗せて石垣島の方へこいで行って、サンゴ礁の切れ目（ジュゴンが出入り口とするところ）に網を張って、引き潮を待って、外洋に出ようとするジュゴンを捕ろうとして……」というものだ。

南の島には、海にもどった哺乳類と関わる長い歴史が残されている。浜に転がる骨と島に伝わる歌から、それを垣間見ることができる。

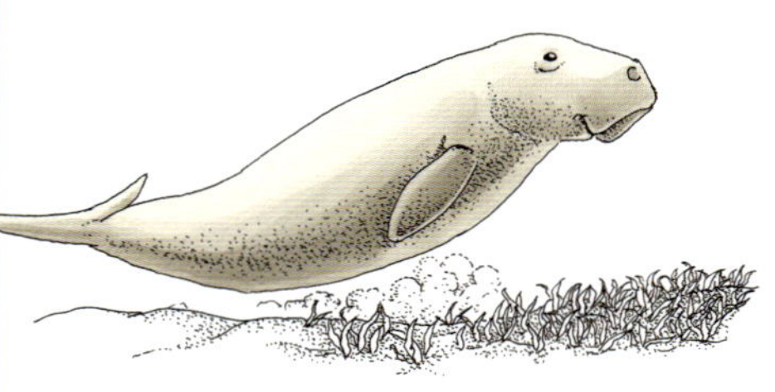

海底に生える海草とジュゴン

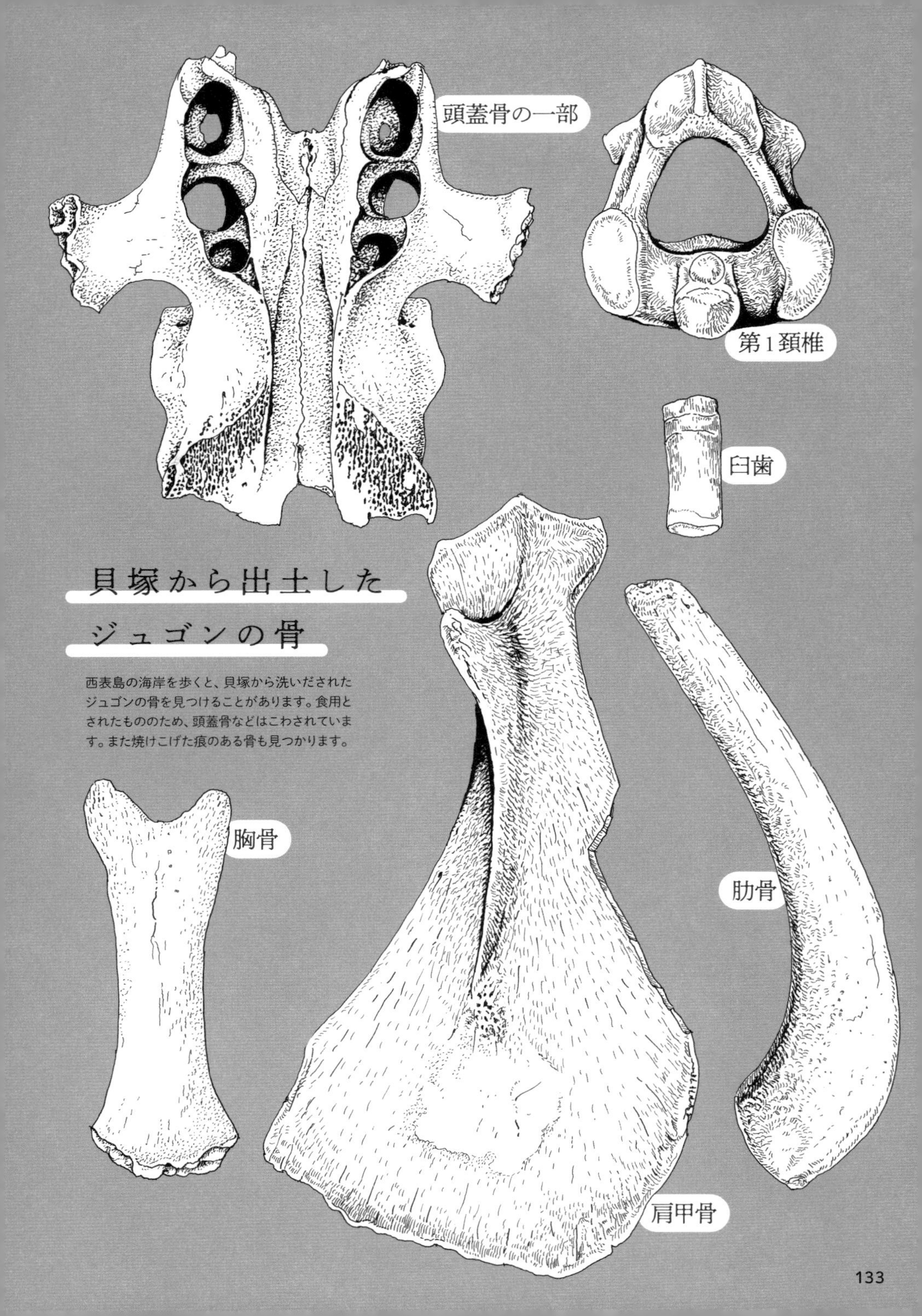
頭蓋骨の一部
第1頸椎
臼歯
胸骨
肋骨
肩甲骨

貝塚から出土したジュゴンの骨

西表島の海岸を歩くと、貝塚から洗いだされたジュゴンの骨を見つけることがあります。食用とされたもののため、頭蓋骨などはこわされています。また焼けこげた痕のある骨も見つかります。

イルカの歯は同形歯

イルカ

クジラは大きくハクジラ類とヒゲクジラ類に分けられます。そのうち、ハクジラ類の小型のものを慣例的にイルカと言っていますが、イルカという分類単位があるわけではありません。海に進出した哺乳類の中で、クジラ類はもっとも海洋環境に適応し、繁栄しているグループで、その数は85種にのぼります。中には河川を生息域にしているカワイルカの仲間や、深海までもぐることのできるマッコウクジラ、外洋域に生息しているために、ほとんど生きた姿が知られていないアカボウクジラの仲間などもいます。

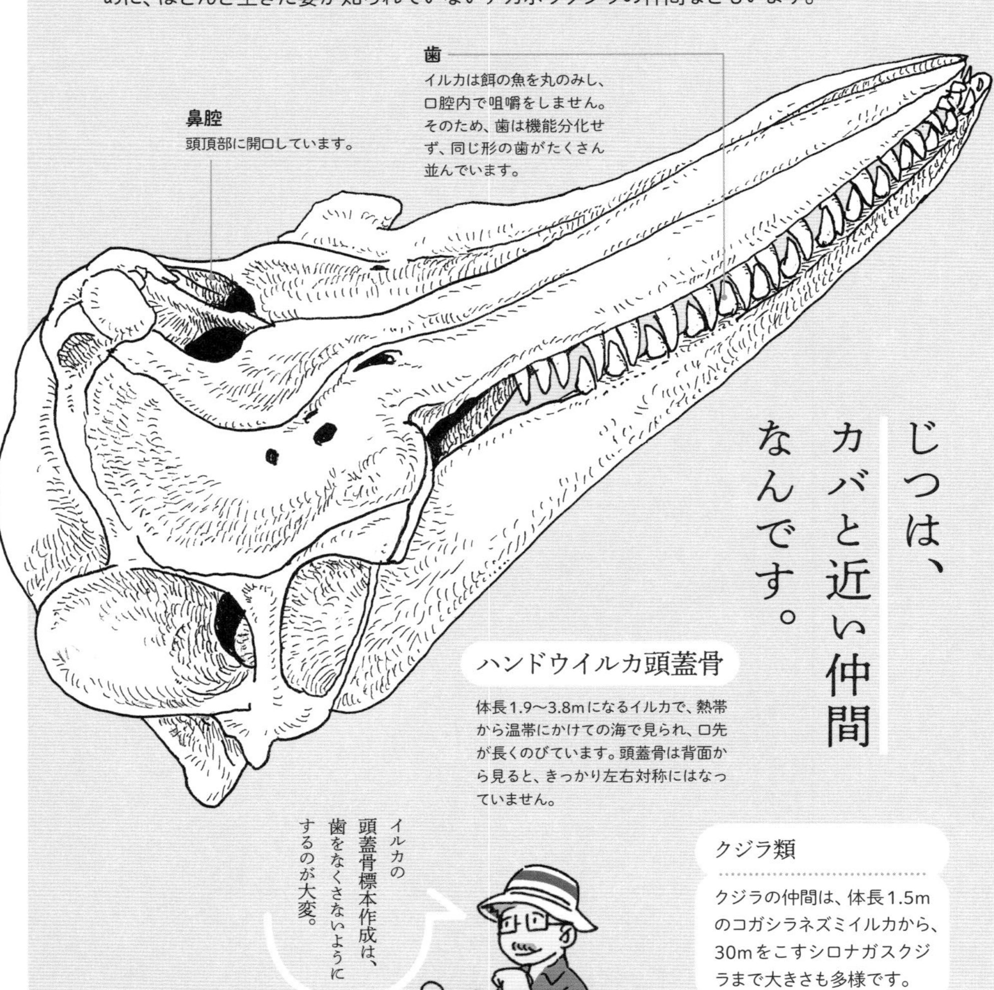

歯
イルカは餌の魚を丸のみし、口腔内で咀嚼をしません。そのため、歯は機能分化せず、同じ形の歯がたくさん並んでいます。
鼻腔
頭頂部に開口しています。
じつは、カバと近い仲間なんです。
イルカの頭蓋骨標本作成は、歯をなくさないようにするのが大変。

ハンドウイルカ頭蓋骨

体長1.9〜3.8mになるイルカで、熱帯から温帯にかけての海で見られ、口先が長くのびています。頭蓋骨は背面から見ると、きっかり左右対称にはなっていません。

クジラ類

クジラの仲間は、体長1.5mのコガシラネズミイルカから、30mをこすシロナガスクジラまで大きさも多様です。

Column

ジュゴンとイルカは祖先がちがう

ジュゴンをふくむカイギュウ類は、ゾウに近縁の動物です。一方、イルカをふくむクジラ類は、クジラの祖先にあたる動物の化石の研究や、遺伝子の解析によって、現生の哺乳類の中では偶蹄類のカバに一番近いということがわかりました。その結果、今はクジラ類と偶蹄類をあわせて、鯨偶蹄類という呼び名が使われています。

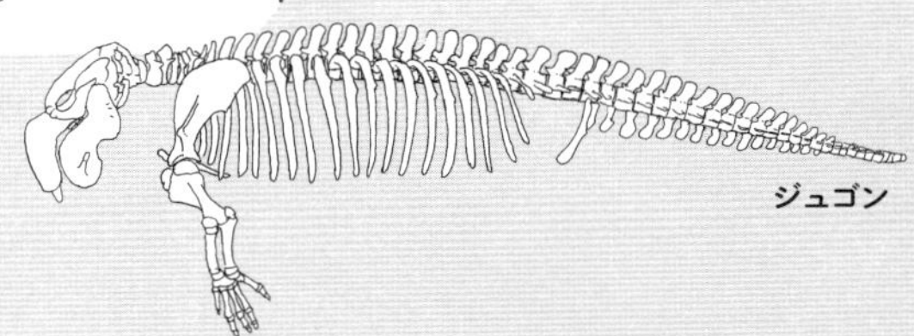
全身骨格
クジラ類
ジュゴン

イルカ・クジラの歯いろいろ

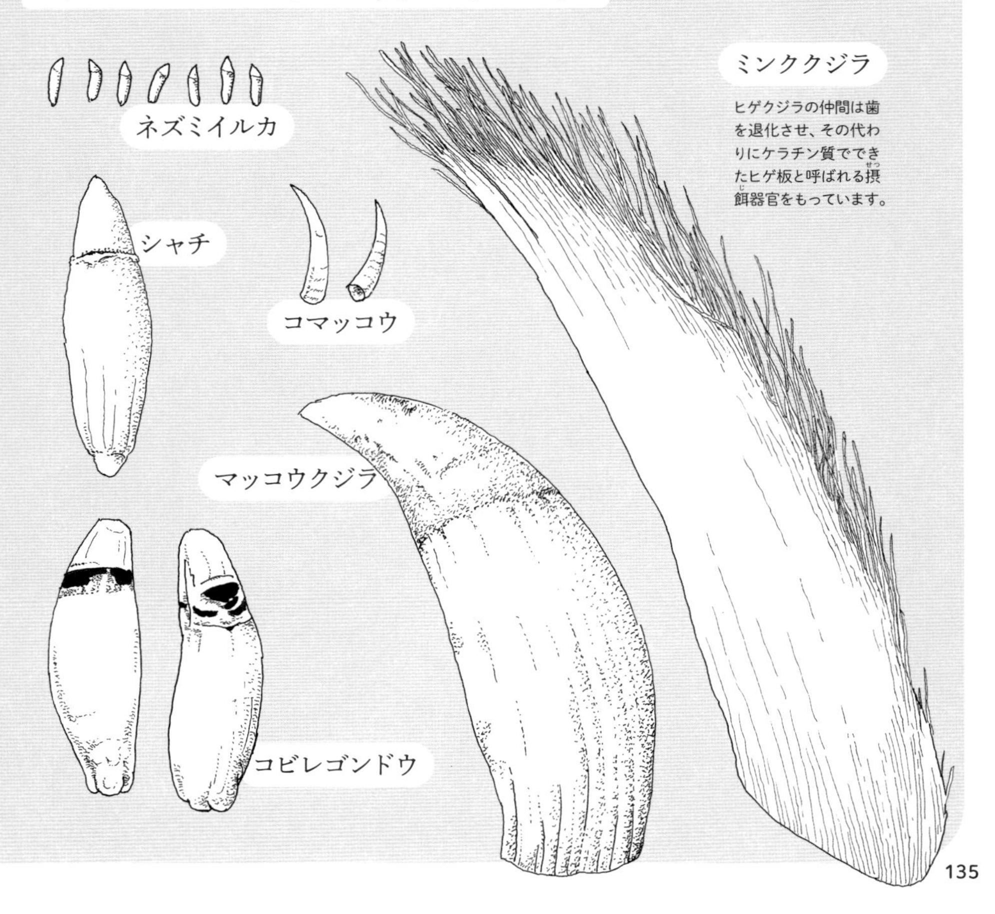
ネズミイルカ
シャチ
コマッコウ
マッコウクジラ
コビレゴンドウ
ミンククジラ
ヒゲクジラの仲間は歯を退化させ、その代わりにケラチン質でできたヒゲ板と呼ばれる摂餌器官をもっています。

牙がじまんのイノシシ

バビルサ

イノシシは、切歯、犬歯、前臼歯、臼歯と、哺乳類の歯の基本形がすべてそろっています。これは、あらゆる食物に対応できる、まさに雑食のイノシシにふさわしい歯列といえます。ただし、イノシシの餌はほとんどが植物で、特にドングリが好物です。また、イノシシはするどい嗅覚の持ち主です。イノシシの仲間では、上下の顎とも犬歯は牙状に発達し、さらに上顎の犬歯は反り返って上を向きます。バビルサは、この反り返った上顎の犬歯の先端が上唇を貫通してのび、まるでシカの角のように頭の上にそびえます。

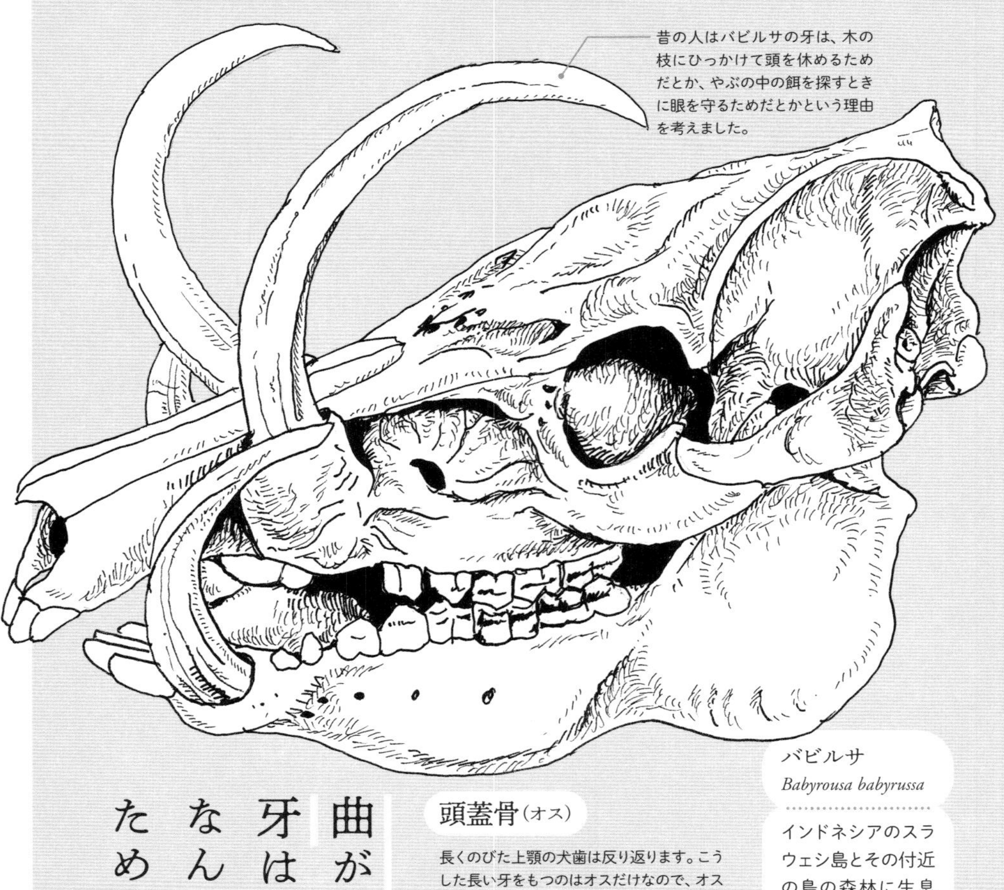
昔の人はバビルサの牙は、木の枝にひっかけて頭を休めるためだとか、やぶの中の餌を探すときに眼を守るためだとかという理由を考えました。

バビルサ
Babyrousa babyrussa

インドネシアのスラウェシ島とその付近の島の森林に生息しています。雑食性で、体重は100kgほどにもなります。

曲がった牙は、なんのため？

頭蓋骨（オス）

長くのびた上顎の犬歯は反り返ります。こうした長い牙をもつのはオスだけなので、オスがメスへのディスプレイに使うのではないかと考えられます。バビルサという名前は、インドネシア語でイノシシを意味する「バビ」と、シカを意味する「ルサ」に由来しています。

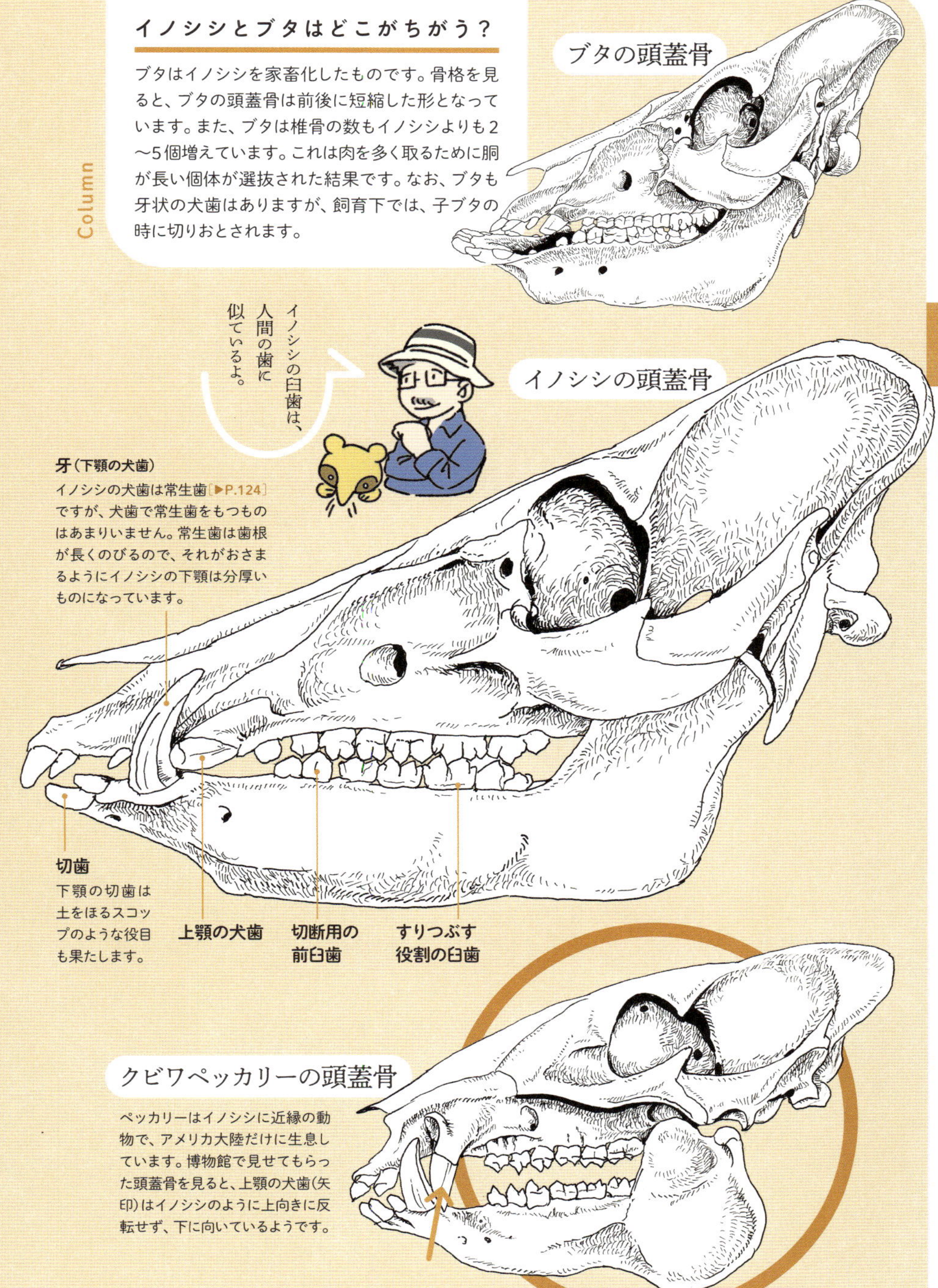
Column
イノシシとブタはどこがちがう？
ブタはイノシシを家畜化したものです。骨格を見ると、ブタの頭蓋骨は前後に短縮した形となっています。また、ブタは椎骨の数もイノシシよりも2〜5個増えています。これは肉を多く取るために胴が長い個体が選抜された結果です。なお、ブタも牙状の犬歯はありますが、飼育下では、子ブタの時に切りおとされます。
ブタの頭蓋骨
イノシシの臼歯は、人間の歯に似ているよ。
イノシシの頭蓋骨
牙（下顎の犬歯）
イノシシの犬歯は常生歯［▶P.124］ですが、犬歯で常生歯をもつものはあまりいません。常生歯は歯根が長くのびるので、それがおさまるようにイノシシの下顎は分厚いものになっています。
切歯
下顎の切歯は土をほるスコップのような役目も果たします。
上顎の犬歯
切断用の前臼歯
すりつぶす役割の臼歯
クビワペッカリーの頭蓋骨
ペッカリーはイノシシに近縁の動物で、アメリカ大陸だけに生息しています。博物館で見せてもらった頭蓋骨を見ると、上顎の犬歯（矢印）はイノシシのように上向きに反転せず、下に向いているようです。
哺乳類
歯（鯨偶蹄目）

サイの角は骨じゃない

シロサイ

哺乳類の角には、いくつかのタイプがあります。ウシの仲間の角は、頭蓋骨からのびる骨突起を、皮膚の角質が変化した角鞘で包んだもので、生えかわることがない洞角です。シカの枝角は、頭蓋骨からのびた骨突起ではないため、毎年生えかわります。サイの角は「中実角」と呼ばれてこれらの角とはちがい、皮膚が角質化して硬くなった繊維が集まってできたものです。爪のようなもののため、たとえ角が折れても再び成長し始めます。そんなサイの角は漢方薬や短剣の鞘として珍重されますが、密猟者は角だけでなく命までうばうため、生息数が減少しています。

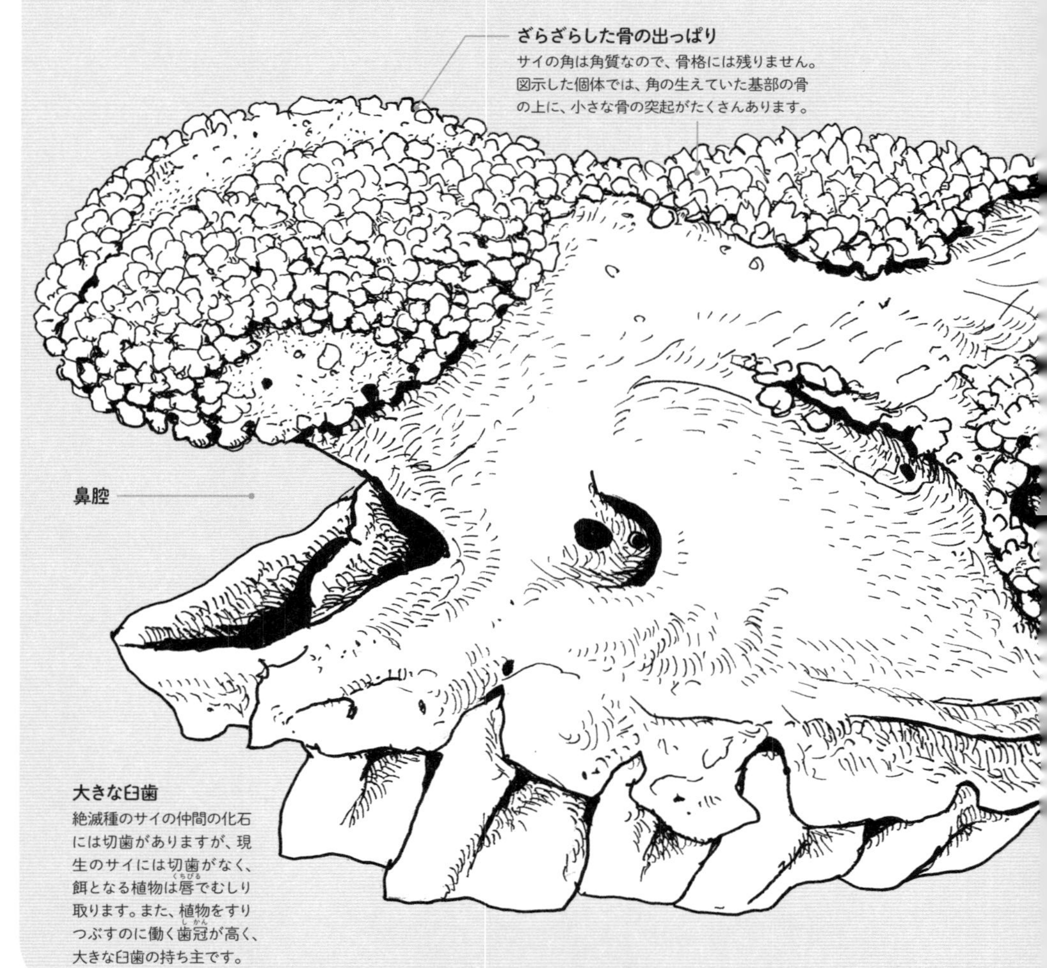

ざらざらした骨の出っぱり
サイの角は角質なので、骨格には残りません。図示した個体では、角の生えていた基部の骨の上に、小さな骨の突起がたくさんあります。
鼻腔
大きな臼歯
絶滅種のサイの仲間の化石には切歯がありますが、現生のサイには切歯がなく、餌となる植物は唇でむしり取ります。また、植物をすりつぶすのに働く歯冠が高く、大きな臼歯の持ち主です。

漢方として密猟されるサイの角。

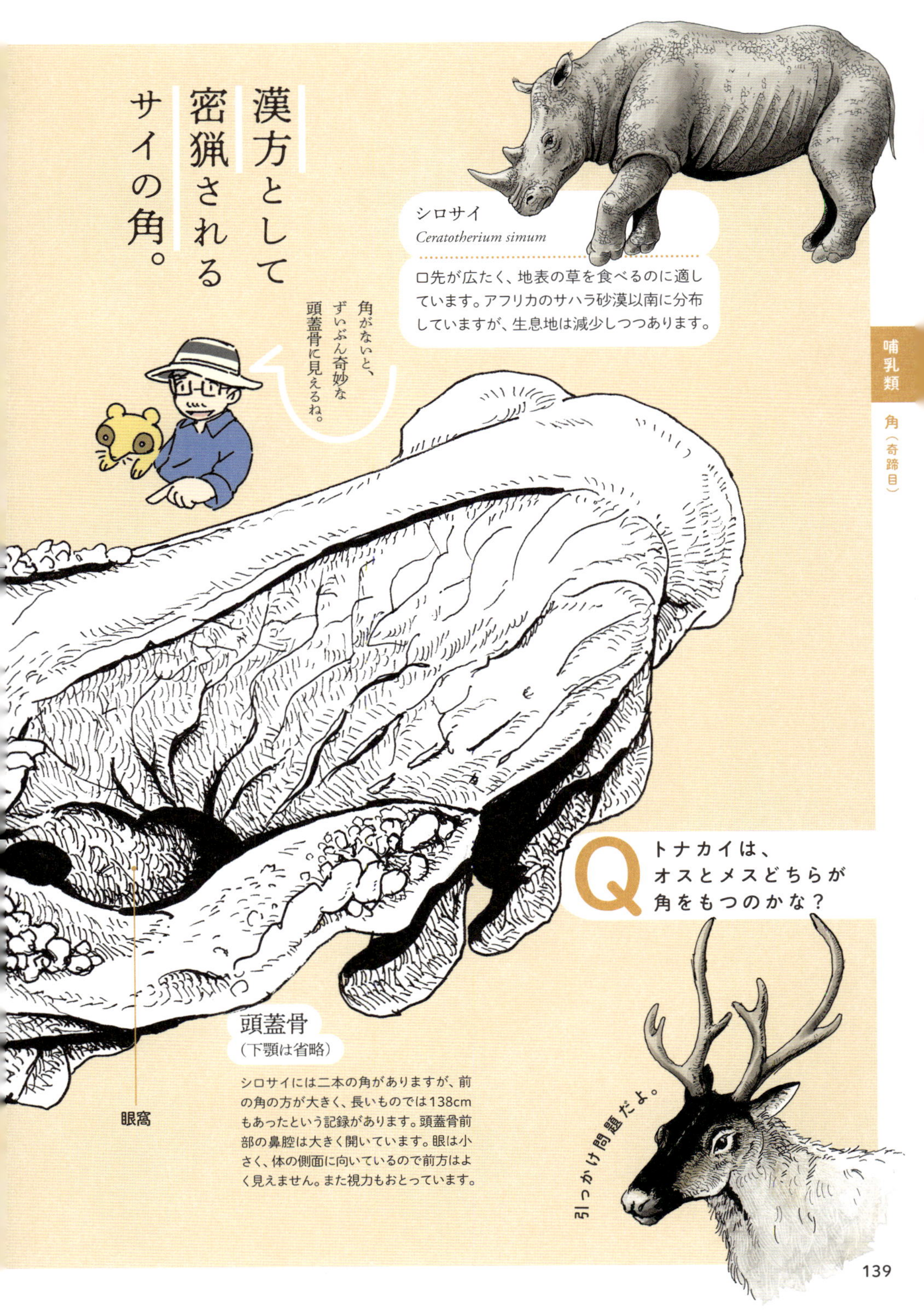

角がないと、ずいぶん奇妙な頭蓋骨に見えるね。
眼窩
引っかけ問題だよ。

シロサイ
Ceratotherium simum

口先が広たく、地表の草を食べるのに適しています。アフリカのサハラ砂漠以南に分布していますが、生息地は減少しつつあります。

頭蓋骨
（下顎は省略）

シロサイには二本の角がありますが、前の角の方が大きく、長いものでは138cmもあったという記録があります。頭蓋骨前部の鼻腔は大きく開いています。眼は小さく、体の側面に向いているので前方はよく見えません。また視力もおとっています。

Q トナカイは、オスとメスどちらが角をもつのかな？

トナカイの角は、オスにもメスにもあります。

シカのオスには毎年生えかわる角があります。秋の交尾期、角はメスをめぐる争いや、なわばりの防御に使われますが、角をつくったり争いに要するエネルギーは大きく、角を落とした後、オスは体力の回復と、翌年また角をつくるためのエネルギーの蓄積(ちくせき)に力を注ぎます。ところでトナカイはシカの仲間で唯一、メスも角をもちます。その理由ははっきりわかっていません。ただし、トナカイのメスが角を落とす時期はオスよりも遅く、雪解け間近の出産期が終わったころです。このため、冬場の餌の確保や、新生児の保護などに角が役立っている可能性があります。

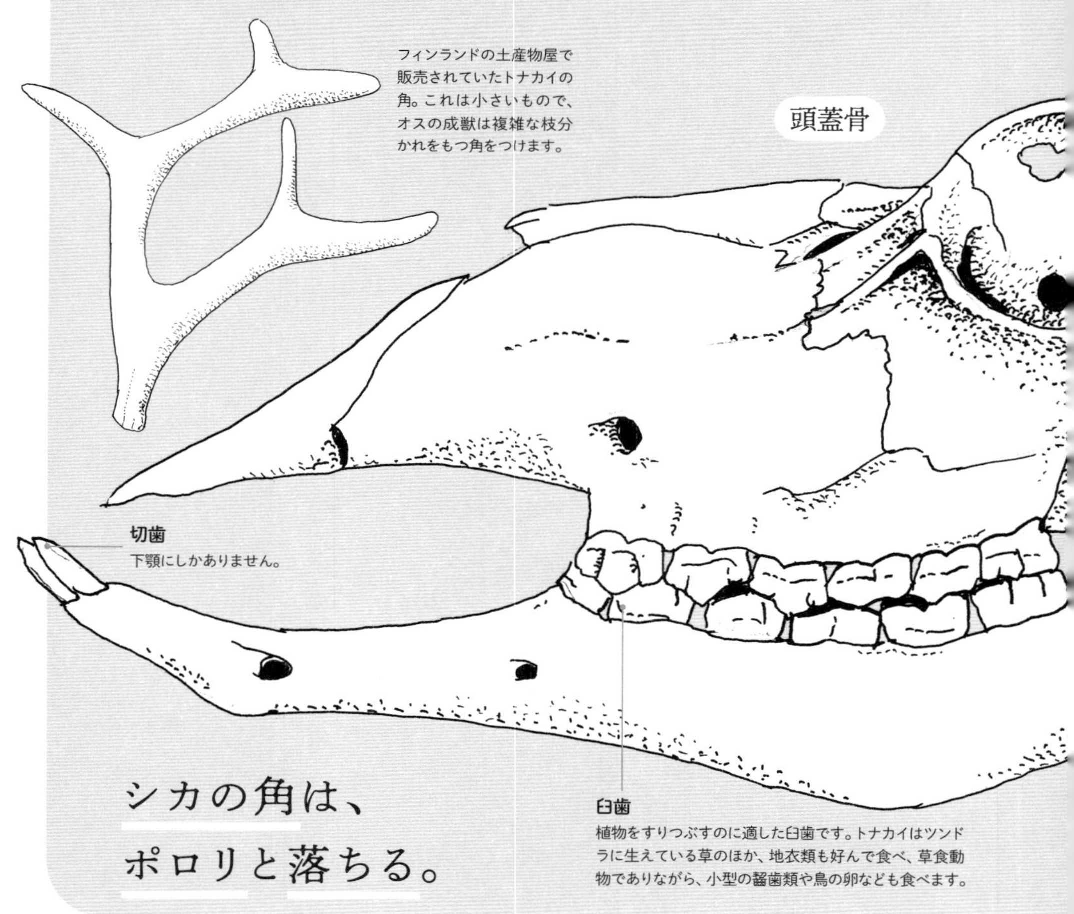

頭蓋骨

フィンランドの土産物屋で販売されていたトナカイの角。これは小さいもので、オスの成獣は複雑な枝分かれをもつ角をつけます。

切歯
下顎にしかありません。

臼歯
植物をすりつぶすのに適した臼歯です。トナカイはツンドラに生えている草のほか、地衣類も好んで食べ、草食動物でありながら、小型の齧歯類や鳥の卵なども食べます。

シカの角は、ポロリと落ちる。

Column

北ほど大きいベルクマンの法則

同じ種類の哺乳類は、北ほど大型の個体が見られる場合があります。これをベルクマンの法則といいます。ニホンジカの場合、北海道の亜種・エゾジカの体重は140kgほどにもなりますが、屋久島の亜種・ヤクシカは40kgほどしかありません。

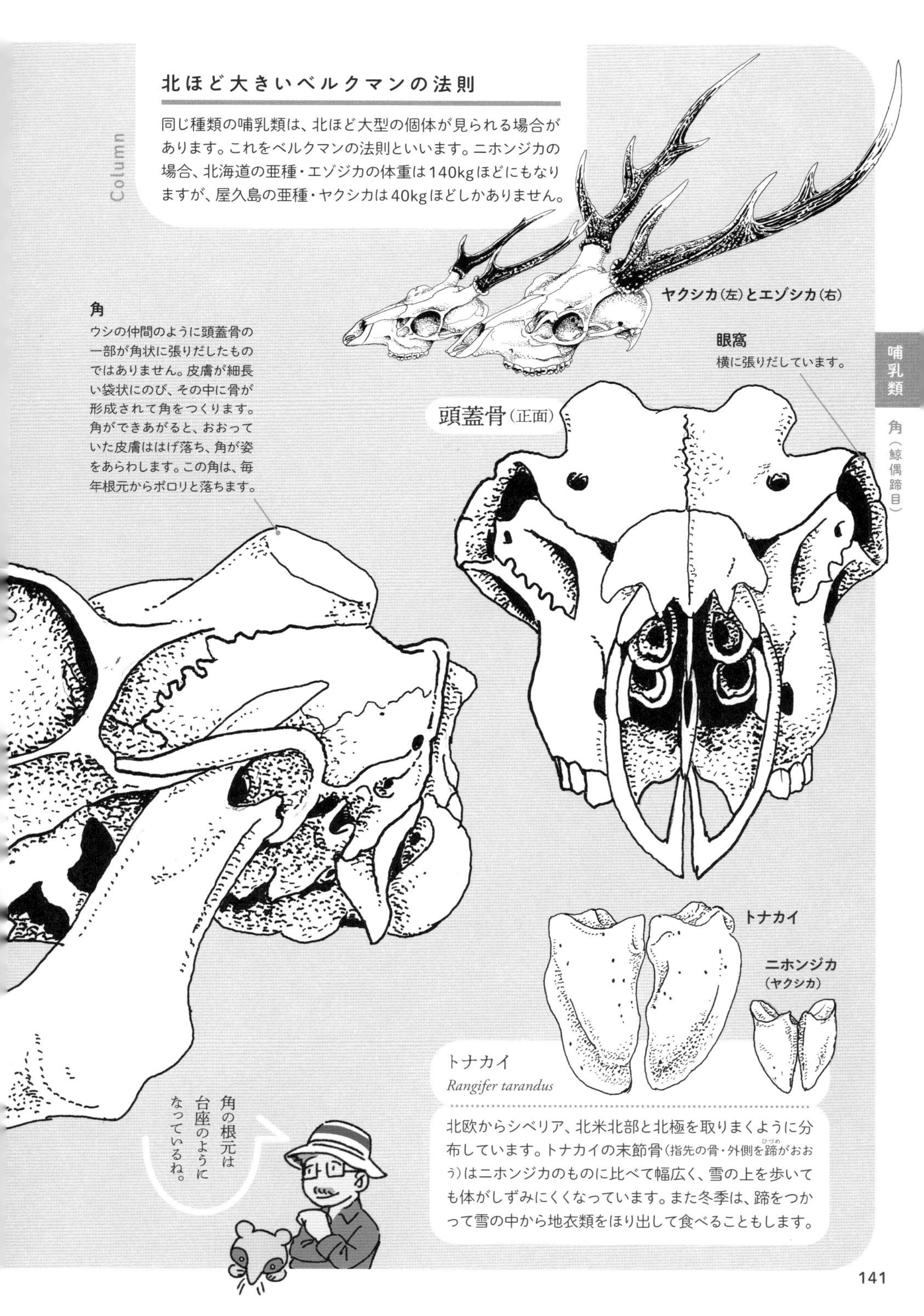
ヤクシカ（左）とエゾシカ（右）
眼窩
横に張りだしています。
頭蓋骨（正面）
トナカイ
ニホンジカ
（ヤクシカ）
角の根元は台座のようになっているね。

角

ウシの仲間のように頭蓋骨の一部が角状に張りだしたものではありません。皮膚が細長い袋状にのび、その中に骨が形成されて角をつくります。角ができあがると、おおっていた皮膚ははげ落ち、角が姿をあらわします。この角は、毎年根元からポロリと落ちます。

トナカイ
Rangifer tarandus

北欧からシベリア、北米北部と北極を取りまくように分布しています。トナカイの末節骨（指先の骨・外側を蹄がおおう）はニホンジカのものに比べて幅広く、雪の上を歩いても体がしずみにくくなっています。また冬季は、蹄をつかって雪の中から地衣類をほり出して食べることもします。

ぬけ落ちない角

ニホンカモシカ

カモシカは名前に「シカ」とついていますが、ウシの仲間です。その証拠に、カモシカの角は、シカのように毎年、生えかわることはありません。ウシ科には、ウシだけでなく、カモシカやヤギ、ヒツジ、レイヨウなどふくまれ、全部で120種をこえる種がいます。ニホンカモシカは本州～九州の森林に生息する日本固有種で、特別天然記念物に指定されています。

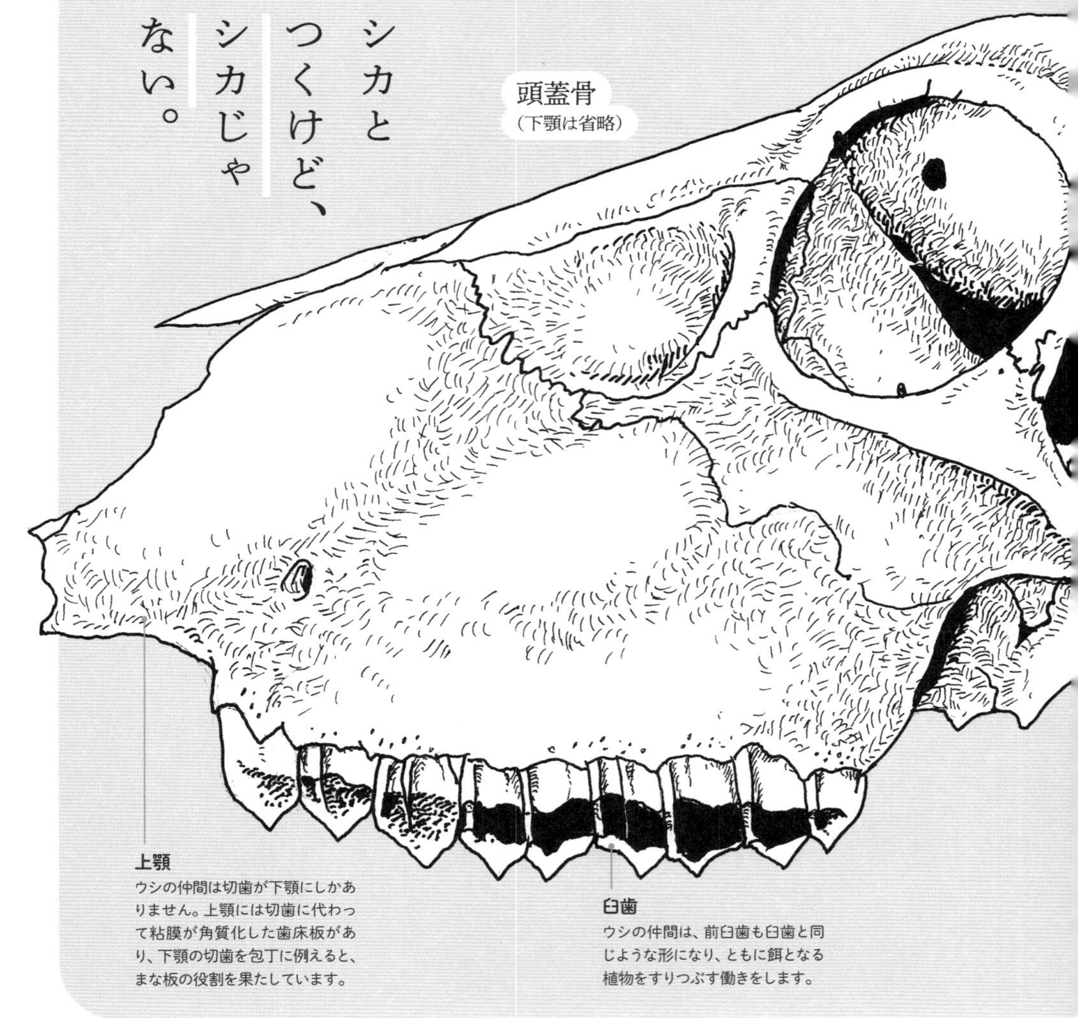

シカとつくけど、シカじゃない。
頭蓋骨
（下顎は省略）
上顎
ウシの仲間は切歯が下顎にしかありません。上顎には切歯に代わって粘膜が角質化した歯床板があり、下顎の切歯を包丁に例えると、まな板の役割を果たしています。
臼歯
ウシの仲間は、前臼歯も臼歯と同じような形になり、ともに餌となる植物をすりつぶす働きをします。

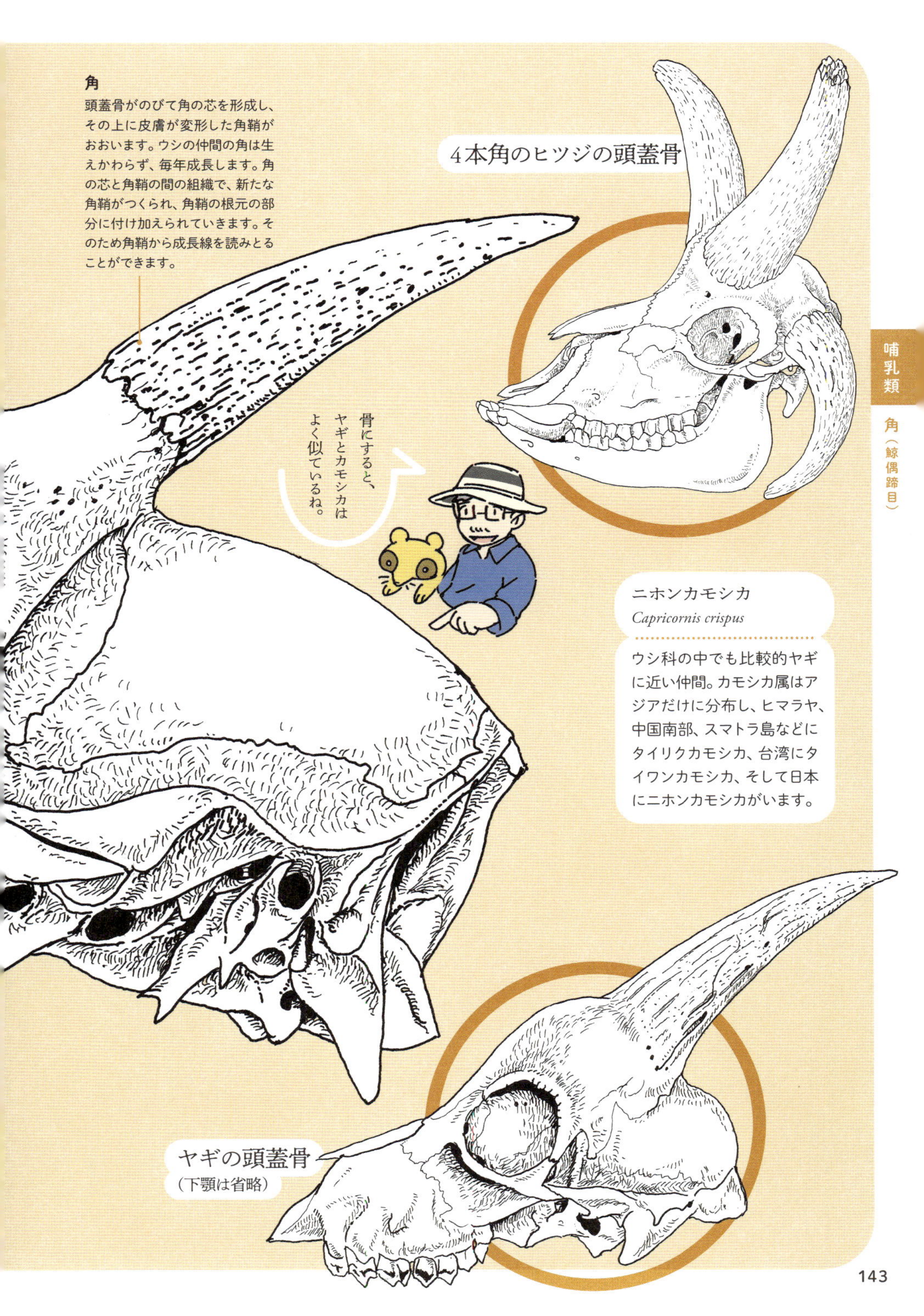
4本角のヒツジの頭蓋骨
骨にすると、ヤギとカモシカはよく似ているね。
ヤギの頭蓋骨
（下顎は省略）

角

頭蓋骨がのびて角の芯を形成し、その上に皮膚が変形した角鞘がおおいます。ウシの仲間の角は生えかわらず、毎年成長します。角の芯と角鞘の間の組織で、新たな角鞘がつくられ、角鞘の根元の部分に付け加えられていきます。そのため角鞘から成長線を読みとることができます。

ニホンカモシカ
Capricornis crispus

ウシ科の中でも比較的ヤギに近い仲間。カモシカ属はアジアだけに分布し、ヒマラヤ、中国南部、スマトラ島などにタイリクカモシカ、台湾にタイワンカモシカ、そして日本にニホンカモシカがいます。

皮膚と毛におおわれた角

キリン

キリンといえば、なにより脚と頸が長くのびた、その独特な姿が思いうかびます。キリンの脚は中足部（私たちでいえば、手や足の指の付け根）の骨が長くのびています。また、哺乳類の頸椎は、一般に7個の骨から形成されていますが、キリンも例外ではなく、一つひとつの頸椎が長くなっています。つまり、骨の基本構造を変えることなく、高い背丈（せたけ）を生み出しているわけです。なお、キリンは第一胸椎が可動性をもつことで、第8番目の頸椎としての働きをもつことが近年になってわかりました。キリンは45cmほどもある長い筋肉質の舌をもっていて、この舌をたくみに動かし、木の葉をからめ取ります。

頭の重さが、雌雄で異なる。

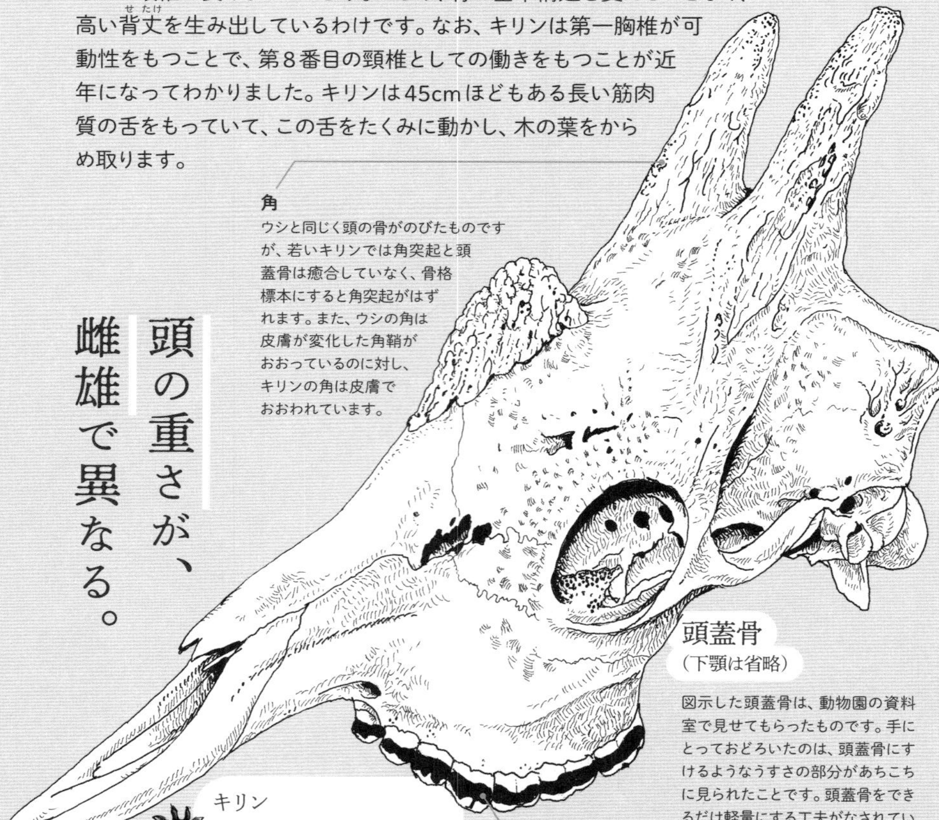

角
ウシと同じく頭の骨がのびたものですが、若いキリンでは角突起と頭蓋骨は癒合していなく、骨格標本にすると角突起がはずれます。また、ウシの角は皮膚が変化した角鞘がおおっているのに対し、キリンの角は皮膚でおおわれています。

頭蓋骨
（下顎は省略）
図示した頭蓋骨は、動物園の資料室で見せてもらったものです。手にとっておどろいたのは、頭蓋骨にすけるようなうすさの部分があちこちに見られたことです。頭蓋骨をできるだけ軽量にする工夫がなされているわけです。ただし、これはメスの頭蓋骨だったよう。キリンのオスはオス同士の争いのため骨が厚くなり、メスの頭骨の3倍の重さになります。

歯
前臼歯は臼歯と同じように、植物をすりつぶすのに適した形状となっています。また、キリンの上顎には切歯も犬歯もありません。

キリン
Giraffa camelopardalis

最大の個体は、オスで角の先端まで5.88mという記録があります。これまではアミメキリン、マサイキリンなどの亜種に分けられていましたが、これらをいくつかの種に分けるという考えも提唱されています。

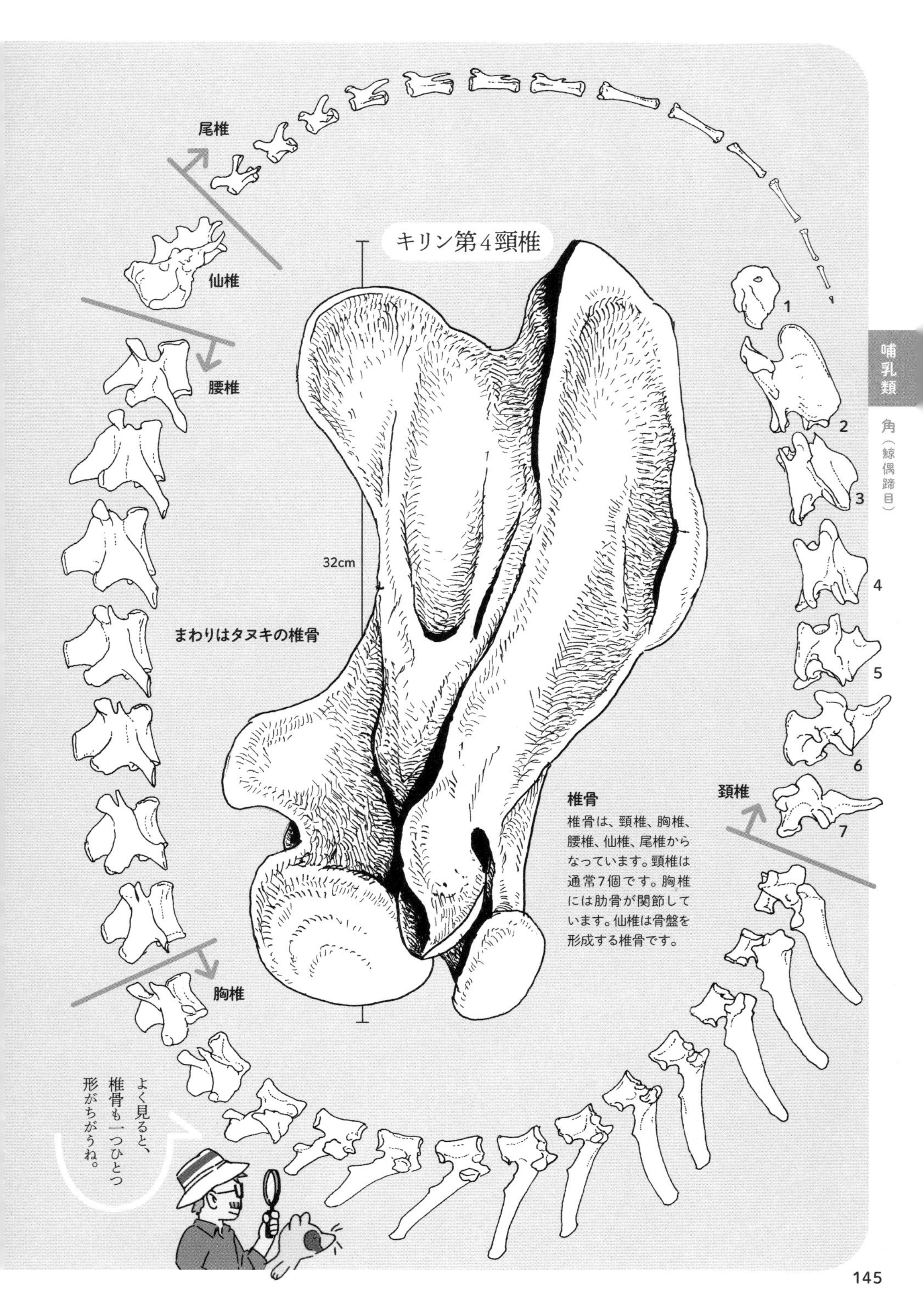
キリン第4頸椎
32cm
尾椎
仙椎
腰椎
まわりはタヌキの椎骨
胸椎
頸椎
1
2
3
4
5
6
7
よく見ると、椎骨も一つひとつ形がちがうね。

椎骨

椎骨は、頸椎、胸椎、腰椎、仙椎、尾椎からなっています。頸椎は通常7個です。胸椎には肋骨が関節しています。仙椎は骨盤を形成する椎骨です。

ウマ

ウマは第3指(中指)だけが発達し、指先は蹄におおわれています。速く走行する方向に向かった動物は、四肢の指の数が減少します。ウマの進化の歴史をさかのぼってみましょう。5000万年前のヒラコテリウムというウマの祖先にあたる動物は、前肢の指が4本、後肢の指は3本でした。その後、3600万年前の北米に生息していたメソヒップスは前肢、後肢とも3本指、さらに時代が進んでプリオヒップスになると、1本指になりました。その子孫にあたるエクウスは北米の草原に登場し、その後、ユーラシアやアフリカへも広がっていきました。

前肢の骨

ウマは第3指だけで走るので、その指骨や中手骨はがっしりとしたつくりになっています。指が1本になったことで構造が単純化し、四肢の末端が軽くなり、よりすばやく動かせるようになりました。末節骨は半月状で、この外側を蹄がおおっています。

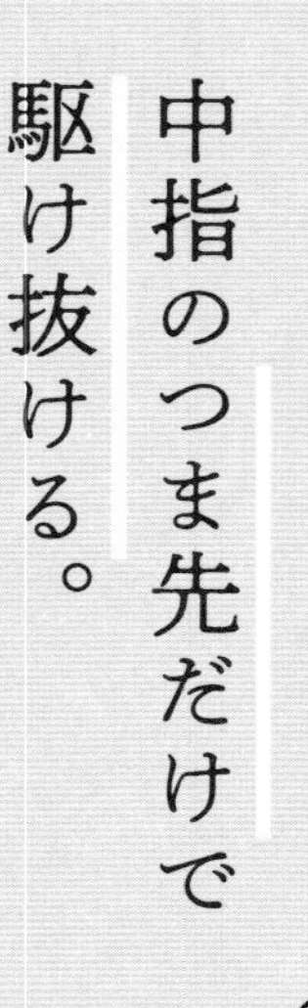
中指のつま先だけで
駆け抜ける。

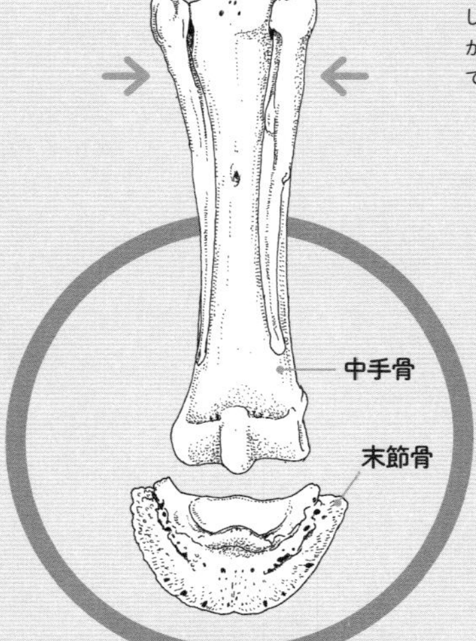
中手骨
末節骨

前肢の裏側

第3指以外の指は退化していますが、第2、第4指の根元につながっていた中手骨(矢印)だけは、まだ完全に消滅せずに残っています。

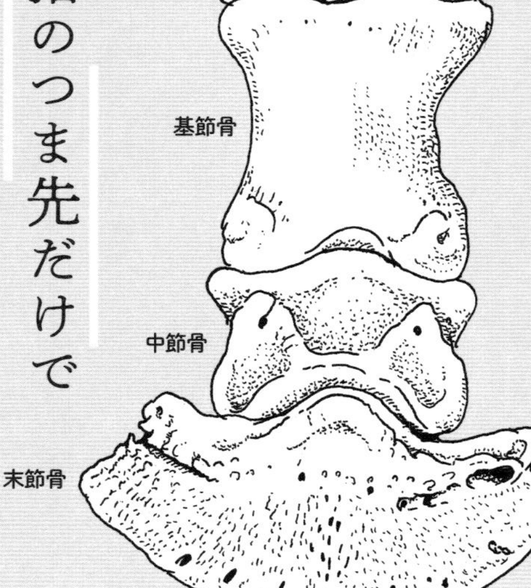
中手骨
基節骨
中節骨
末節骨

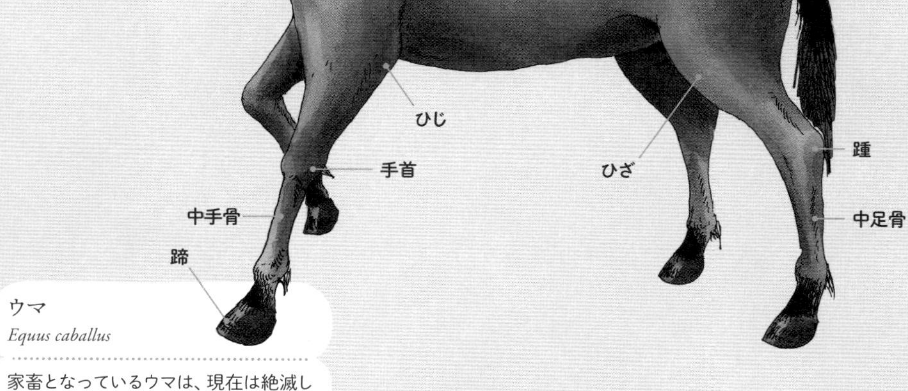

ひじ
手首
ひざ
踵
中手骨
中足骨
蹄

ウマ
Equus caballus

家畜となっているウマは、現在は絶滅してしまったタルパンと呼ばれる野生馬が、ウクライナからトルキスタンあたりで家畜化されたのだろうと考えられています。

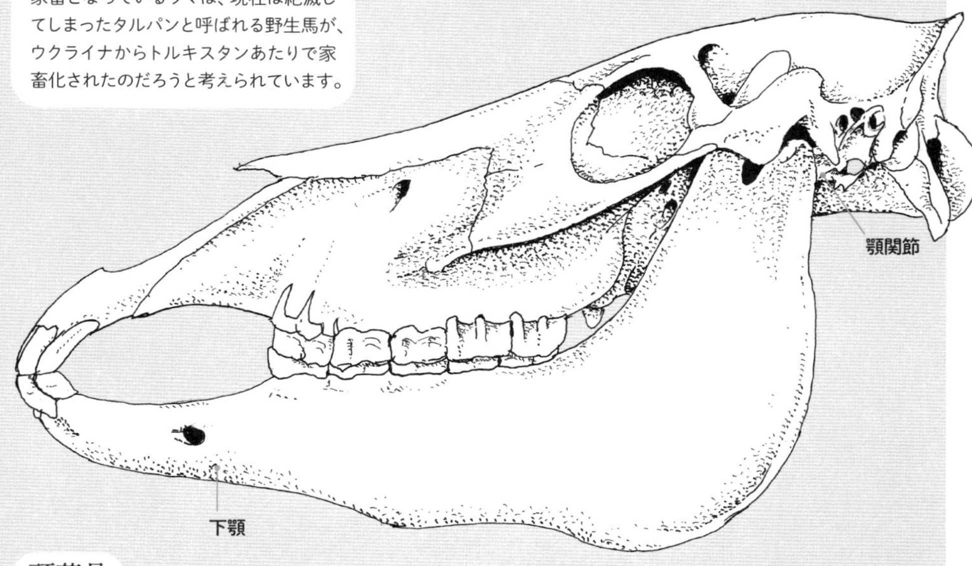

顎関節
下顎

頭蓋骨

臼歯は高さがあり、歯根が深く顎の骨にうまっています。そのため、下顎の骨は大きく、重量は頭蓋骨全体の4割ほども占めています。ちなみにヒトでは、下顎の骨の重量は頭蓋骨全体の11〜13%程度です。

ウマは上顎にも切歯があるね。

指の数が偶数だから

偶蹄類

沖縄では豚足のことをテビチと呼び、おでんや煮物に使われますが、ブタの脚の指が何本あるかを授業で質問してみると「3本指」と答える生徒が一番多い結果になります。ですが、ブタの指は4本で、私たちの手でいえば、親指が退化した状態です。手の平を机につけ、徐々に手の付け根を机からはなし、指先だけが接地するようにすると、最初に親指が宙に浮くのがわかると思います。指行性と呼ばれる指先で歩く・走る動物は、親指が退化しがちです。指行性の動物で、指先が蹄でおおわれている、より走行に適した動物を蹄行性と呼びます。ブタの場合は、4本の指に蹄があります。さらに指先を浮かせ、中指と薬指だけが接地した体制となっているのがウシです。このような蹄におおわれた、2本、4本の指をもつのが、偶蹄類と呼ばれる動物たちです。

前肢の中手骨、後肢の中足骨は2本が癒合して1本の骨になっています。

ブタの後肢の骨

前肢の指の付け根にある中手骨や、後肢の指の付け根にある中足骨(矢印)は、独立した骨です。

テビチの骨は、4本指。

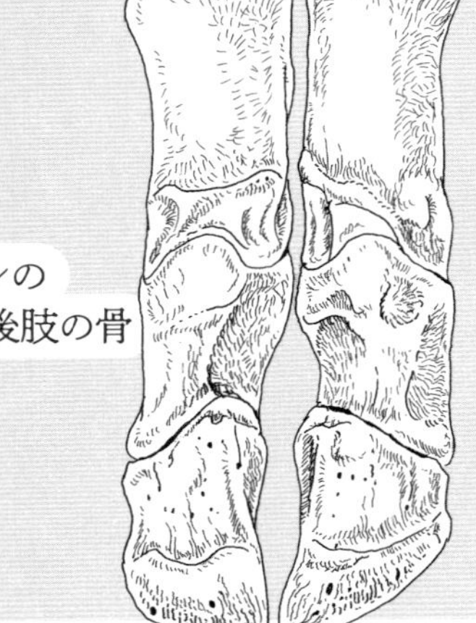

ウシの左後肢の骨

Column

モンゴルでサイコロになった骨「距骨（きょこつ）」

走ることに特化した偶蹄類の後肢の足首には、距骨という骨があります。ふりこのように前後に足先をふる、というその運動方式にあわせて、足首にある距骨は、上下に滑車（かっしゃ）のような形をもつ、特有の形となっています。偶蹄類は、現在はクジラ類もふくめ、鯨偶蹄類と呼ばれるグループの構成メンバーとなっていますが、クジラの祖先にあたる動物の化石の足首にも距骨が見つかったことが、クジラと偶蹄類を一つのグループにまとめる理由となっています。モンゴルでは、この距骨をサイコロのように転がすゲームがあるそうです。

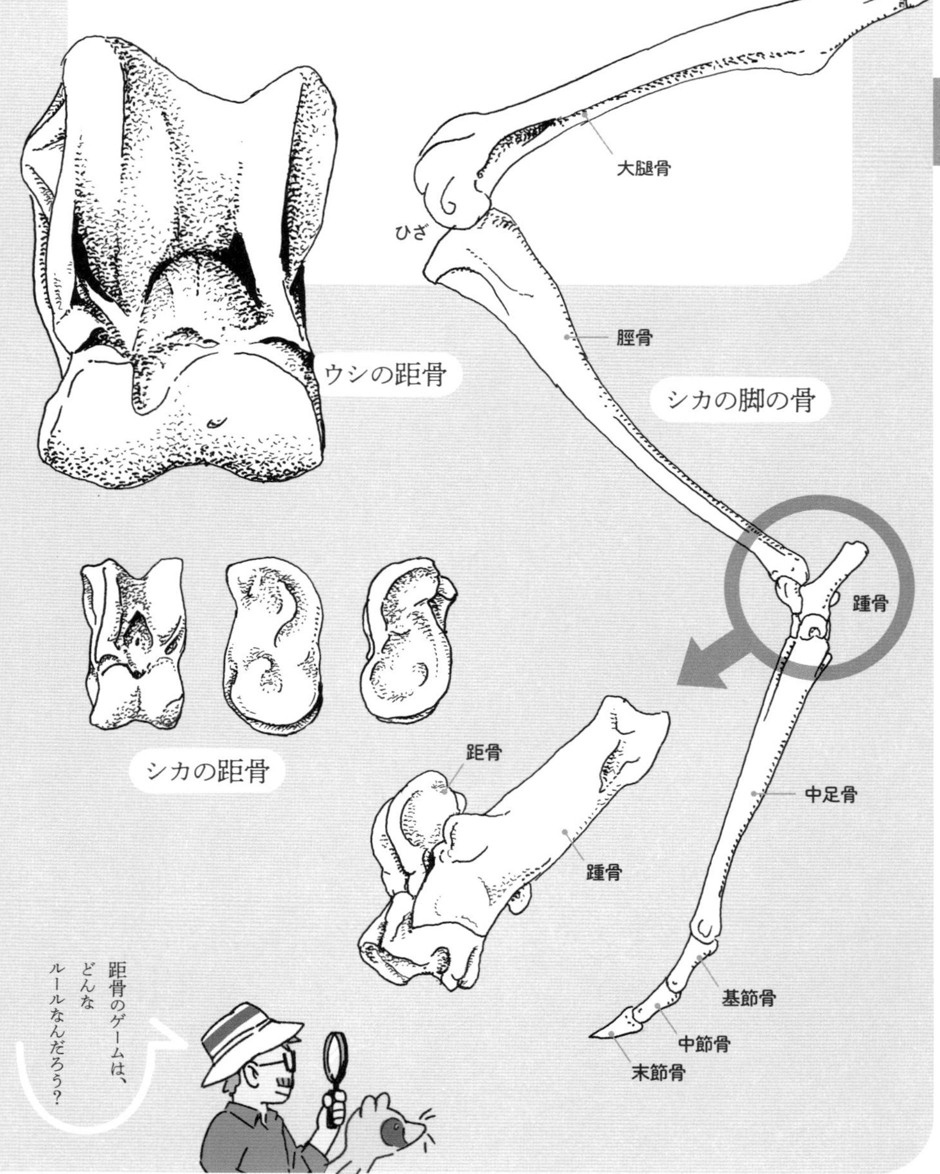
大腿骨
ひざ
脛骨
ウシの距骨
シカの脚の骨
踵骨
シカの距骨
距骨
踵骨
中足骨
基節骨
中節骨
末節骨
距骨のゲームは、どんなルールなんだろう？

いろいろな肩甲骨

肩甲骨の形は、運動の仕方と関係しています。肩甲骨を見れば、その動物がどのように動くのかが見えてきます。

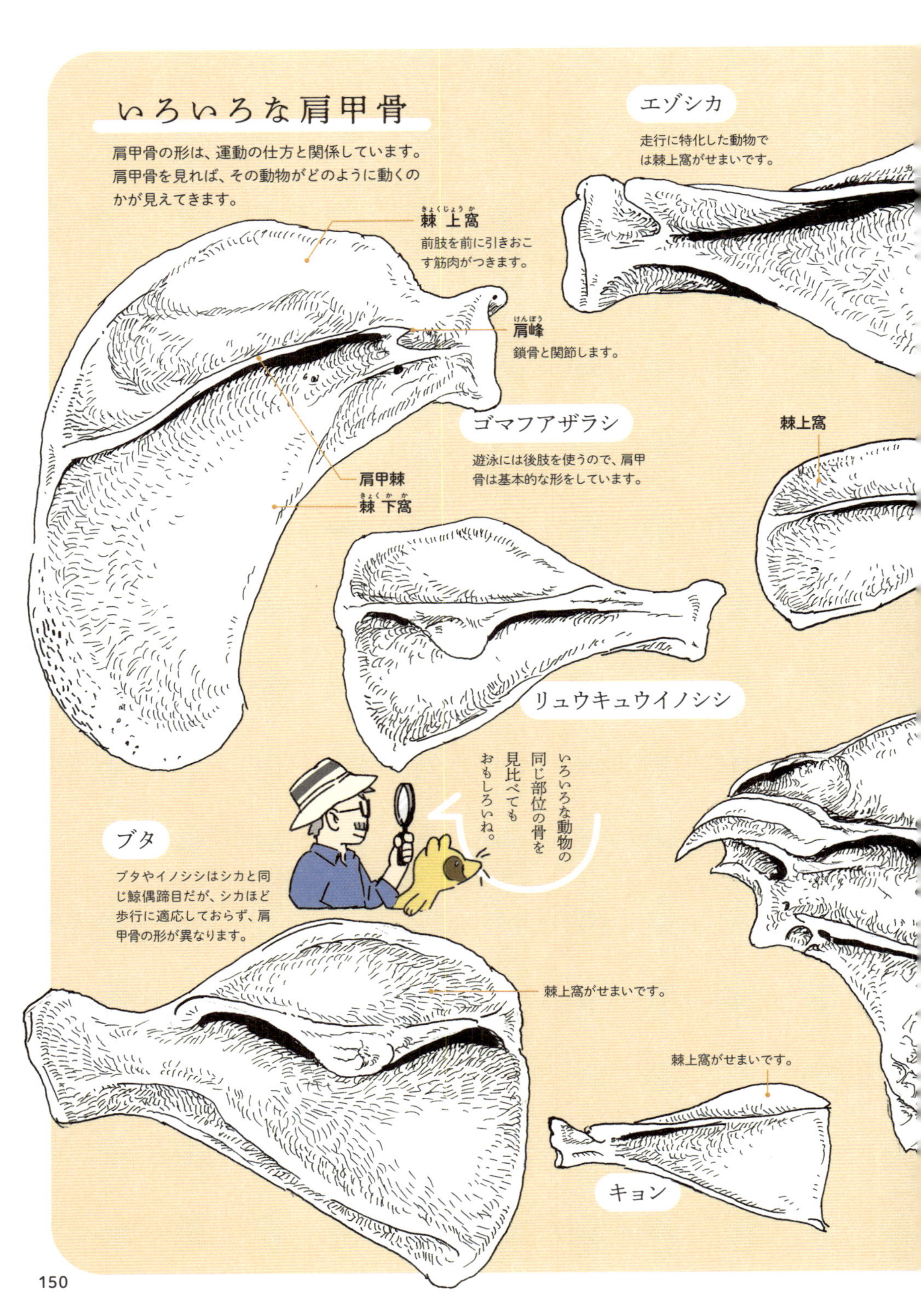

棘上窩（きょくじょうか）
前肢を前に引きおこす筋肉がつきます。
肩峰（けんぽう）
鎖骨と関節します。
肩甲棘
棘下窩（きょくかか）
ゴマフアザラシ
遊泳には後肢を使うので、肩甲骨は基本的な形をしています。
エゾシカ
走行に特化した動物では棘上窩がせまいです。
棘上窩
リュウキュウイノシシ
いろいろな動物の同じ部位の骨を見比べてもおもしろいね。
ブタ
ブタやイノシシはシカと同じ鯨偶蹄目だが、シカほど歩行に適応しておらず、肩甲骨の形が異なります。
棘上窩がせまいです。
棘上窩がせまいです。
キョン

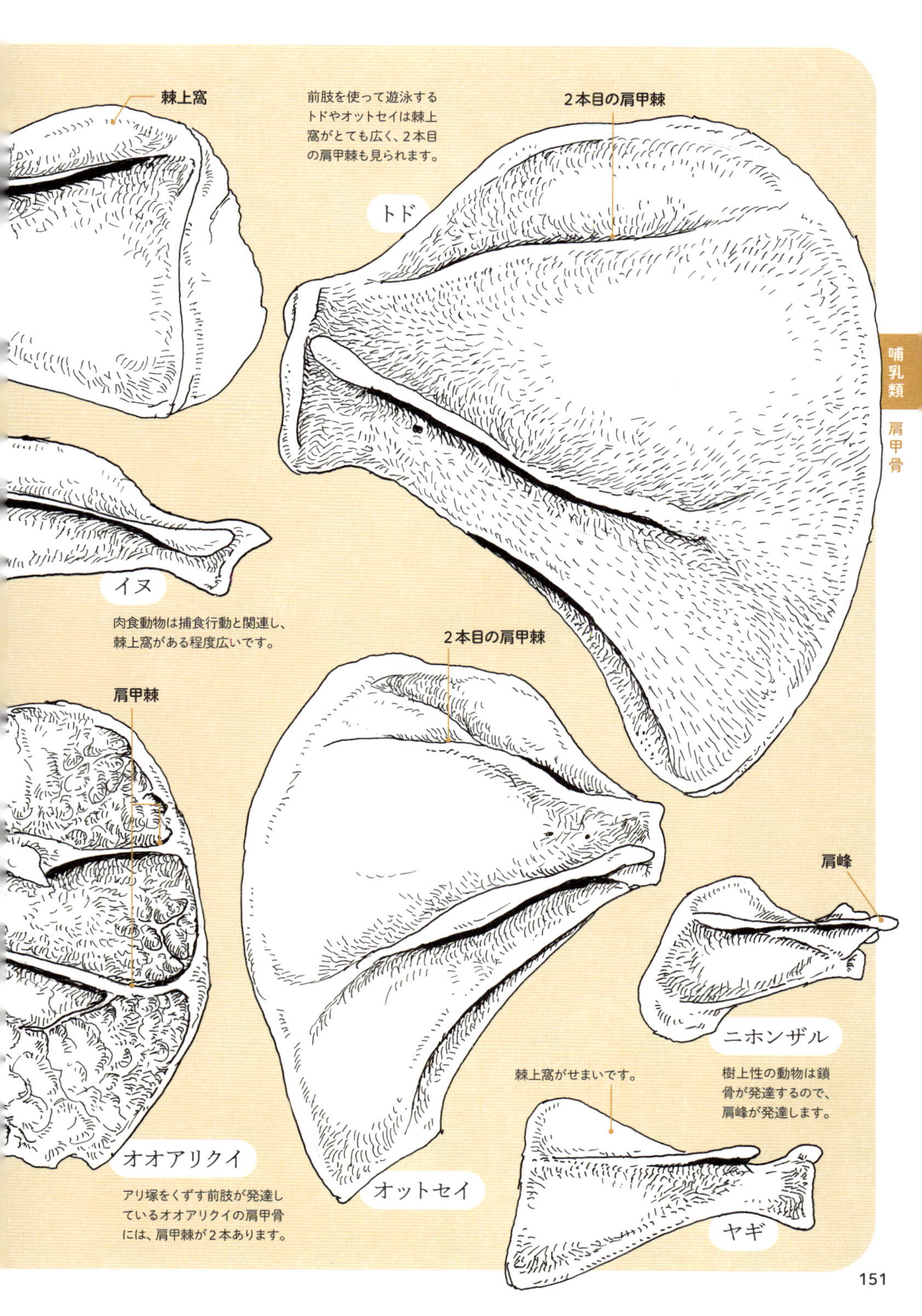
棘上窩
前肢を使って遊泳する
トドやオットセイは棘上
窩がとても広く、2本目
の肩甲棘も見られます。
2本目の肩甲棘
トド
哺乳類
肩甲骨
イヌ
肉食動物は捕食行動と関連し、
棘上窩がある程度広いです。
2本目の肩甲棘
肩甲棘
肩峰
ニホンザル
樹上性の動物は鎖
骨が発達するので、
肩峰が発達します。
棘上窩がせまいです。
オオアリクイ
アリ塚をくずす前肢が発達し
ているオオアリクイの肩甲骨
には、肩甲棘が2本あります。
オットセイ
ヤギ

袋をささえる骨

カンガルー

オーストラリア・ニューギニアに特有の動物に、有袋類のカンガルーの仲間がいます。カンガルーの中で小型のものは、慣例的にワラビーと呼ばれていますが、これは生物学的な分類区分ではありません。カンガルーにはいくつかの特徴がありますが、後肢が発達し、ホッピングと呼ばれる跳躍による移動を行うのもその一つです。また、ほかの有袋類同様、育児嚢（袋）をもち、非常に小さな新生児（種によって、0.3～1gの大きさ）は、育児嚢の中の乳頭から乳を吸って育ちます。

パルマヤブワラビーの腰と後肢の骨格

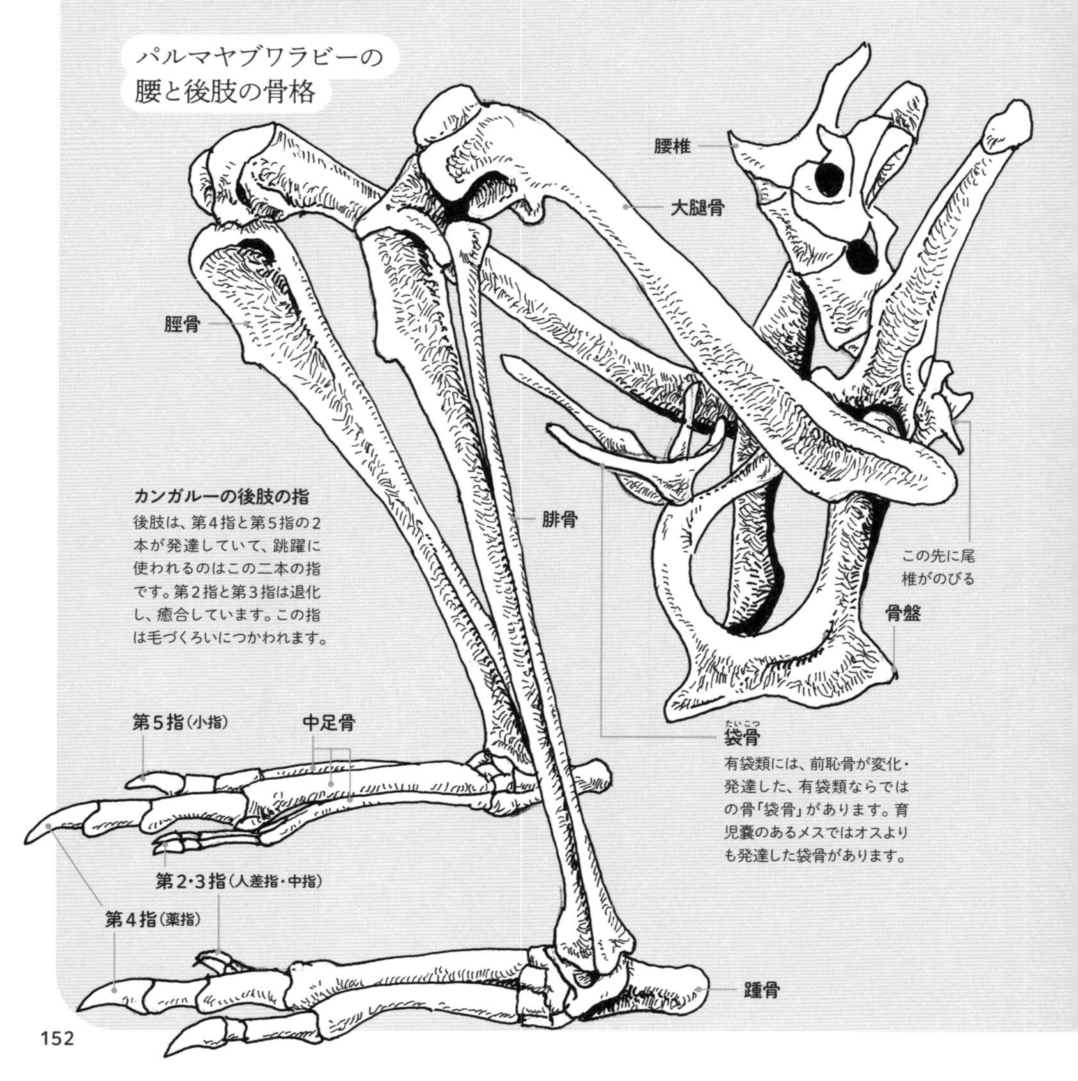

腰椎
大腿骨
脛骨
腓骨
この先に尾椎がのびる
骨盤
袋骨
第5指（小指）
中足骨
第2・3指（人差指・中指）
第4指（薬指）
踵骨

カンガルーの後肢の指

後肢は、第4指と第5指の2本が発達していて、跳躍に使われるのはこの二本の指です。第2指と第3指は退化し、癒合しています。この指は毛づくろいにつかわれます。

袋骨（たいこつ）

有袋類には、前恥骨が変化・発達した、有袋類ならではの骨「袋骨」があります。育児嚢のあるメスではオスよりも発達した袋骨があります。

袋の骨が支えます。跳躍しても

短い前肢
長く強力な後肢
尾
カンガルーは長く太い尾をもっています。尾は跳躍をする際にバランスを取るのに働き、また草を食べるときなどは体重を支える支柱となります。
育児嚢（袋）
メスだけが育児嚢をもち、中に乳頭があります。
袋を支える骨があるなんて！
切歯
臼歯

パルマヤブワラビー

Macropus parma

体長50cmほどの夜行性の小型のカンガルーで、移入種のキツネの捕食などによって数を減らし、現在はオーストラリアのニュー・サウス・ウェールズ州の北東部に分布が限られてしまっています。

オオカンガルー頭蓋骨

カンガルーの仲間は草食ですが、シカやヤギなど、真獣類の草食動物の頭蓋骨とは、ずいぶんと形が異なります。特に下顎に、2本の大きな切歯があるのが眼をひきます。ただし、植物質をすりつぶす、発達した臼歯をもっていることはほかの草食動物と同様です。

穴ほり職人

モグラ

モグラは地下生活に適応した哺乳類です。ヨーロッパの研究では、1匹のモグラが50m×30mほどの楕円形の範囲にトンネルをほってくらしているということがわかっています。モグラはトンネル網の中をパトロールして、トンネルに落ちこんだり、かべから顔を出したりしているミミズや昆虫を捕まえ食べているのではないかと考えられています。モグラの体は、こうしたトンネルぐらしに適したものとなっています。例えば骨盤は非常に細く、狭いトンネル内で、体を折りまげて方向転換をすることが容易なようになっています。

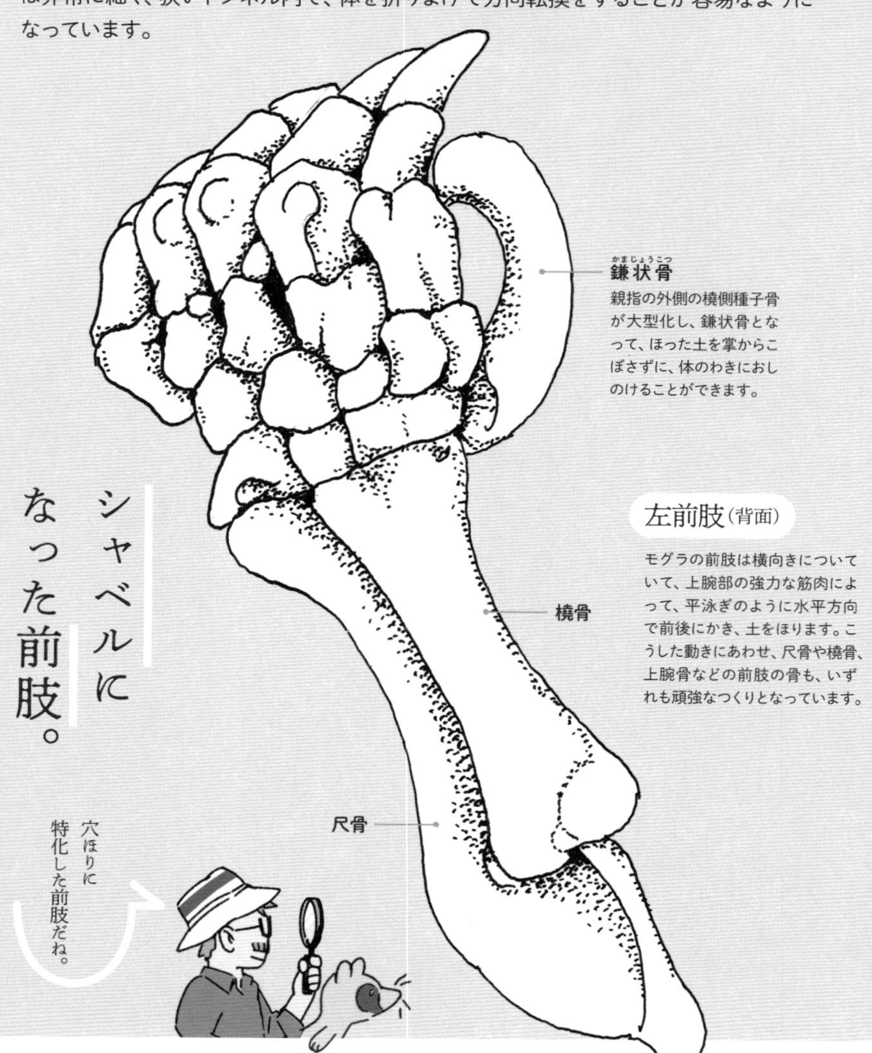
鎌状骨（かまじょうこつ）
親指の外側の橈側種子骨が大型化し、鎌状骨となって、ほった土を掌からこぼさずに、体のわきにおしのけることができます。
橈骨
尺骨
穴ほりに特化した前肢だね。

シャベルになった前肢。

左前肢（背面）

モグラの前肢は横向きについていて、上腕部の強力な筋肉によって、平泳ぎのように水平方向で前後にかき、土をほります。こうした動きにあわせ、尺骨や橈骨、上腕骨などの前肢の骨も、いずれも頑強なつくりとなっています。

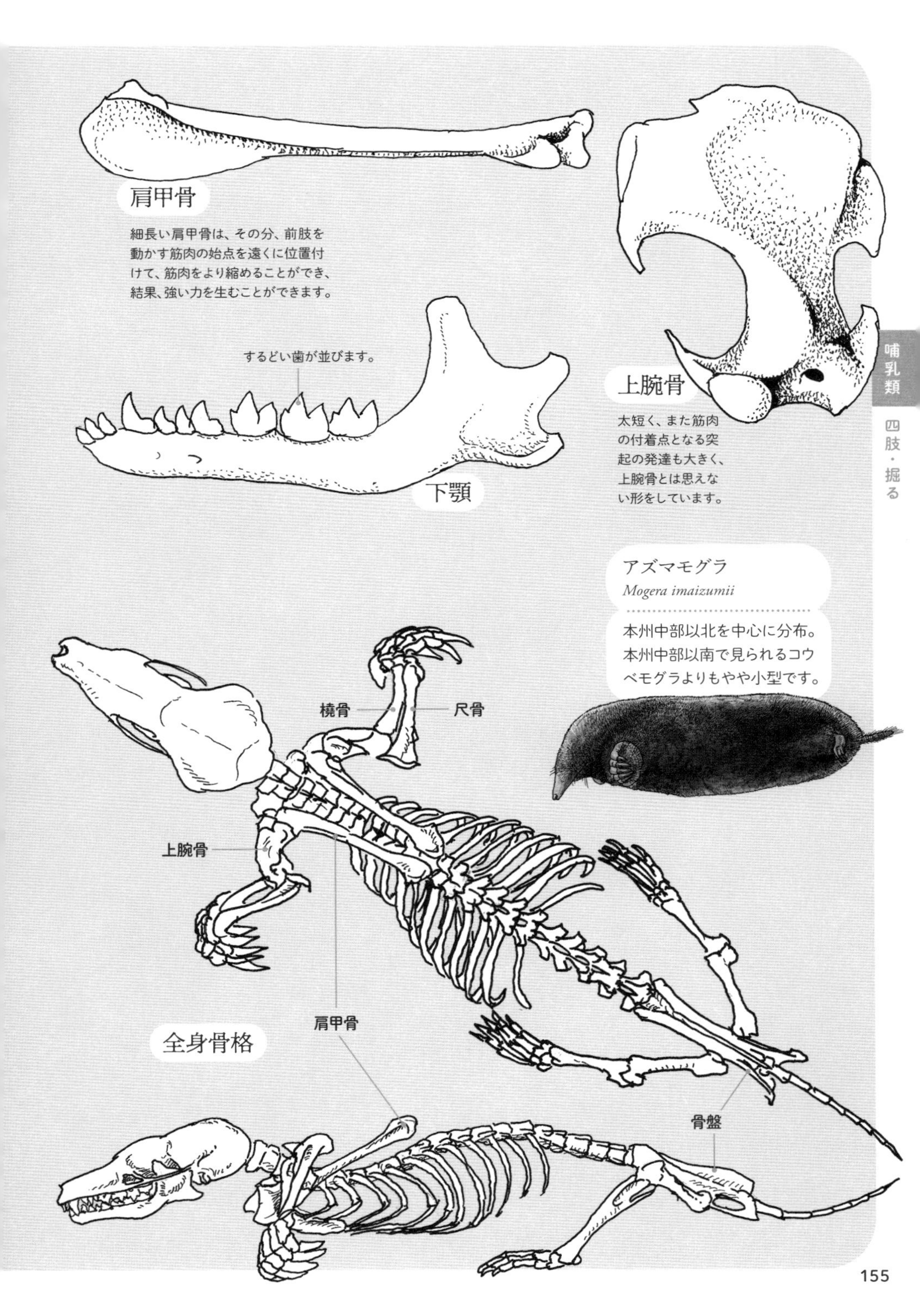
肩甲骨
細長い肩甲骨は、その分、前肢を
動かす筋肉の始点を遠くに位置付
けて、筋肉をより縮めることができ、
結果、強い力を生むことができます。
するどい歯が並びます。
下顎
上腕骨
太短く、また筋肉
の付着点となる突
起の発達も大きく、
上腕骨とは思えな
い形をしています。
哺乳類
四肢・掘る
アズマモグラ
Mogera imaizumii
本州中部以北を中心に分布。
本州中部以南で見られるコウ
ベモグラよりもやや小型です。
橈骨
尺骨
上腕骨
肩甲骨
全身骨格
骨盤

ぶら下がって生きる

ナマケモノ

ナマケモノには、ミユビナマケモノ類4種と、フタユビナマケモノ類2種が知られています。ただし、人類がアメリカ大陸に到達する以前は、多くの地上性のナマケモノ類がいました。その中には、体重が4000kgに達するメガテリウムという種類さえいたのです。近年の遺伝子の研究から、両者は一つのまとまった仲間ではなく、それぞれ、別の絶滅した地上性のナマケモノの仲間に近縁であることがわかりました。互いに似た姿は、別々の祖先が樹上性に適応した結果であったわけです。

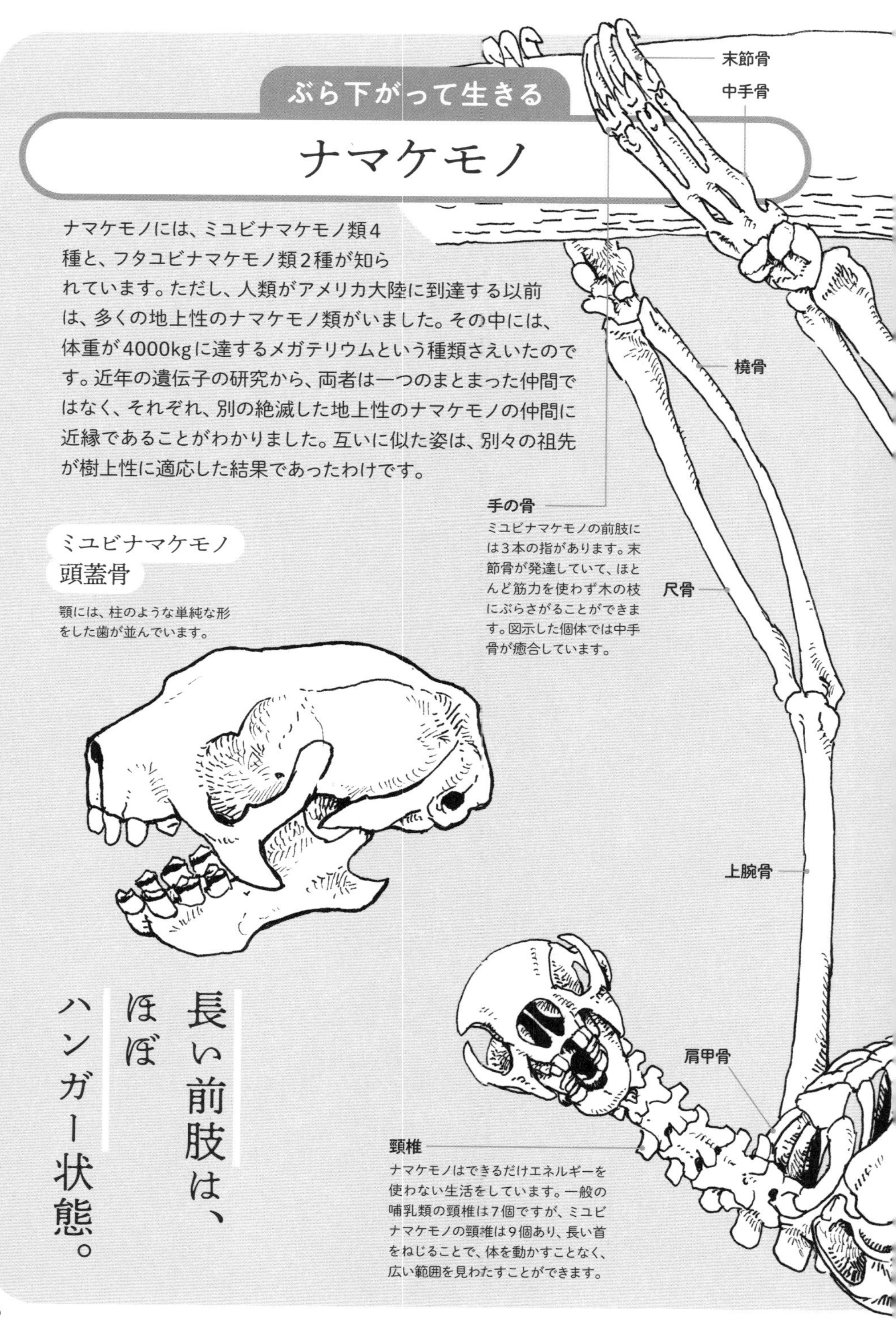
末節骨
中手骨
橈骨
手の骨
ミユビナマケモノの前肢には3本の指があります。末節骨が発達していて、ほとんど筋力を使わず木の枝にぶらさがることができます。図示した個体では中手骨が癒合しています。
尺骨
上腕骨
肩甲骨
頸椎
ナマケモノはできるだけエネルギーを使わない生活をしています。一般の哺乳類の頸椎は7個ですが、ミユビナマケモノの頸椎は9個あり、長い首をねじることで、体を動かすことなく、広い範囲を見わたすことができます。
ミユビナマケモノ
頭蓋骨
顎には、柱のような単純な形をした歯が並んでいます。

長い前肢は、ほぼハンガー状態。

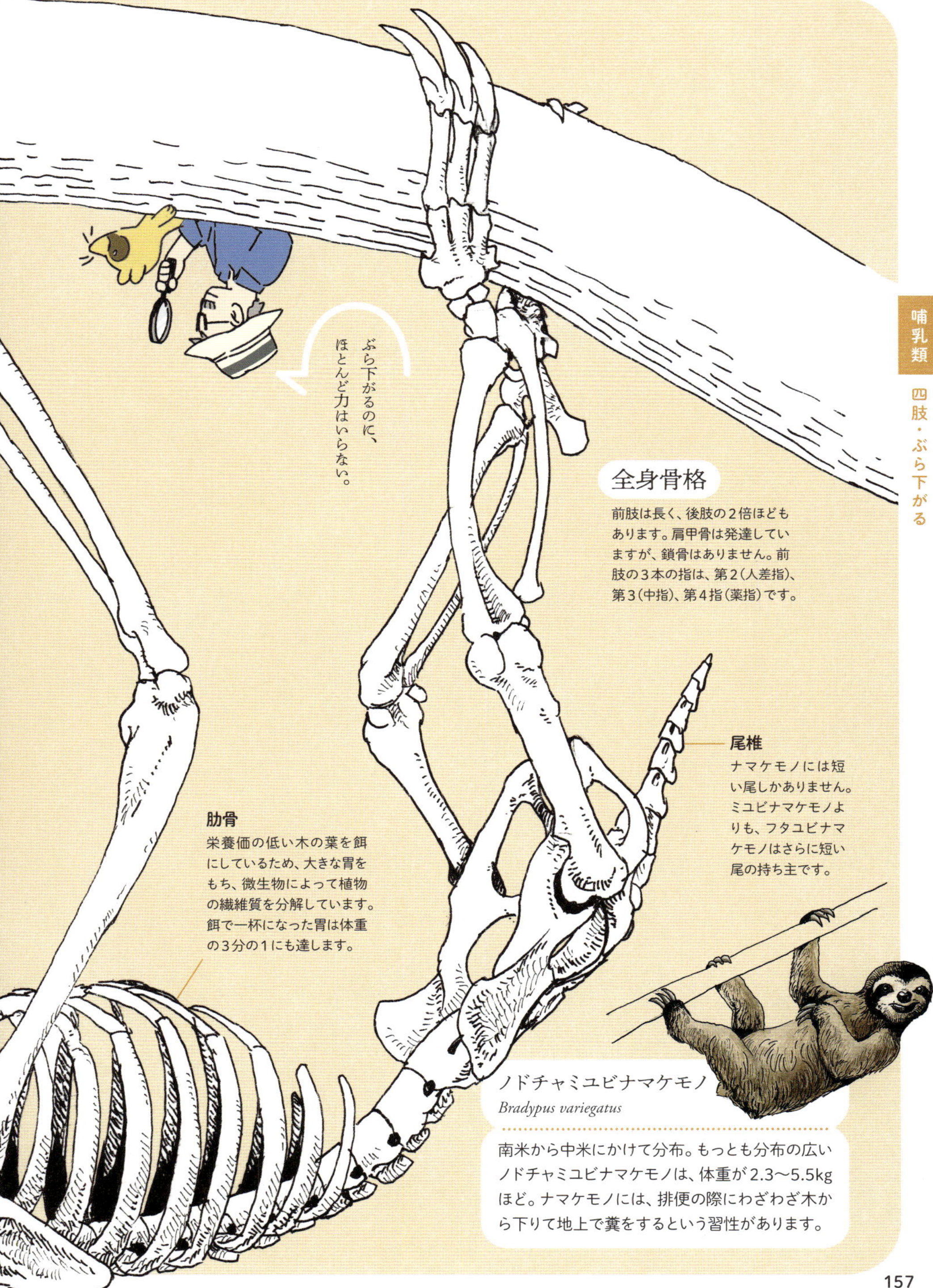
ぶら下がるのに、
ほとんど力はいらない。

全身骨格

前肢は長く、後肢の2倍ほどもあります。肩甲骨は発達していますが、鎖骨はありません。前肢の3本の指は、第2(人差指)、第3(中指)、第4指(薬指)です。

尾椎

ナマケモノには短い尾しかありません。ミユビナマケモノよりも、フタユビナマケモノはさらに短い尾の持ち主です。

肋骨

栄養価の低い木の葉を餌にしているため、大きな胃をもち、微生物によって植物の繊維質を分解しています。餌で一杯になった胃は体重の3分の1にも達します。

ノドチャミユビナマケモノ

Bradypus variegatus

南米から中米にかけて分布。もっとも分布の広いノドチャミユビナマケモノは、体重が2.3〜5.5kgほど。ナマケモノには、排便の際にわざわざ木から下りて地上で糞をするという習性があります。

滑空する哺乳類

ムササビ

ムササビの仲間は、東南アジアの熱帯地域でさまざまな種類が見られますが、日本にも1種が分布し、地域にもよりますが、里山でも普通に見ることのできる哺乳類です。太い木のうろに巣穴をつくり、昼間はそこで休んでいます。そのため、雑木林に面した太い木のある寺社の境内などに、よくすみついています。また、ときに人家の天井裏にすみつくこともあります。ムササビの巣となっているうろのある木の下には、正露丸ぐらいの大きさの糞が落ちているので、そこに巣があることがわかります。

頭蓋骨

ムササビは齧歯類のリスの仲間です。発達した切歯や、切歯と臼歯の間に歯のないすき間があるといった特徴は、ほかの齧歯類と共通しています。

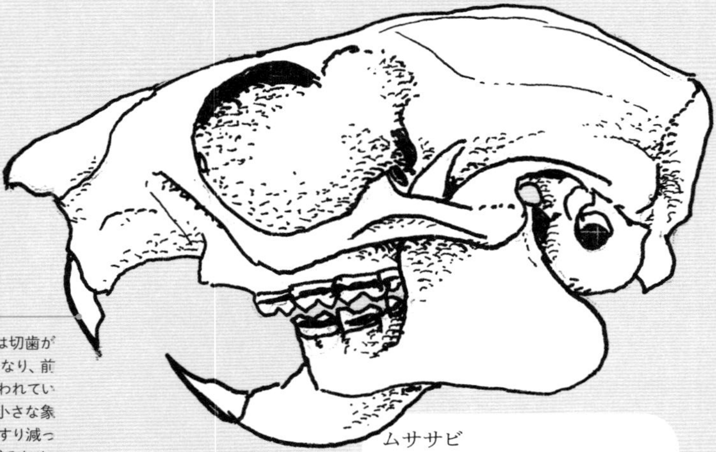

切歯

するどい切歯です。これは切歯が象牙質とセメント質からなり、前面のみエナメル質でおおわれているからです。より硬度の小さな象牙質とセメント質が先にすり減って前面のエナメル質が残るため、切歯の咬合面はするどくなります。またムササビのエナメル質は鉄分をふくみ、赤く色づいています。

まるで空飛ぶ座布団！

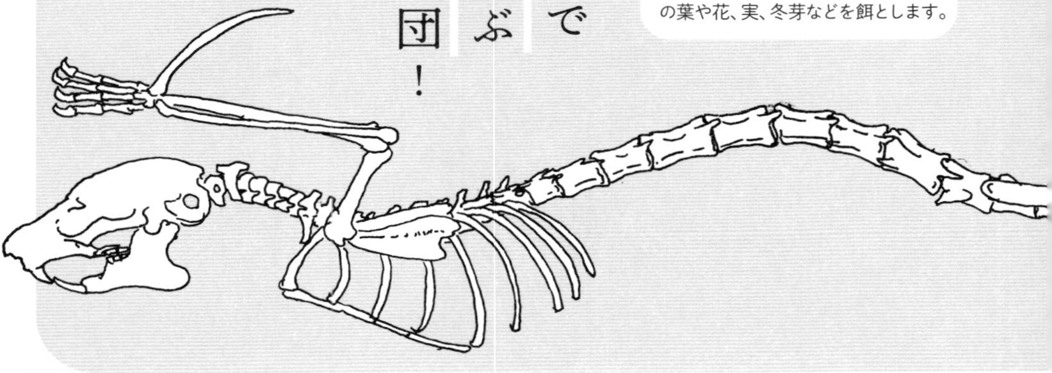

ムササビ
Petaurista leucogenys

本州〜九州に分布する日本固有種。樹洞に巣を作り、夜間、木々の間を滑空して移動します。さまざまな木の葉や花、実、冬芽などを餌とします。

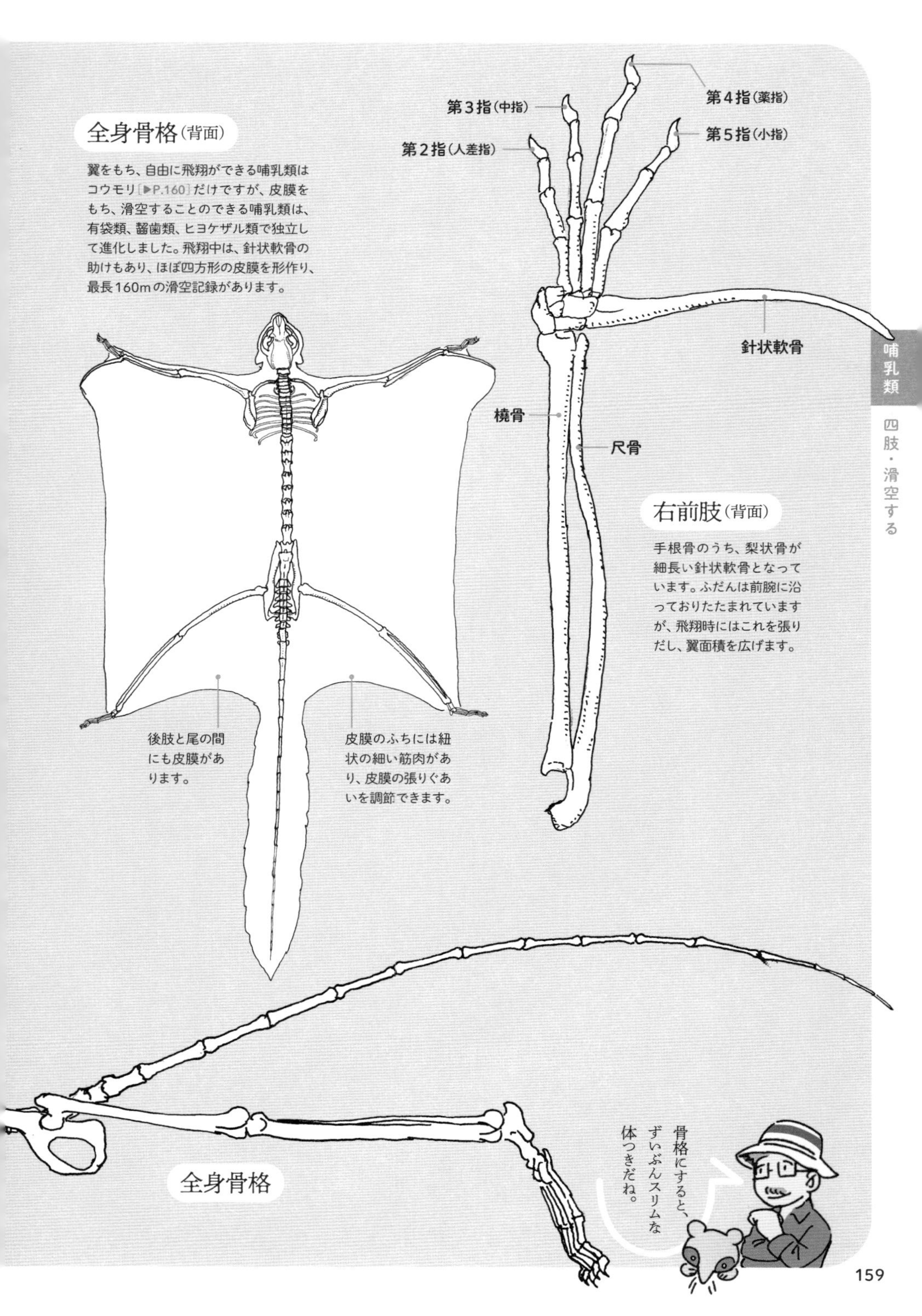
全身骨格（背面）
翼をもち、自由に飛翔ができる哺乳類はコウモリ［▶P.160］だけですが、皮膜をもち、滑空することのできる哺乳類は、有袋類、齧歯類、ヒヨケザル類で独立して進化しました。飛翔中は、針状軟骨の助けもあり、ほぼ四方形の皮膜を形作り、最長160mの滑空記録があります。
後肢と尾の間にも皮膜があります。
皮膜のふちには紐状の細い筋肉があり、皮膜の張りぐあいを調節できます。
第3指（中指）
第4指（薬指）
第2指（人差指）
第5指（小指）
針状軟骨
橈骨
尺骨
右前肢（背面）
手根骨のうち、梨状骨が細長い針状軟骨となっています。ふだんは前腕に沿っておりたたまれていますが、飛翔時にはこれを張りだし、翼面積を広げます。
全身骨格
骨格にすると、ずいぶんスリムな体つきだね。
哺乳類
四肢・滑空する

鳥に並ぶ飛翔力

コウモリ

全哺乳類約5400種のうち、2200種以上が齧歯類ですが、それに続いて、コウモリは1120種以上も知られています。コウモリがどのように進化してきたのかは、まだよくわかっていませんが、遺伝子の研究から、コウモリは鯨偶蹄目、奇蹄目、食肉目などと同じ、ローラシア獣類の一員であることがわかっています。コウモリの基本的な姿は、およそ5600万年前には達成されたと考えられています。種数の多いコウモリの仲間は、その生態も多様で、例えば小型コウモリの多くが昆虫食なのに対して、オオコウモリ類は果実食です。

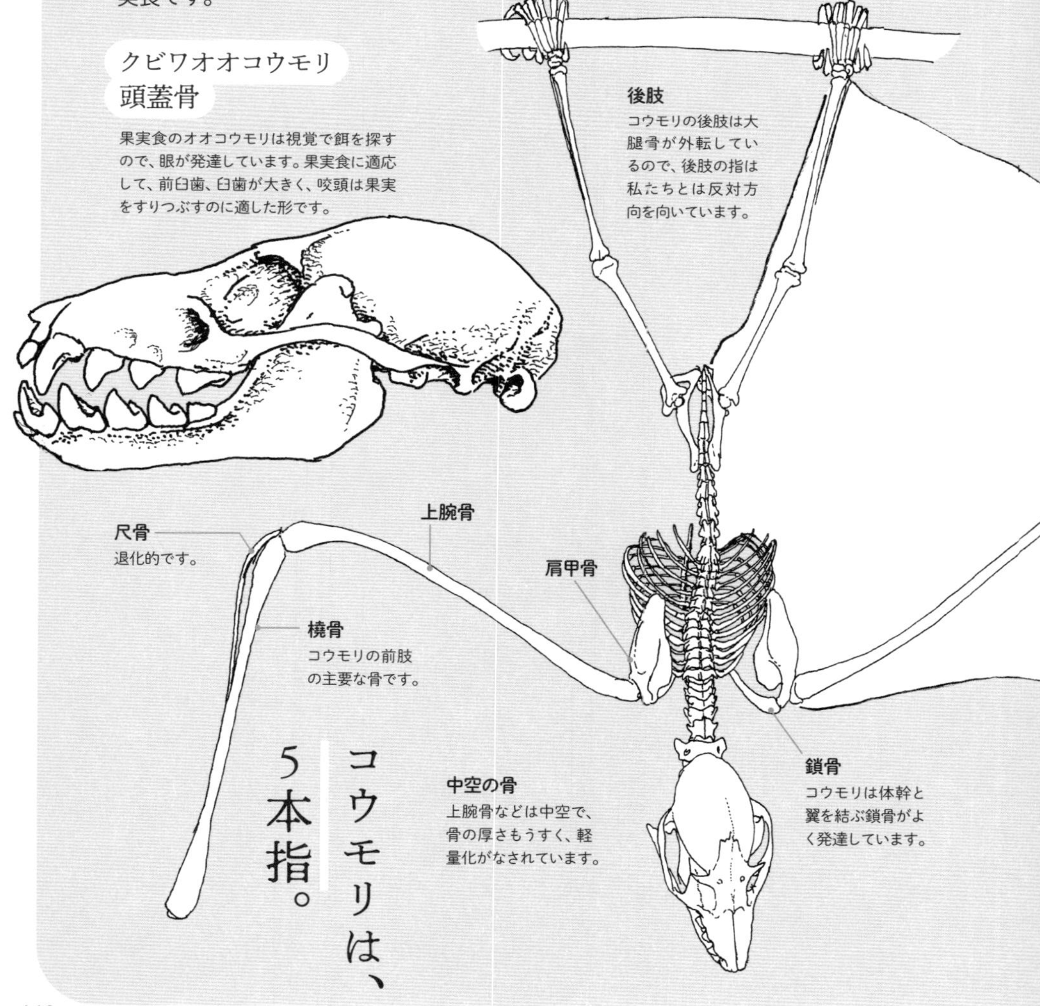

クビワオオコウモリ
頭蓋骨
果実食のオオコウモリは視覚で餌を探すので、眼が発達しています。果実食に適応して、前臼歯、臼歯が大きく、咬頭は果実をすりつぶすのに適した形です。
後肢
コウモリの後肢は大腿骨が外転しているので、後肢の指は私たちとは反対方向を向いています。
上腕骨
尺骨
退化的です。
肩甲骨
橈骨
コウモリの前肢の主要な骨です。
中空の骨
上腕骨などは中空で、骨の厚さもうすく、軽量化がなされています。
鎖骨
コウモリは体幹と翼を結ぶ鎖骨がよく発達しています。
コウモリは、5本指。

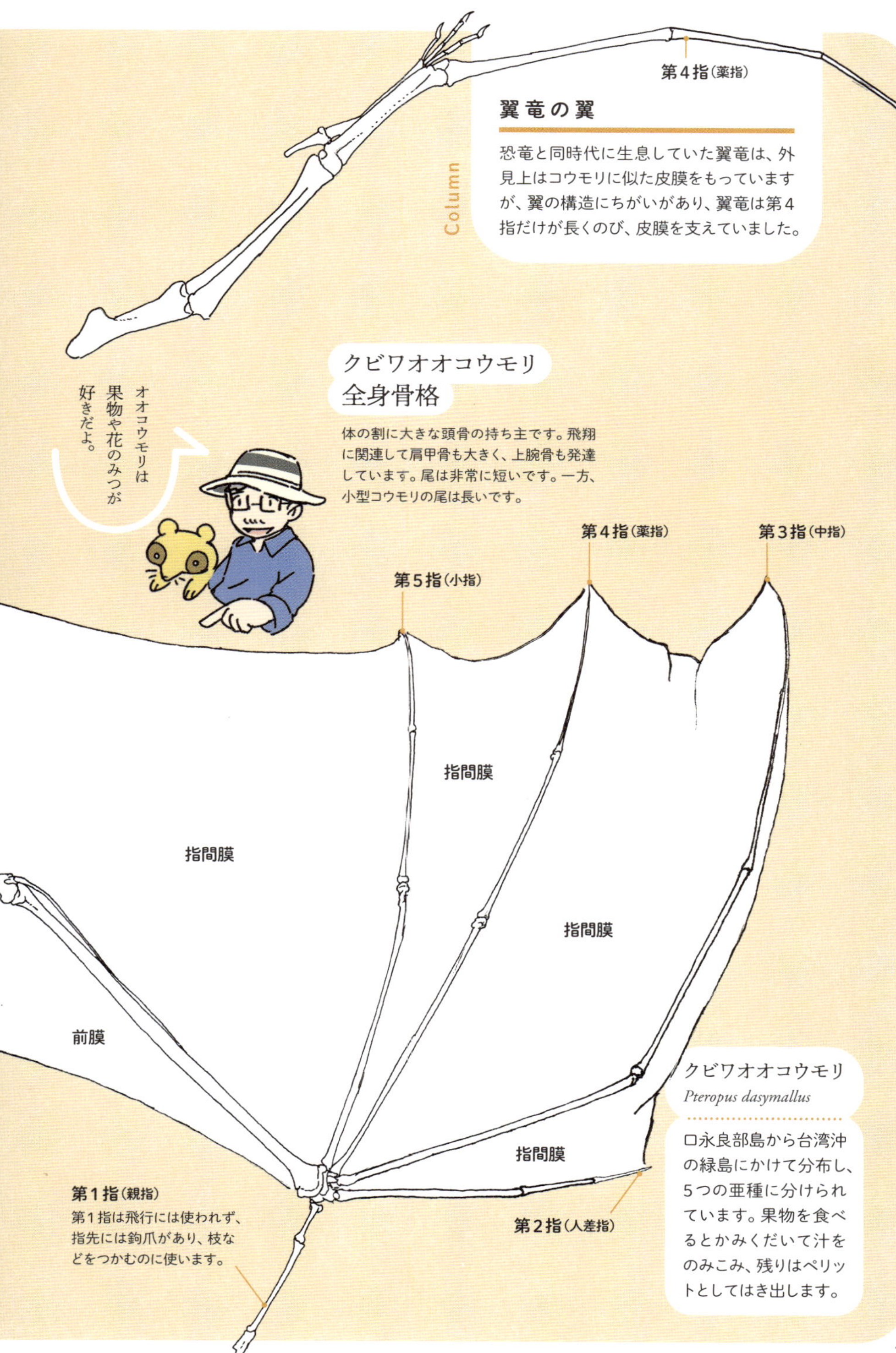
第4指（薬指）
オオコウモリは果物や花のみつが好きだよ。
第4指（薬指）
第3指（中指）
第5指（小指）
指間膜
指間膜
指間膜
指間膜
前膜
第2指（人差指）

Column

翼竜の翼

恐竜と同時代に生息していた翼竜は、外見上はコウモリに似た皮膜をもっていますが、翼の構造にちがいがあり、翼竜は第4指だけが長くのび、皮膜を支えていました。

クビワオオコウモリ全身骨格

体の割に大きな頭骨の持ち主です。飛翔に関連して肩甲骨も大きく、上腕骨も発達しています。尾は非常に短いです。一方、小型コウモリの尾は長いです。

第1指（親指）

第1指は飛行には使われず、指先には鉤爪があり、枝などをつかむのに使います。

クビワオオコウモリ
Pteropus dasymallus

口永良部島から台湾沖の緑島にかけて分布し、5つの亜種に分けられています。果物を食べるとかみくだいて汁をのみこみ、残りはペリットとしてはき出します。

海に適応した食肉類

アザラシ

アザラシ類（19種）、セイウチ類（1種）、アシカ類（15種）をまとめて鰭脚類（ききゃくるい）と呼びます。鰭脚類は水中を生活場所とした食肉類に属する哺乳類ですが、祖先を探るとイタチの仲間に一番近縁であることがわかっています。同じ鰭脚類でも、遊泳の際、アシカ類が前肢を使うのに対し、アザラシ類は後肢を使います。アザラシの後肢先端は体に対して後ろ向きなので、歩行には適さず、アザラシは陸上では体全身を使って、尺取り虫のようにして移動します。

ゴマフアザラシ頭蓋骨
（下顎は省略）

アザラシは魚食性です。魚は丸のみするか、せいぜい切断すればよいので、アザラシの歯は切歯、犬歯、臼歯のちがいはありますが、陸上性の食肉類の歯に比べると単純な形です。

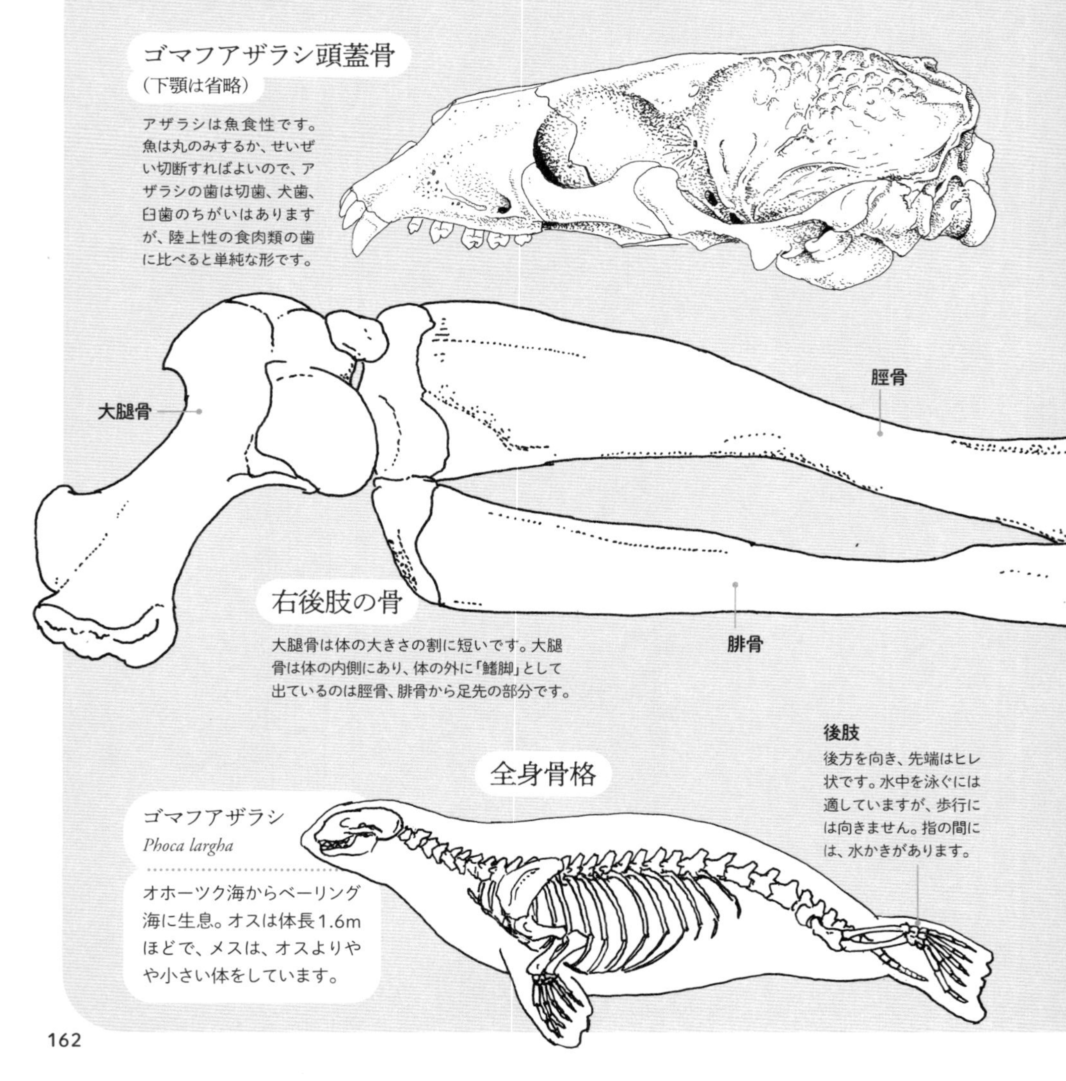

大腿骨
脛骨
腓骨
後肢

右後肢の骨

大腿骨は体の大きさの割に短いです。大腿骨は体の内側にあり、体の外に「鰭脚」として出ているのは脛骨、腓骨から足先の部分です。

後肢
後方を向き、先端はヒレ状です。水中を泳ぐには適していますが、歩行には向きません。指の間には、水かきがあります。

全身骨格

ゴマフアザラシ
Phoca largha

オホーツク海からベーリング海に生息。オスは体長1.6mほどで、メスは、オスよりやや小さい体をしています。

ヒレになった脚で自由に泳ぐも、歩行には不向き。

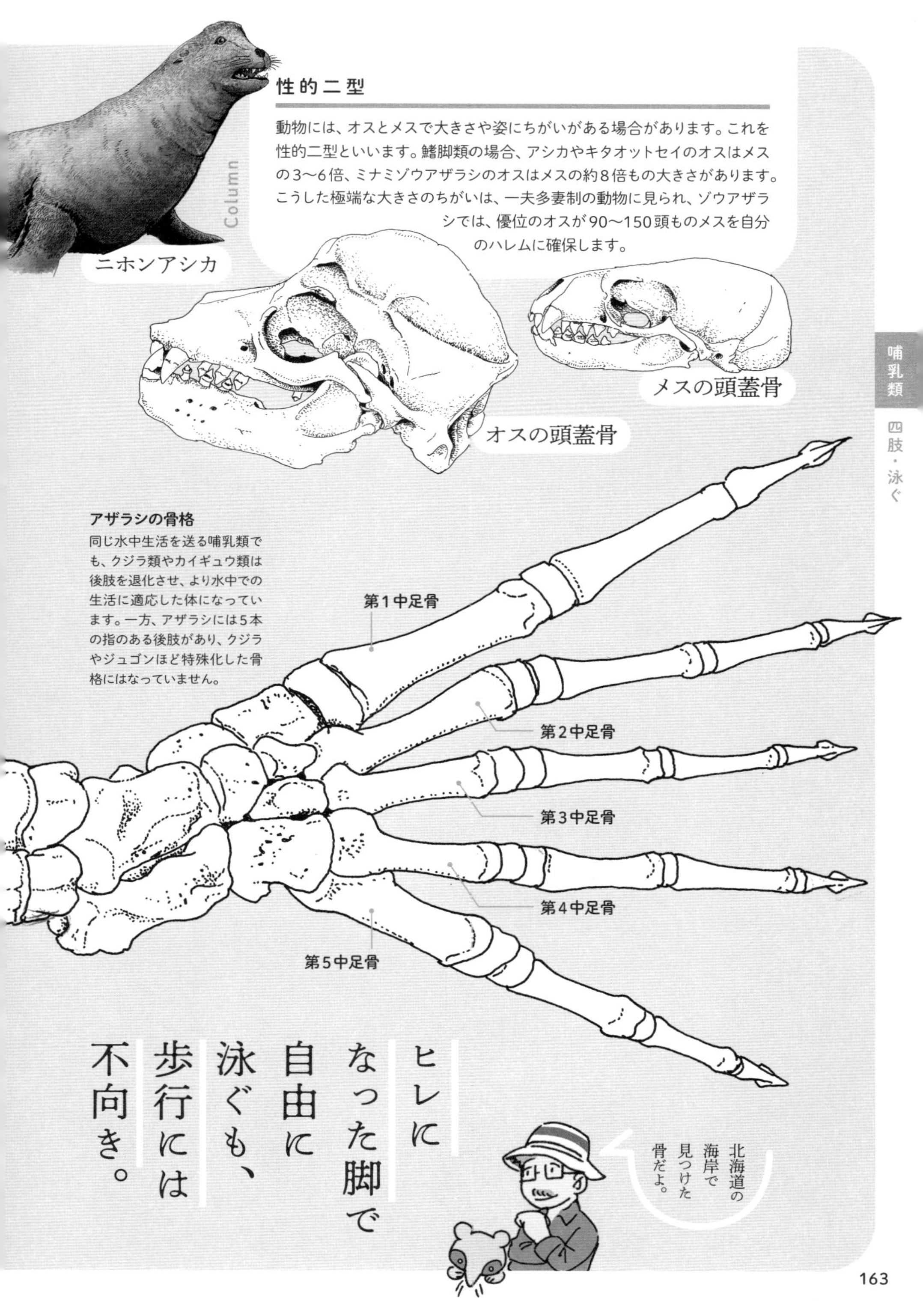

ニホンアシカ
オスの頭蓋骨
メスの頭蓋骨
第1中足骨
第2中足骨
第3中足骨
第4中足骨
第5中足骨
北海道の海岸で見つけた骨だよ。

Column

性的二型

動物には、オスとメスで大きさや姿にちがいがある場合があります。これを性的二型といいます。鰭脚類の場合、アシカやキタオットセイのオスはメスの3～6倍、ミナミゾウアザラシのオスはメスの約8倍もの大きさがあります。こうした極端な大きさのちがいは、一夫多妻制の動物に見られ、ゾウアザラシでは、優位のオスが90～150頭ものメスを自分のハレムに確保します。

アザラシの骨格

同じ水中生活を送る哺乳類でも、クジラ類やカイギュウ類は後肢を退化させ、より水中での生活に適応した体になっています。一方、アザラシには5本の指のある後肢があり、クジラやジュゴンほど特殊化した骨格にはなっていません。

陸上生活のなごりの骨

クジラ

鰭脚類は海中で餌をとりますが、休息時や子育てのときは上陸します。一方、全く陸上に上がることなく、一生を海中で過ごす哺乳類がクジラの仲間です。134ページで紹介したように、クジラはもともと偶蹄類と共通の祖先から進化した動物です。しかし、海中でのくらしに適応し、その姿からは、陸上にいたときの姿を思いうかべるのは難しくなっています。それでも前肢の骨や頸骨に、陸上生活のなごりを見いだすことができます。

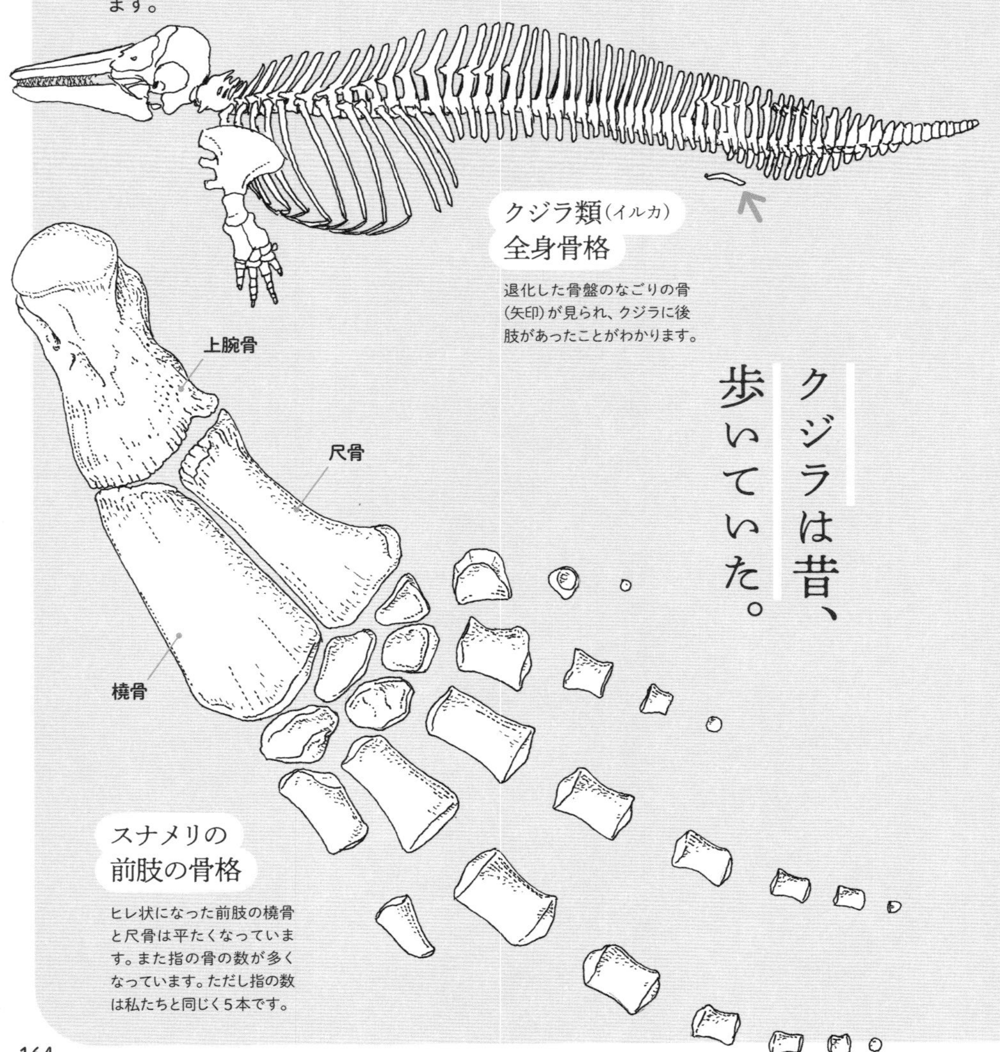
上腕骨
尺骨
橈骨

クジラ類（イルカ）全身骨格

退化した骨盤のなごりの骨（矢印）が見られ、クジラに後肢があったことがわかります。

クジラは昔、歩いていた。

スナメリの前肢の骨格

ヒレ状になった前肢の橈骨と尺骨は平たくなっています。また指の骨の数が多くなっています。ただし指の数は私たちと同じく5本です。

クジラの頸は曲がりにくい

哺乳類には基本的に頸椎が7つあり、頸椎の関節によって頸を前後左右に動かすことができます。しかし、水中生活に適応したクジラでは、水の抵抗を減らすように魚と似た体型に進化し、外見上、頸が見えなくなると共に、頸椎は短縮し、種によっては部分、または全体が癒合しています。そのため、クジラ類の頸の動きは制限されます。ただし、シロイルカやイッカクなどでは頸椎は癒合しておらず、より自由に頸を動かすことができます。

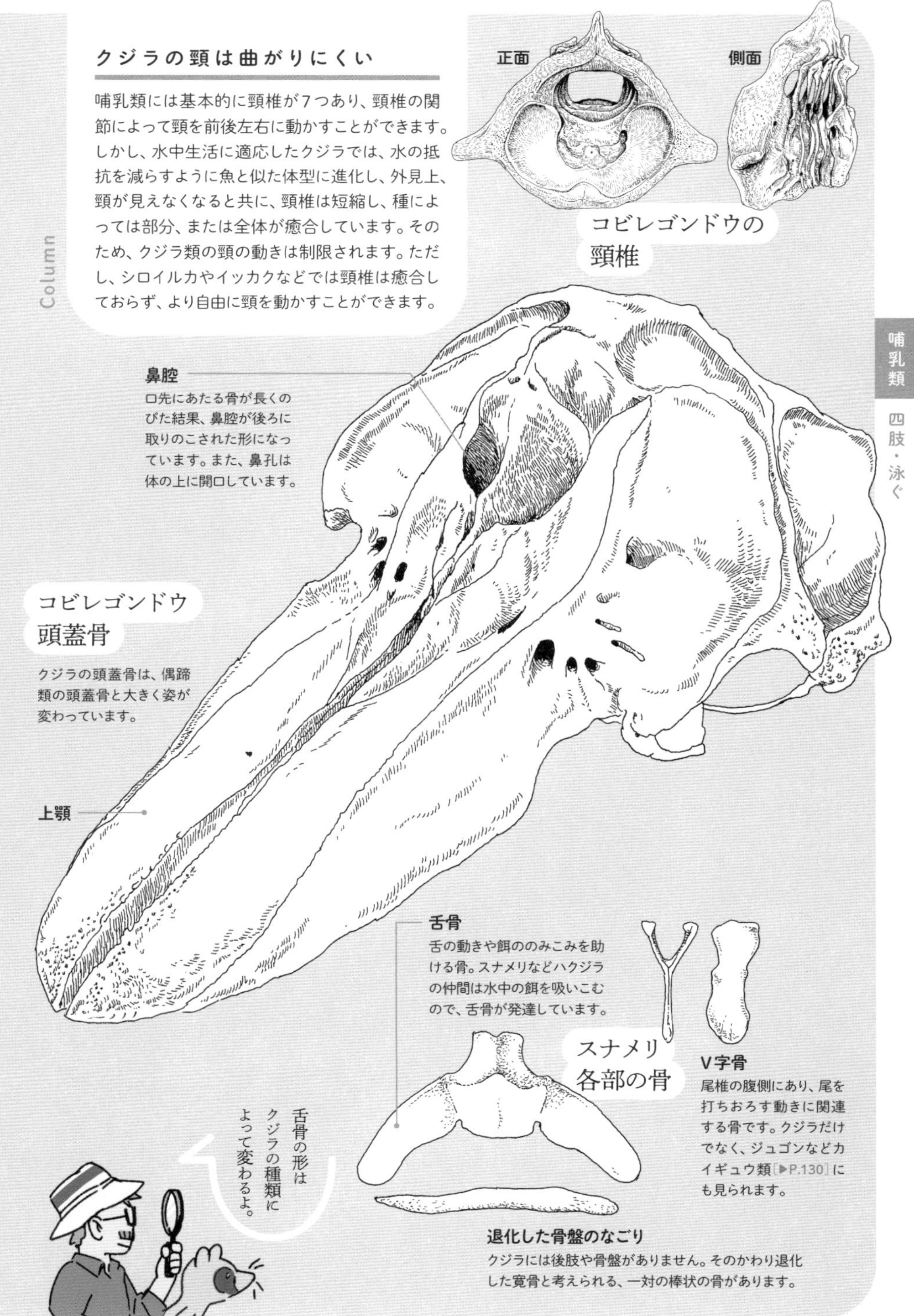
正面
側面
コビレゴンドウの頸椎
鼻腔
口先にあたる骨が長くのびた結果、鼻腔が後ろに取りのこされた形になっています。また、鼻孔は体の上に開口しています。
コビレゴンドウ頭蓋骨
クジラの頭蓋骨は、偶蹄類の頭蓋骨と大きく姿が変わっています。
上顎
舌骨
舌の動きや餌ののみこみを助ける骨。スナメリなどハクジラの仲間は水中の餌を吸いこむので、舌骨が発達しています。
スナメリ各部の骨
V字骨
尾椎の腹側にあり、尾を打ちおろす動きに関連する骨です。クジラだけでなく、ジュゴンなどカイギュウ類［▶P.130］にも見られます。
舌骨の形はクジラの種類によって変わるよ。
退化した骨盤のなごり
クジラには後肢や骨盤がありません。そのかわり退化した寛骨と考えられる、一対の棒状の骨があります。

理科室の標本

僕は房総半島の南端部にある館山で生まれ育った。高校は、旧制中学時代から続く地元の安房高校に進学。入学したころはまだ木造の旧校舎で、窓ガラスに「安房中」などという文字が書きこまれていたりした。中学時代は生きもの好きだった自分をかくすように運動部に所属していたのだが、高校では生きもの好きをカミングアウトすることにして、生物部のドアをたたいた。

ちょうど僕が入学して1年ほど経ったころ、新校舎が落成し、生物準備室の片付けと引っ越しの手伝いが生物部員に言いわたされた。歴史ある学校だけあって、ずいぶん昔に買い求められた教材や、集められた標本が山のようにあった。その中に、カモノハシの剥製もあった。カモノハシは国際的に保護されている動物であるけれど、戦前は教材として販売されていたのだ。手元にある昭和11(1936)年、山越工作所発刊の『博物学標本目録』によれば、カモノハシの剥製は150円とある。ちなみにタヌキの剥製は30円だから、割といい値段だ(ヒョウの剥製も150円と同額である)。ともあれ、「カモノハシの剥製なんてものが、高校の理科室にあるんだ」というのは、なかなか印象的で、高校卒業後、教育実習で母校を訪れた際に、さっそく授業でこの剥製を使わせてもらった。

生きたカモノハシを見ることができたのは、さらにだいぶたって、教員になってからのことである。オーストラリアのケアンズに旅行した際、ガイドツアーでカモノハシ・ウォッチングというのがあったので申しこんでみたのである。川縁に建てられた小屋の中で、お茶を飲みながら待つことしばし。ややはなれた川面に泳ぐカモノハシの姿を見て感激した。

よく知られているように、カモノハシは哺乳類であるくせに卵を産み、母乳で育てるという変わり者である。カモノハシはハリモグラと共に単孔類という独自のグループに分類されているが、単孔類という名は、糞も尿も生殖も、体外に開く、一つの総排出腔を通すことに由来している。カモノハシのオスの後肢には毒を出す、けづめがあるというのも、哺乳類の中で珍しい特徴だ。この毒は強力で、イヌぐらいのサイズの動物なら殺すことができるほどだ。

骨格的にもほかの哺乳類には見られない特徴があり、それは肩の部分の骨格が、私たちのように肩甲骨と鎖骨によって構成されているのではなく、肩甲骨と鎖骨のほかに、烏口骨や間鎖骨といった骨があることで、つまり、カモノハシは、爬虫類と共通する骨格の特徴をとどめているといえる。またカモノハシの四肢が、一般の哺乳類のように体の下側にのびておらず、体の横方向にのびているのも、爬虫類と共通する特徴だ。

理科室の剥製では、骨格の特徴まで見てとることはできないけれど、古くから続く学校の理科室には、このように時として非常に貴重な標本が眠っていたりするのである。

カモノハシ

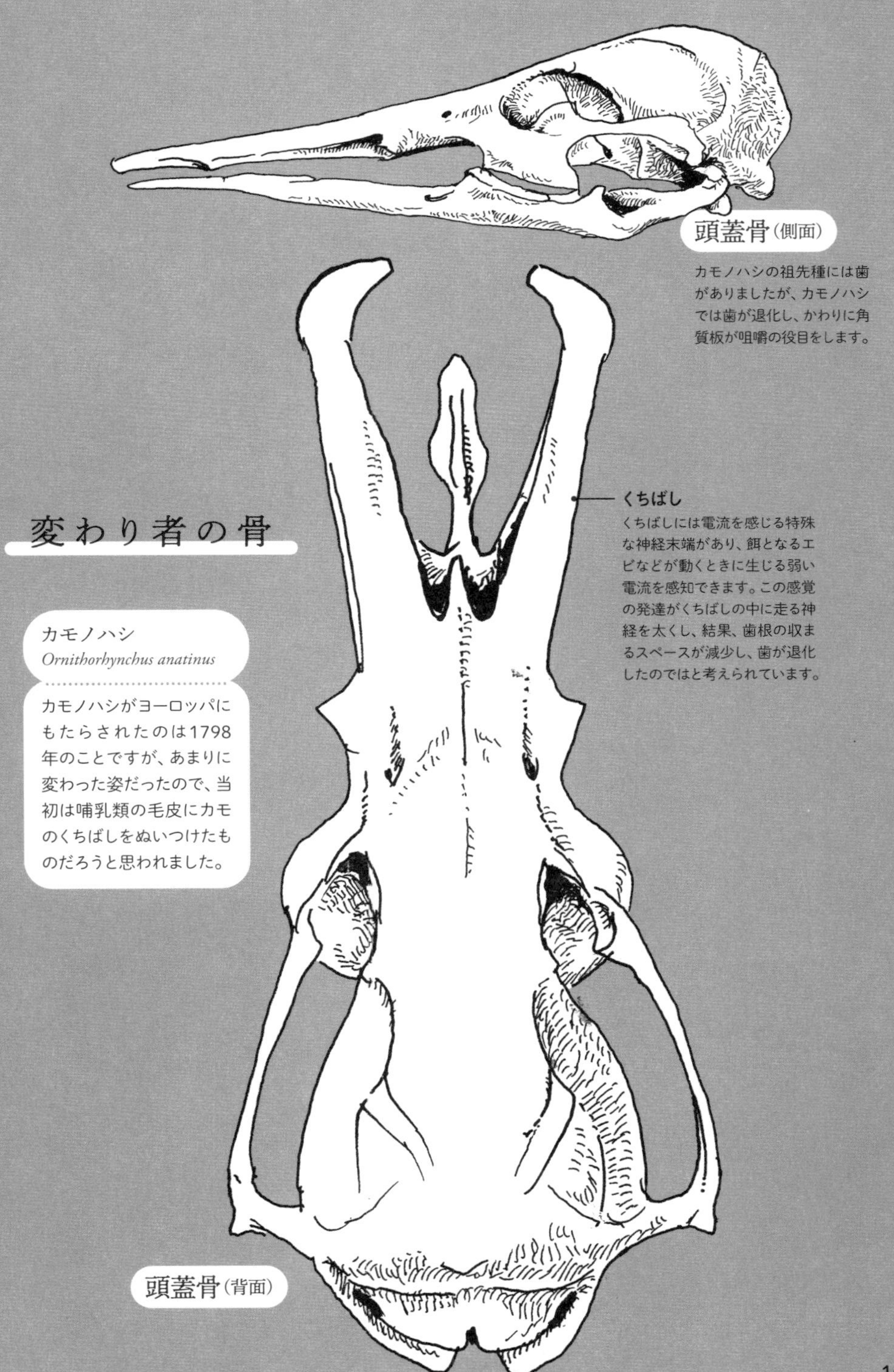
頭蓋骨（側面）
カモノハシの祖先種には歯がありましたが、カモノハシでは歯が退化し、かわりに角質板が咀嚼の役目をします。
くちばし
くちばしには電流を感じる特殊な神経末端があり、餌となるエビなどが動くときに生じる弱い電流を感知できます。この感覚の発達がくちばしの中に走る神経を太くし、結果、歯根の収まるスペースが減少し、歯が退化したのではと考えられています。
頭蓋骨（背面）

変わり者の骨

カモノハシ
Ornithorhynchus anatinus

カモノハシがヨーロッパにもたらされたのは1798年のことですが、あまりに変わった姿だったので、当初は哺乳類の毛皮にカモのくちばしをぬいつけたものだろうと思われました。

仕事の相棒

骨格標本作りは奥が深い。なので、使用する道具や技術についても探求していけばきりがない。ただし、僕の場合、骨格標本は自主的な教材作りという面からやり始めたので、あまりマニアックな骨取りには手を出せていない。ここで紹介するのは、あくまで初歩的な骨格標本作りに関しての記述であるということを断っておきたい。

骨格標本用の道具といっても、初歩的なものであれば、それほど多くのものは必要ない。まず、入手したサンプルを解剖や解体する必要がある。メスか、なければカッター、そして解剖バサミ（小型のものがあると便利。これは理科教材をあつかう業者から購入）や調理バサミなどが必要だ。ピンセットも必須である。

中型以上の動物の場合、続いて必要になるのは、除肉したサンプルを煮るための専用の鍋である。僕が使っているのは台所で使っていたお古のホウロウ鍋（魚や部分骨を煮る）だ。骨を取るために煮る場合、魚はあっというまに煮えるけれども、哺乳類などではかなり長時間煮る必要があったりする。そのため、電気で加熱できる卓上IH調理器と専用のステンレス鍋も併用している。さらに、あまり出番はないけれど、直径45cmという大型の鍋もある。ダチョウの脚を煮るときは、これでも入りきらなかったけれど。

小型の動物の場合は、剥皮やおおまかに除肉したあとに、入れ歯用洗浄剤を使って細かな部分の肉を溶かしていく。これにはもちろん、入れ歯用洗浄剤（商品名、ポリデントなど）を購入する必要がある（ちょっと、はずかしい）。小鳥やネズミ、トカゲなどは、サンプルが入る程度のプラスチック容器を用意し、この中に、サンプルと水、入れ歯用洗浄剤を投入し、毎日、様子をみながらピンセットで細かな肉を取り除いていく。バラバラの骨格標本を作る際は、大きめのペットボトルをカットしたものを用意して、この中にサンプルと入れ歯用洗浄剤を入れて除肉している。入れ歯用洗浄剤にはタンパク質分解酵素が入っているので除肉に利用できるのだけれど、注意点として、酵素はある程度の高温だとよく働くという特質がある。つまり、夏場と冬場では、肉の溶け方にちがいが出るということだ。さらに夏場は液がくさりやすい。バラバラの骨格標本の場合、腐敗も利用して骨だけにするのもありなのだけれど、骨がつながった状態の標本を作りたい場合は、サンプルを入れたプラスチック容器を冷蔵庫に入れたりする必要もある。すなわち、冷蔵庫も必要な道具のうちの一つである。

僕の場合は、大学の理科実験室を使えるので、そこに家庭用冷蔵庫（骨格標本専用ではないけれど）があって、これは剥製を乾燥させるときなどにも利用している。また、付け加えると、サンプルの保存専用の冷凍庫は別にある（台風が来るたびに、停電が心配になるわけだけど）。

このほかにも、除肉した骨格を漂白したり、脂ぬきをしたりするための薬品も必要な場合があるけれど、僕はあまり薬品を使いたくないので、骨を何度もゆでて脂ぬきをしたり、アルコールをつかって脱脂したり（あまりうまくぬけないけれど）している。なお、骨格標本作りに関しては、拙著『骨の学校』（木魂社）や『標本の作り方』（大阪市立自然史博物館叢書・東海大学出版会）なども参考にしていただけたらと思う。

骨格標本作りの道具

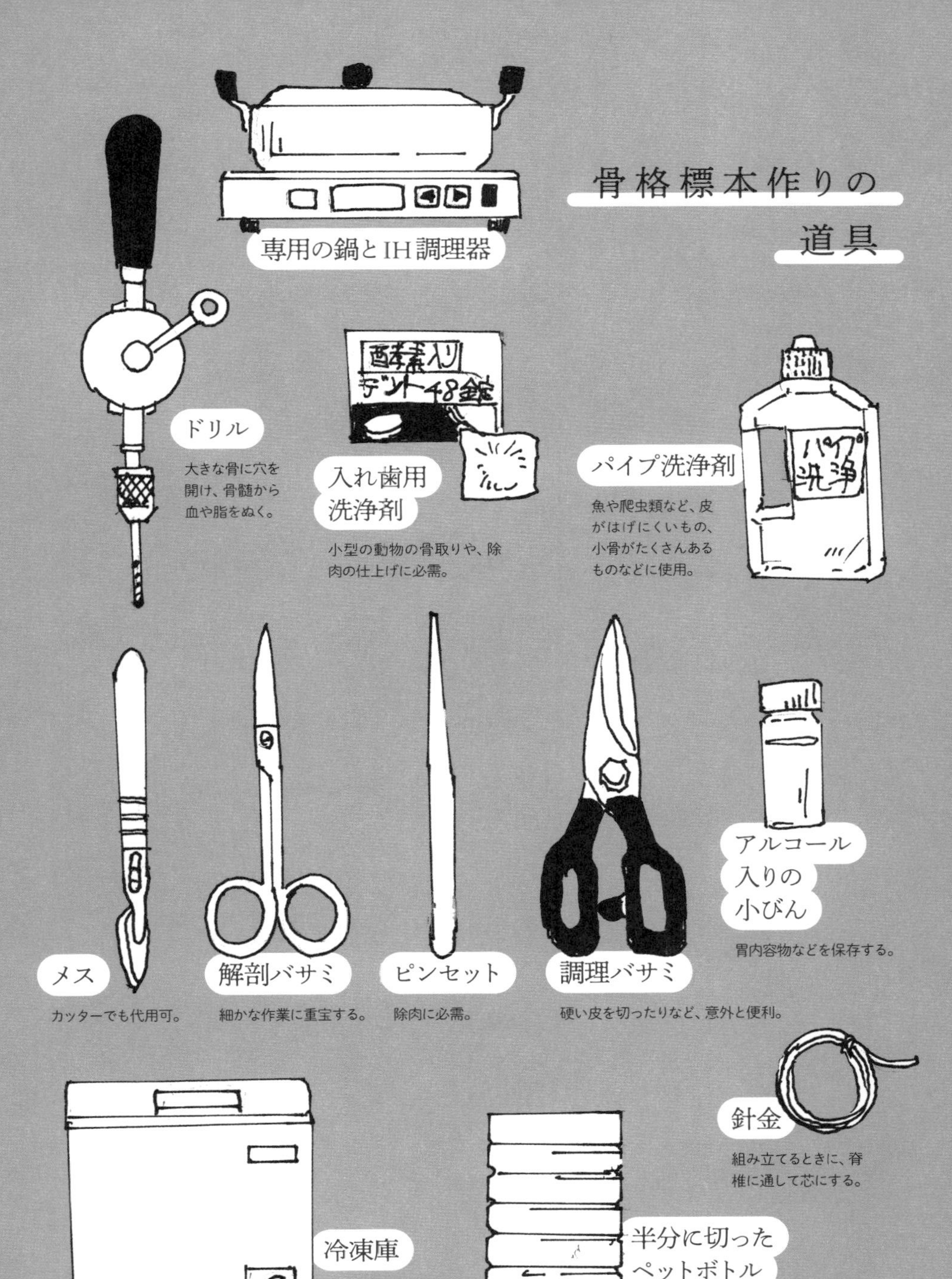

専用の鍋とIH調理器
ドリル
大きな骨に穴を開け、骨髄から血や脂をぬく。
酵素入り
デント48錠
入れ歯用洗浄剤
小型の動物の骨取りや、除肉の仕上げに必需。
パイプ洗浄
パイプ洗浄剤
魚や爬虫類など、皮がはげにくいもの、小骨がたくさんあるものなどに使用。
アルコール入りの小びん
胃内容物などを保存する。
メス
カッターでも代用可。
解剖バサミ
細かな作業に重宝する。
ピンセット
除肉に必需。
調理バサミ
硬い皮を切ったりなど、意外と便利。
針金
組み立てるときに、脊椎に通して芯にする。
冷凍庫
ないと困るけれど、あってもすぐに満杯になってしまう。
半分に切ったペットボトル
入れ歯用洗浄剤で溶かすときの容器などに使用。

僕の仕事場 骨部屋

おしまいに、僕の仕事場である、理科実験室の一角、いわば骨部屋を紹介することにしよう。大型動物の頭蓋骨などはそのまま棚に入れられているが、小さなものや部分骨は、プラスチック容器に入れてある。また、よく授業で使う骨がセットにして入れてある容器もある。子供の頃、サンダーバードという人形劇が大好きで、特に任務によって異なるコンテナを収納して運ぶ、サンダーバード2号がお気に入りだった。骨の入った容器は、授業（任務）ごとに選ばれるコンテナみたいだなと、自分では思っている。

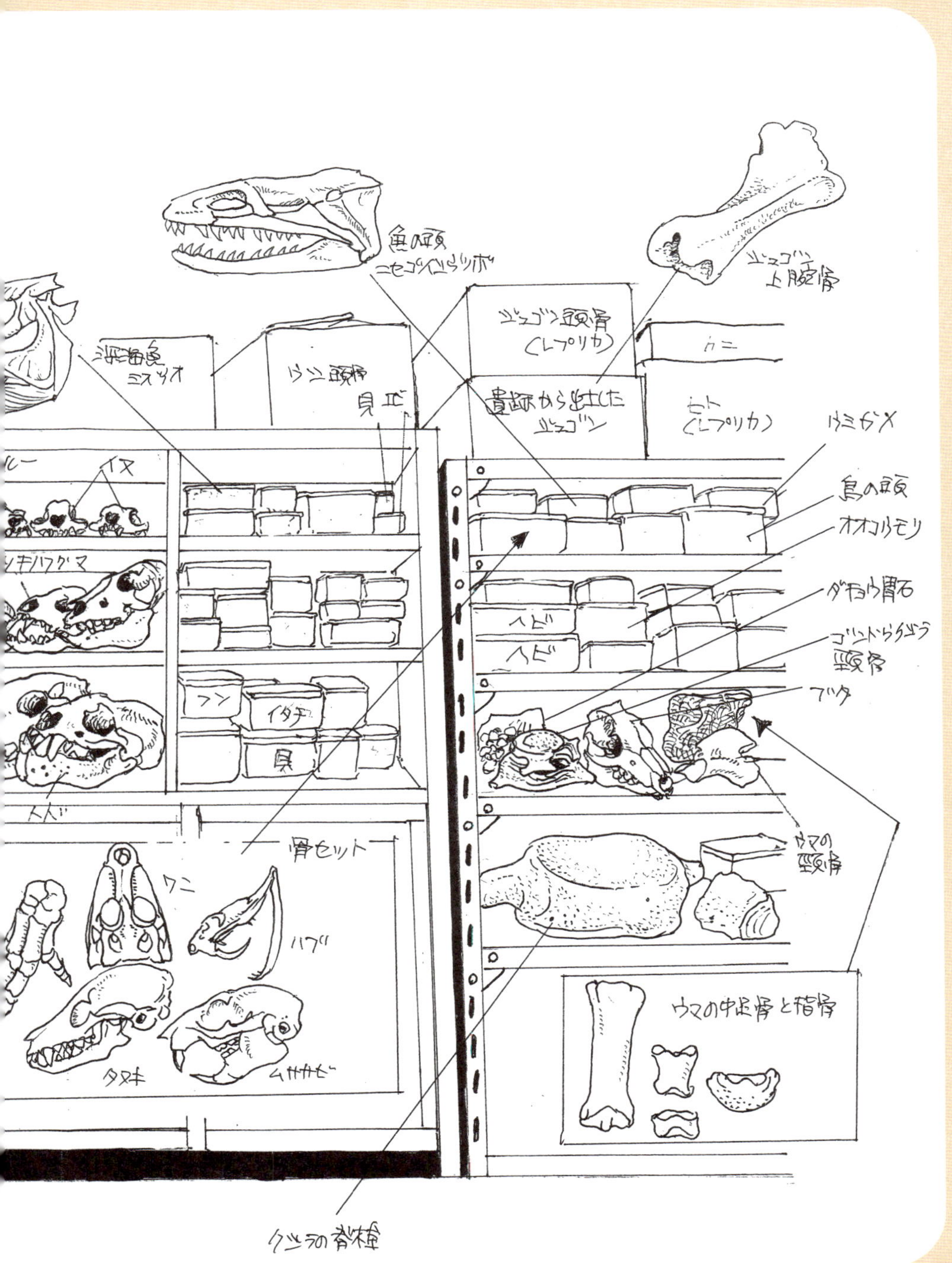

魚の頭
ニセゴイシウツボ
ジュゴン
上腕骨
ジュゴン頭骨
（レプリカ）
カニ
深海魚
ミズウオ
ワシ頭骨
貝
エビ
遺跡から出土した
ジュゴン
ヒト
（レプリカ）
ウミガメ
鳥の頭
オオコウモリ
ダチョウ胃石
ゴンドウクジラ
頭骨
ブタ
イヌ
ツキノワグマ
ヘビ
ヘビ
テン
イタチ
貝
ウマの
頭骨
骨セット
ワニ
ハブ
タヌキ
ムササビ
ウマの中足骨と指骨
クジラの脊椎

さ行

 行

な行

 行

ま行

 行

 行

参考文献

浅原正和｜2020｜『カモノハシの博物誌』｜技術評論社
犬塚則久｜1991｜「哺乳類の肩甲骨」『THE BONE』｜12(5)：125－132
犬塚則久｜2006｜『恐竜ホネホネ学』｜日本放送出版協会
今泉吉春｜1987｜『空中モグラあらわる』｜岩波ジュニア新書
植草康浩ほか｜2019｜『鯨類の骨学』｜緑書房
上野俊一ほか監修｜1991～93｜『週刊朝日 動物たちの地球』14, 39, 51, 52, 54, 55, 57, 58, 93｜朝日新聞社
上野輝彌・坂本一男｜2004｜『日本の魚』｜中公新書
内田亨監修｜『動物分類学 第10巻（上） 脊椎動物III』｜中山書店
遠藤秀紀｜2002｜『哺乳類の進化』｜東京大学出版会
遠藤秀紀｜2019｜『ウシの動物学 第2版』｜東京大学出版会
大阪市立自然史博物館編｜2007｜『標本の作り方』｜東海大学出版会
大泰司紀之｜1998｜『哺乳類の生物学② 形態』｜東京大学出版会
岡本新｜2001｜『ニワトリの動物学』｜東京大学出版会
落合啓二｜2016｜『ニホンカモシカ』｜東京大学出版会
神谷敏郎｜1989｜『人魚の博物誌』｜思索社
神谷敏郎｜1995｜『骨の動物誌』｜東京大学出版会
亀崎直樹編｜2012｜『ウミガメの自然誌』｜東京大学出版会
川上和人｜2011｜「鳥の骨格標本カタログ」『バーダー』｜25(2)：24－34
川上和人｜2019｜『鳥の骨格標本図鑑』｜文一総合出版
川端裕人｜2021｜『ドードーをめぐる堂々めぐり』｜岩波書店
小池伸介ほか｜2022｜『哺乳類学』｜東京大学出版会
近藤誠司｜2019｜『ウマの動物学 第2版』｜東京大学出版会
志賀健司｜2022｜『作ろう！ フライドチキンの骨格標本』｜緑書房
柴谷篤弘ほか編｜1991｜『講座進化④ 形態学からみた進化』｜東京大学出版会
下瀬環｜2021｜『沖縄さかな図鑑』｜沖縄タイムス社
正田陽一編｜1987｜『人間がつくった動物たち』｜東書選書
白井滋｜1985｜「ダルマザメの摂餌機能に関わる特異形態について」『板鰓類研究連絡会報』｜(20)：1－6
大英自然史博物館監修｜1990｜『ビジュアル博物館 第3巻 骨格』｜同朋舎出版
田中智夫｜2019｜『ブタの動物学 第2版』｜東京大学出版会
田畑純｜2017｜「新十二歯考① 子：木の実を囓る」『歯界展望』｜130(4)：773－779
田畑純｜2018｜「新十二歯考⑫ 亥：まるで十徳ナイフ」『歯界展望』｜132(3)：647－653
土肥昭夫ほか｜1997｜『哺乳類の生態学』｜東京大学出版会
土肥昭夫・伊澤雅子編｜2023｜『イリオモテヤマネコ』｜東京大学出版会
中坊徹次｜2013｜『日本産 魚類検索 全種の同定 第三版』｜東海大学出版会
中井穂瑞領｜2020｜『毒蛇ハブ』｜南方新社
中井穂瑞領｜2021｜『ディスカバリー生き物・再発見 ヘビ大図鑑 ナミヘビ上科、他編』｜誠文堂新光社
中井穂瑞領｜2021｜『ディスカバリー生き物・再発見 カメ大図鑑 潜頸亜目・曲頸亜目』｜誠文堂新光社
中井穂瑞領｜2023｜『ディスカバリー生き物・再発見 ワニ大図鑑』｜誠文堂新光社
中井穂瑞領｜2024｜『ディスカバリー生き物・再発見 トカゲ大図鑑 イグアナ下目編』｜誠文堂新光社
日本動物学会編｜1990｜『動物解剖図』｜丸善株式会社
荻原豪太ほか｜2010｜「鹿児島県笠沙沖から得られたカンムリブダイ（ベラ科：ブダイ目）の記録」｜Nature of Kagoshima 36：43－37
長谷川政美｜2014｜『系統樹をさかのぼって見えてくる進化の歴史』｜ベレ出版
長谷川政美｜2023｜『進化生物学者、身近な生きもの起源をたどる』｜ベレ出版
服部薫編｜2020｜『日本の鰭脚類』｜東京大学出版会
日高敏隆監修｜1996｜『日本動物大百科 1 哺乳類I』｜平凡社
日高敏隆監修｜1996｜『日本動物大百科 2 哺乳類II』｜平凡社
日高敏隆監修｜1996｜『日本動物大百科 3 鳥類I』｜平凡社
日高敏隆監修｜1996｜『日本動物大百科 5 両生類・爬虫類・軟骨魚類』｜平凡社

疋田努｜2002｜『爬虫類の進化』｜東京大学出版会
平山廉｜2007｜『カメのきた道』｜日本放送出版協会
福井篤監修｜2012｜『講談社の動く図鑑MOVE 魚』｜講談社
船越公威｜2020｜『コウモリ学』｜東京大学出版会
増田隆一編｜2018｜『日本の食肉類』｜東京大学出版会
松井正文｜1996｜『両生類の進化』｜東京大学出版会
松浦啓一編｜2005｜『魚の形を考える』｜東海大学出版会
松原喜代松ほか｜1979｜『新版 魚類学（上）』｜恒星社厚生閣
三上修｜2015｜『身近な鳥の生活図鑑』｜ちくま新書
村山司編｜2008｜『鯨類学』｜東京大学出版会
宮正樹｜2016｜『新たな魚類大系統』｜慶應義塾大学出版会
本川雅治編｜2016｜『日本のネズミ』｜東京大学出版会
盛口満・安田守｜2001｜『骨の学校』｜木魂社
盛口満｜2005｜『骨の学校 3 コン・ティキ号の魚たち』｜木魂社
盛口満｜2008｜『フライドチキンの恐竜学』｜サイエンス・アイ新書
盛口満｜2023｜『沖縄のいきもの』｜中公新書
矢野和成｜1998｜『サメ 軟骨魚類の不思議な生態』｜東海大学出版会
吉井正監修｜2005｜『三省堂 世界鳥名事典』｜三省堂

カトリーナ・ファン・グラウ｜鍛原多惠子訳｜2021｜『鳥類のデザイン』｜みすず書房
ジョン・スパークス、トニー・ソーパー｜青柳昌宏・上田一生訳｜1989｜『ペンギンになった不思議な鳥』｜どうぶつ社
スティーヴン・ジェイ・グールド｜新妻昭夫訳｜1989｜『フラミンゴの微笑 上』｜早川書房
D.W.マクドナルド編｜今泉吉典監修｜1986｜『動物大百科 1 食肉類』｜平凡社
D.M.マクドナルド編｜今泉吉典監修｜1986｜『動物大百科 6 有袋類ほか』｜平凡社
ビクター・スプリンガー、ジョイ・ゴールド｜仲谷一宏訳｜1992｜『サメ・ウォッチング』｜平凡社
ポーリン・ライリー｜青柳昌宏訳｜1997｜『ペンギンハンドブック』｜どうぶつ社
マイケル・ブライト｜丸武志訳｜1997｜『鳥の生活』｜平凡社

Compagno, L. et al. 2005 Sharks of the world. Princeton University Press
Dehling, J.M. 2017 How lizards fly: A novel type of wing in animals. PLOS ONE 12(12):e0189573
Delsuc, F. et al. 2019 Ancient mitogenomes reveal the evolutionary history and biogeography of sloths. Current Biology. 29(12):2031-2042.e6
Hume, J.P. 2006 The history of the Dodo Raphus cucullatus and the penguin of Mauritius. Historical Biology. 18(2):65-89
Kobayashi, D. et al. 2011 Bumphead Parrotfish (Bolbometopon muricatum) Status Reviw. NOAA Technical Memorandum. NMFS-PIFSL-26. 113pp.
Shapio, B. et al. 2002 Flight of the Dodo. Science 295:1683

「マダガスカルの絶滅した巨大な鳥・象鳥の古代DNA解析による走鳥類進化の解明」｜
2016年12月15日｜国立科学博物館プレスリリース
https://www.kahaku.go.jp/procedure/press/pdf/178100.pdf

取材協力

敬称略

相川 稔
小寺 稜
佐藤寛之
中司光子
中井 穂瑞領
ミュージアムパーク茨城県自然博物館
千葉市動物公園
沖縄こどもの国

著者略歴

盛口 満

1962年、千葉県生まれ。沖縄大学教授。千葉大学理学部生物学科卒業後、1985年より自由の森学園中学校・高等学校の理科教員。2000年、沖縄移住。NPO法人珊瑚舎スコーレの講師を経て、沖縄大学教員。『人とくらす街の虫発見記』(少年写真新聞社)、『琉球植物民俗事典』(八坂書房)、『ものが語る教室』(岩波書店)、『食べて始まる食卓のホネ探検』(少年写真新聞社)、『僕らが死体を拾うわけ』(ちくま文庫)、『生き物の描き方』(東京大学出版会)など著書多数。

ぜんぶ絵でわかる⑨
すごい骨の動物図鑑

2024年12月20日　初版第1刷発行

著者
盛口 満

発行者
三輪浩之

発行所
株式会社エクスナレッジ
〒106-0032 東京都港区六本木7-2-26
https://www.xknowledge.co.jp

問合先
編集 TEL.03-3403-1381 FAX.03-3403-1345
info@xknowledge.co.jp
販売 TEL.03-3403-1321 FAX.03-3403-1829